JN059148

根底からわかる

力 学

佐々木進・大野義章

学術図書出版社

ま え が き

　筆者（佐々木）は，高校で物理を学び始めた頃，全く物理が理解できなかった[1]。多くの高校生向けの参考書を読んでも，一向にモヤモヤが晴れなかった。その後，"幸運な出会い"によって物理に開眼した。そのときの感動は今も鮮明に覚えている。そして，"憧れ"であった物理は，徐々に"自分のモノ"となり，気がついたら物理の研究者となり現在に至っている。そして20年あまり，大学1年生を対象として「力学」の授業を担当している。本書は，これらの経験をもとに書かれたものである。

　物理は"難しい"，"とっつきにくい"と受け止められがちである。それには，いくつかの理由がある。もちろん「力学」も同様である。しかし，幸いなことに，物理の中でも「力学」は「基本構造」が極めて明確である。そして，この「基本構造」は，当然のことながら，同時に力学の「根幹」でもある。このため，本書では，初めに「基本構造」を図示しており，本文でも，繰り返し強調して説明している。これが本書の特徴の1つである。したがって，すべての読者にお勧めしたいことは，"今自分は，「基本構造」のどこに取り組んでいるのか？"を確認することである。何度も繰り返し，「基本構造」を参照して欲しい。

　次に，本書では「例題」を提示して，これに対して「根底からの」解説を試みている。「根幹」を「根底から」理解するためには，一般論（いわゆる「講義」の形式）よりも，具体的な事例で考えることが最短かつ確実であると（筆者の授業の経験から）考えているからである。とりわけ，物理を学ぶ際に湧いてくる"モヤモヤした感じ"（私見では，これは「無意識下で抱いている疑問」である）を掘り起こして顕在化させ，腑に落ちるまで理解する必要がある。そのためには，この「例題を題材にすること」が極めて有効である。

　さらに，本書は"偉い先生が教えを授ける"というのとは「真逆の姿勢」を心掛けている。具体的には，提示された例題という"問い"に対して，

「問題の本質は何か？」

「どこから，どのように，取り組んでいけばよいのか？」

「問題解決に必要なモノは何か？　新しい物理概念か？　数学的手法か？」

「得られた"答え"は，どのような意味をもつのか？」

「その"答え"から，どのような新たな疑問点や解決すべき新しい課題が想定されるのか？」

を，あくまで「読者の視点で」「一緒に」考えようとしている。これにより，

「次に新たな課題に遭遇しても，"自分のアタマで"解決できる」

という「地に足の着いた自信」が育っていく。そして，これこそが，大学初年次に力学を学ぶための本来の趣旨であると考えている。賢明な読者なら容易に推察されたこととは思うが，このような姿勢は「研究者の視点」そのものなのである。

　最近では，物理を未履修で大学に入学してくる学生も多い。だが，心配は無用である。本書で初め

---

[1] 実際，初めての中間試験では100点満点で35点だった。

て物理を学ぶ読者は，まずは第1章を読み，第2章を飛ばして，第3章から取り組んで欲しい。一方，すでに物理を履修した読者は，必ず第2章の例題に取り組んで欲しい。ここには「力学に対する勘違い」が満載となっている。筆者の経験では，物理履修者でもこの例題に全問正解できる人は，極めて少数である[2]。

本書の各章の冒頭には，筆者による動画（適宜，更新する予定）が用意されている。以下のQRコードを読み込めば，動画リストを公開しているページに飛ぶことができるので，是非，有効活用していただきたい。

本書との出会いによって，1人でも多くの読者が物理に開眼する端緒を掴み，それを契機に，日本の将来の科学技術を担う人材に育ってくれれば，筆者としては望外の喜びである。

最後に，本書が完成するまでに，粘り強くサポートと有益なコメントを多数いただいた学術図書出版社の高橋秀治氏，石黒浩之氏に，深く感謝申し上げたい。

2024年2月

佐々木進・大野義章

力学の基本構造

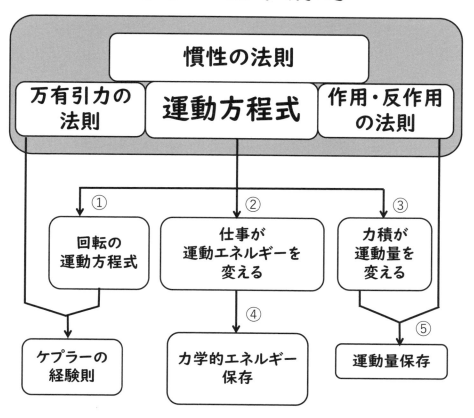

①両辺に，前から位置ベクトルとの外積をとる
②両辺に，速度ベクトルとの内積をとる
③時間で積分する
④外力が保存力のとき
⑤外力がゼロのとき

目　　　次

1 簡単な準備　高校で物理を学ばなかった読者へ

1.1　全く心配無用 ────────────────●

　まずは，心配は無用だと強調しておきたい。理由は，「高校で学ぶ力学」と，学ぶ**対象**は同じに見えても，**アプローチ**が根本的に異なるからである。もっとはっきり言うと：

　　　　高校での方式："公式"を覚えて正しく計算すること

であった。しかし，この方法を大学でも"押し通そう"とすると，確実に大学での物理がわからなくなる。これは約20年，大学1年生に力学を教えてきた筆者の認識である。

　では，大学での方式とは？　第3章以降で，例題を使って具体的に述べる。

1.2　物理量は文字で記す：ただ慣れればよい ────────●

　それでも，物理を学ぶ際に「心理的な障壁」となるものが2つある。その1つが「文字」である[注1]。ほとんどはアルファベットだが，（物理に限らず）科学特有の文字としてギリシャ文字がある。頻繁に登場するものを以下に記す。詳しくは，第3章以降で個別に述べる。

　【t】　「時間」。英語 time の頭文字。

　【m】　「質量」。英語 mass の頭文字。「重さ」の拡張概念。中学で履修済み[注2]　質量をもった物体のうち，**大きさを無視して「点」とみなしてよい場合には，「質点」と呼ぶ。**

　【f】　「力」。英語 force の頭文字。

　【v】　「速度」。英語 velocity の頭文字。

　【a】　「加速度」。英語 acceleration の頭文字[注3]。

　【W】　「仕事」。英語の work の頭文字。ただし，日常生活で使う「仕事」とは異なり，物理では明確に定義される [→ 第6・7章]。

注1　もう1つは，次節以降に述べる基礎的な数学の理解である。

注2　同じ物体でも，月面にある場合の「重力」は，地球表面にある場合の「重力」に比べて小さくなる。しかし，地球表面であれ，月面であれ，あるいは宇宙に"ぽっかり"存在している場合であれ，その物体に普遍的な物理量が存在する。それが「質量」である。地球表面にある質量 m の物体に働く重力は，地球に固有の定数であり「重力加速度」と呼ばれる g（下記の【g】を参照）を用いて mg と書ける。第4章で詳しく述べる。

注3　車の「アクセル」を踏むと，車が加速する。

1

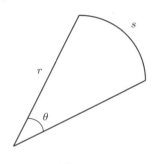

図 1.1

【g】「重力加速度」。英語の gravity の頭文字 [→ 第 4 章]。

【G】「万有引力定数」。英語の gravity の頭文字 [→ 第 4 章]。

【r】英語 radius（半径）の頭文字[注4]。2 つの物体の間や原点からの「距離」[→ 第 4 章] もしくは円の「半径」[→ 第 13 章] を表す。

次は，である。全部覚えなくてよい。本書の例題に取り組みながら，徐々に覚えればよい。これも "慣れ" なので，心配無用。

【α】「アルファ」。「加速度」を表すことが多い。

【θ】「シータ」。ほとんどの場合，「角度」を表す。ただし，単位は「°」ではない。図 1.1 において，半径 r，角度 θ の円弧の長さを s とすると，明らかに s と θ とは比例する。このことから次の式で，角度 θ を定義する[注5]。

$$\theta \equiv s/r \tag{1.1}$$

θ は s/r つまり 長さ／長さ なので，物理的な単位をもたない[注6]。このため，単位を付けないことが多いが，「度」と区別する際には，「ラジアン」と呼ぶ。

【λ】「ラムダ」。多くの単位長さあたりの物理量を表す。

【μ】「ミュー」。力学では「摩擦係数」を表すことがほとんど [→ 第 8 章]。

【π】「パイ」。180° の角度をラジアンで表したものである[注7]。「°」と「ラジアン」の対応は，次の通り。

$$90° = \pi/2$$
$$180° = \pi$$
$$270° = 3\pi/2$$
$$360° = 2\pi$$

【ρ】「ロー」。単位体積あたりの密度を表すことが多い。

【ϕ】「ファイ」。力学では，振動現象における「初期位相」を表すことが多い [→ 第 5 章]。

【ω】「オメガ」。「角振動数」[→ 第 5 章] もしくは「角速度」[→ 第 14 章] を表すことが多い [→ 第 5 章]。

1.3　スカラー量とベクトル量／位置と座標 ────●

物理では，スカラー量とベクトル量とを明確に区別することが重

要である。**ベクトル量**とは，大きさのみならず，「**方向・向きを有する物理量**」と理解しておけばよい[注8]。本書では $\boldsymbol{A}$ のように「**太文字**」で表す[注9]。対して「スカラー量」は「大きさ（負の値となる場合もある）のみ」で記述される。

[注8] 「方向」とは矢印のない線分。「向き」とは，指定された線分における矢印。したがって，「東西方向」も正しいし，「東向き」も正しい。しかし「東西向き」も「東方向」も適切な表現ではない。

> **質点の位置**は，任意の点を始点とした**位置ベクトル $\boldsymbol{r}$** で表す。位置ベクトル $\boldsymbol{r}$ は，**座標**でも記述される。

[注9] 高校では $\vec{A}$ のように文字の上に矢印を付けることが多い。

$$\boldsymbol{r} = (x, y, z) \tag{1.2}$$

このため，質点の「**位置**」を「**座標**」と呼ぶことも多い[注10]。本書では，質点の「**位置**」が式 (1.2) のように「**座標**」で記述された場合には，原則として「**位置**」を「**座標**」とも呼ぶ。

[注10] 式 (1.2) をベクトル表記すると，$\boldsymbol{r} = x\boldsymbol{i} + y\boldsymbol{j} + z\boldsymbol{k}$ となる。$\boldsymbol{i}$, $\boldsymbol{j}$, $\boldsymbol{k}$ は，それぞれ x, y, z 座標の単位ベクトル。

■**スカラー量であるもの**■

- 質量 m
- 仕事 W
- 万有引力定数 G
- 重力加速度 g
- 角度 θ
- 「距離／半径」を表す r
- 時間 t

> **例題 1.1**　1.2 節で紹介した物理量のうち，ベクトル量であるものをすべて挙げよ。

■**考え方**■　「方向と向き」をもつものは「ベクトル量」である。

解答 1.1　位置 $\boldsymbol{r}$，速度 $\boldsymbol{v}$，加速度 $\boldsymbol{a}$，力 $\boldsymbol{f}$。

1.4　時間とともに変化する物理量 ────●

　質点の状態を記述する下記の物理量は，一般に**時間とともに変化する**ので，「(t)」を付記して明記する[注11]。

[注11] もちろん，特に明記する必要がない場合には，「(t)」を省略することも多い。

ベクトル：●位置 $\boldsymbol{r}(t)$　●速度 $\boldsymbol{v}(t)$　●加速度 $\boldsymbol{a}(t)$　●力 $\boldsymbol{f}(t)$
スカラー：●「距離／半径」を表す $r(t)$　●角度を表す $\theta(t)$

ベクトル量の場合には，**各成分が**時間の関数である。

$$\boldsymbol{r}(t) = (x(t), y(t), z(t)) \tag{1.3}$$

$$\boldsymbol{v}(t) = (v_x(t), v_y(t), v_z(t)) \tag{1.4}$$

$$\boldsymbol{a}(t) = (a_x(t), a_y(t), a_z(t)) \tag{1.5}$$

$$\boldsymbol{f}(t) = (f_x(t), f_y(t), f_z(t)) \tag{1.6}$$

1.5 数学公式 ●

力学では，時間とともに変化する物体の運動を記述するため，しばしば**物理量を時間で微分すること**が必要となる。よく使う表示は，物理量の上にドットを付して示すものである。

1次元の場合，速度vは，座標[注12]xを時間で1回微分したもの[注13]

注12 1次元の場合には，1つの座標で位置が指定されるので，「位置」と「座標」を特に区別しない。

注13 本節では，簡単のために「(t)」を省略する。

$$v = \dot{x} \tag{1.7}$$

加速度aは，速度vを時間tで1回微分したもの

$$a = \dot{v} \tag{1.8}$$

である。この両者から

加速度aは，座標xを時間で2回微分したもの

$$a = \ddot{x} \tag{1.9}$$

となる。**ベクトル量の場合は 各成分ごとに**時間微分する。

$$\boldsymbol{v} = (\dot{x}, \dot{y}, \dot{z}) \tag{1.10}$$

$$\boldsymbol{a} = (\dot{v}_x, \dot{v}_y, \dot{v}_z) = (\ddot{x}, \ddot{y}, \ddot{z}) \tag{1.11}$$

振動現象で頻繁に登場するのが，三角関数である。

■必須の数学公式：符号まで正しく覚えよう■

$$\frac{d}{dt}[\sin t] = \cos t \tag{1.12}$$

$$\frac{d}{dt}[\cos t] = -\sin t \tag{1.13}$$

極めて重要なのは，「合成関数」の微分（俗に"中身の微分"とも呼ばれる）である。力学で頻繁に登場するのは

● v^2 を時間tで微分すること

である。次の式は，多くの学生の答案で見かける間違いである。

$$\frac{d}{dt}[v^2] = 2v \tag{1.14}$$

これが間違いであることにすぐに気付いただろうか。

v^2 は，vを介してtの関数である

$$t \to v \to v^2$$

つまり，式(1.14)は，v^2をvで**微分した「だけ」で終わって**いて，時間tで微分したことになっていない。時間tでの微分を"完遂"す

るには，最後に「“中身”（速度 v）を時間 t で微分したもの」＝「$\dot{v}$」
を掛ける必要がある。数式で書くと

$$\frac{d}{dt}[v^2] = \frac{d}{dv}[v^2] \cdot \frac{dv}{dt} \tag{1.15}$$

となる。結局，

■極めて重要■

$$\frac{d}{dt}[v^2] = 2v\dot{v} \tag{1.16}$$

この式 (1.16) は，本書でも頻繁に使うので，必ずこの箇所に立ち
返って確認することを推奨する[注14]。もう 1 つの重要な例は

● 三角関数を時間 t で微分すること

である。まず，よくある間違いから。

$$\frac{d}{dt}[\sin(\omega t + \phi)] = \cos(\omega t + \phi) \tag{1.17}$$

ここでも，「中身の微分」がなされていない。式 (1.17) は $\sin(\omega t+\phi)$
を $(\omega t + \phi)$ で微分しただけであり，“最終目標”である時間 t での微
分にまで至っていない。「“中身”である $(\omega t + \phi)$ を時間 t で微分し
たもの」＝「ω」であるから，これを式 (1.17) に掛ける必要がある。

■極めて重要■

$$\frac{d}{dt}[\sin(\omega t + \phi)] = \omega \cos(\omega t + \phi) \tag{1.18}$$

$$\frac{d}{dt}[\cos(\omega t + \phi)] = -\omega \sin(\omega t + \phi) \tag{1.19}$$

ここでほとんどの例題で不可欠となる極めて重要な「微分と積分
の関係」を示す数学公式を説明する。まずその復習から[注15]。

■微分と積分の基本公式■

$F(x)$ を $f(x)$ の不定積分とする。このとき，次の式が成り立つ。

$$F(b) - F(a) = \int_a^b f(x)\,dx \tag{1.20}$$

さて，座標 $x(t)$ を時間 t で**微分**した $\dot{x}(t)$ を**速度**，さらに時間 t で
微分した $\ddot{x}(t)$ を**加速度**と**定義**した。このことは，

加速度 $\ddot{x}(t)$ を時間で**積分** → 速度 $\dot{x}(t)$ を得る

速度 $\dot{x}(t)$ を時間で**積分** → 座標 $x(t)$ を得る

ことを示す。微分と積分の基本公式 (1.20) から直ちに，次の式を
得る。

注14 速度が 3 次元ベクトルの場合には，
$v^2 = v_x^2 + v_y^2 + v_z^2$。この時間微分は，
$2v_x\dot{v}_x + 2v_y\dot{v}_y + 2v_z\dot{v}_z$ となる。詳細は
第 7 章。

注15 例えば，$f(x) = ax^2 + bx + c$ なら，
その不定積分 $F(x) = ax^3/3 + bx^2/2 +
cx + d$（$d$ は任意の積分定数）となるの
であった。

$$\dot{x}(t) = \dot{x}(0) + \int_0^t \ddot{x}(t)\,dt \tag{1.21}$$

$$x(t) = x(0) + \int_0^t \dot{x}(t)\,dt \tag{1.22}$$

1.6　力学の法則は 4 つ

　力学の法則は，次の「運動の 3 法則」と「万有引力の法則」の 4 つのみであり，これ以外にない。この宇宙のあらゆる物体の運動が，これらの法則のみにより記述されることを，ニュートンが見出して提唱した。このうち，「運動の第 1 法則」は，そのままでは（特に初学者にとっては）わかりづらい[注16]。本書では，理念を把握しやすくするために，以下のように現代的な表現をする。

> ■ 運動の第 1 法則 ■
>
> ● この宇宙には**慣性系**が存在し，「**慣性系**では，慣性の法則」が成り立つ。
>
> ●「慣性の法則」＝「**物体に力が加わっていないとき**，その物体は静止したままか，一定の速度で永遠に直線運動をするか，のどちらかである」。

　この法則を，もっとわかりやすくするためには，**慣性系でない場合 ＝「非慣性系」**を考えればよい。例えば，発車直後の加速中の電車を考えよう。このような電車の床に"空き缶"が転がっていると，その空き缶には力が加わっていないのに動き出す。これは，加速中の電車が「非慣性系」であることを示している。もちろん，減速を始めた電車も，カーブを曲がっている電車も「非慣性系」である。反対に，例えば電車が静止していれば，慣性の法則が成り立つ。これは「地球が近似的に慣性系であること」を示している。

> ■ 運動の第 2 法則 ■
>
> 「**慣性系において物体に力が加わっているとき**，その物体には，力と同じ方向・向きに，力の大きさに比例した加速度が生じる」。これを記述するのが「運動方程式」である。

$$m\ddot{\boldsymbol{r}}(t) = \boldsymbol{f}(t) \tag{1.23}$$

　第 3 章以下のすべての例題において，「運動方程式」が大活躍をす

注16　以下に述べる「慣性の法則」を「第 1 法則」と呼ぶことが多く，本書でもそのように呼ぶ。しかし，厳密には両者は異なる。なぜなら，もし「慣性の法則」だけなら，「力＝ゼロ」とすれば次の第 2 法則に包含されてしまうからである。「第 1 法則」の趣旨は，「慣性の法則」を成り立たせるような「**慣性系というものが存在する**」ということである。**慣性系の存在**を第 1 法則とすることで初めて，第 2 法則の正当性が保証されるのである。

る。それは，第2章以降に明確に，そして何度も述べるように，「**力学の根幹は，具体的な状況において運動方程式を正しく書き下すこと**」であるからである[注17]。

▍運動の第3法則▍

物体Aが物体Bに力 f を及ぼすとき，物体Bは物体Aに力 $-f$ を及ぼす。

前者の力を作用と呼べば後者の力は反作用であり，後者の力を作用と呼べば前者の力は反作用である。このことから「作用・反作用の法則」とも呼ばれる。

▍要注意▍
「作用・反作用」と「つりあい」を，絶対に混同するな！

理由は，上記の「運動の第3法則」をキチンと理解すれば，直ちにわかる。すなわち，**「作用・反作用」とは，「2つの物体の間で」成り立つ法則**であるのに対し，**「つりあい」とは，「1つの物体に」働く力のベクトル和がゼロになる状態を述べたもの**であるからである。もちろん，「つりあい」は法則ではない。しかしながら，多くの学生は，「つりあっている」という概念を，こよなく愛しているようで，いつまでたっても「つりあっている」「つりあっている」と答案に書き記す。この認識は，非常に危険である[注18]。著者は，**運動を論じる場合には，「つりあい」というのではなく，「運動方程式において加速度＝ゼロの場合と認識すること」**を強く推奨している。そして，本書でも一貫してそのように記述している。

▍万有引力の法則：要注意▍

非常に多くの学生が，「**地球表面にある物体が，地球から受ける重力のこと**」だと認識しているようである。明らかに間違い！

正しくは，第4章で述べる。

[注17]　上記の2つの法則を論理的に読めば容易にわかることであるが，**非慣性系では，運動方程式は成り立たない**。この場合には，運動方程式に修正を加えることになるが，本書では扱わない。

[注18]　困ったことに，高校・大学の教員にも，ときおりこの傾向を感じることがある。本書が，これを是正する契機となれば幸いである。

2

力学の「根幹」を正しく理解しよう
物理を学んだ読者は必ず読んでください

2.1　明記されてこなかった力学の「根幹」————●

● 初めて物理を学ぶ読者 → この章は飛ばして第3章から読みすすめ，最後に理解の確認のためにこの章を読むことを推奨する。
● 物理を学んだ読者 → 必ずこの章の例題に取り組んで欲しい。

例題 2.1　以下の各文は正しいか，間違っているか。間違っていれば「どこが」「どのように」間違っているかを明示した上で，正しい表現に訂正せよ。

① 物体の運動を議論するには，等加速度運動の公式を使えばよい。

② 机の上に置かれた本が静止している。この本に働く重力の反作用は，本が机から受ける垂直抗力であり，作用である重力と反作用である垂直抗力とは，つりあっている。

③ 万有引力の法則とは，地球上では質量 m の物体に鉛直下向きに重力 mg が働くことである。ここで g は，重力加速度である。

④ 水平面上で静止している質量 m の物体に働く静止摩擦力は，静止摩擦係数を μ として μmg である。

⑤ 水平な台の上に置かれた質量 m の物体に働く垂直抗力は，mg である。同様に，水平からの角度が θ である斜面に置かれた質量 m の物体に働く垂直抗力は，$mg\cos\theta$ である。

⑥ 円運動を議論するときは，最初に遠心力を考える必要がある。

⑦ 野球でバッターがボールを打ち返すときには，遠心力を使っている。

⑧ 質点の位置（座標）を時間で微分すると速度になる。ま

た，速度を時間で微分すると加速度になる。これは力学の重要な公式である。

例題 2.2　次のうち，力学の「法則」はどれか。ただし，一般に「法則」とは，他のいかなる法則からも数学的変形で導出 "不可能" なものである。逆に，他の法則から数学的な変形で導けるものは，法則ではなく「定理」であることに注意せよ。

① 慣性の法則

② 運動方程式

③ 作用・反作用の法則

④ （バネにおける）フックの法則

⑤ ケプラーの法則

⑥ 等加速度運動の公式

⑦ 運動量保存則

⑧ エネルギー保存則

⑨ 万有引力の法則

解答 2.1　まず，結論だけ述べると，①〜⑧のすべてが間違いである。詳細は，次の章からの例題において解説する。ここでは間違っている理由のエッセンスのみ述べる。

① 2 重の間違いをおかしている。まず，**そもそも物理には「公式」など存在しない**。次に，（少し考えれば自明なのだが）加速度が時間的に変化する場合は，「等」加速度ではないから，"公式" が使えるはずがない [→ 例題 5.1]。

② この文も，2 重の間違いをおかしている。1 つは，「垂直抗力」が間違い。もう 1 つは「作用・反作用」の法則と「つりあい」を完全に混同していること。今後も何度となく注意喚起するが，**「作用・反作用」と「つりあい」の両者は，全く異なる概念である** [→ ほとんどすべての例題]。

③ **万有引力とは，質量を有するすべての物体に働く力のことである**。だからこそ，「万有」（「万」（よろず）のものに「有」る）というのだ。筆者が大学で教え始めたとき，この例題のような誤解をし

ている学生が非常に多いことに驚いた。どこかで「りんごが木から落ちるのを見て」との逸話を拡大解釈しているのであろうか。また，地表において質量 m の物体に働く重力が mg となるのは，「定理」である。つまり，ある「法則」から数学的な変形のみで導けるのである [→ 例題 4.1]。「法則」と「定理」を正しく認識することは，力学の論理構造を理解するために，極めて重要である。

④ **「静止摩擦力」を完全に誤解している。**一般に，静止摩擦力は，「運動方程式を解いて初めて得られる未知数」である。この誤解は，「最大静止摩擦力」と混同としていると思われるが，そうだとしても，**最大静止摩擦力は μmg ではない**。正しくは，垂直抗力を N として μN である [→ 例題 8.1]。これは次の⑤と密接に関係している。

⑤ 一般には「垂直抗力」は，運動方程式を解いて初めて把握できる未知数である（静止摩擦力と同様）。したがって，**ごく一般には「垂直抗力」と「重力」とは，何の関係もない。**確かに，垂直抗力が重力に等しくなることが多々あるが，それはあくまで「運動方程式を解いた**結果**」「等しくなる**こともある**」だけである。換言すれば「垂直抗力 < 重力」の場合も，「垂直抗力 > 重力」の場合もありうる。もちろん，この事情は，水平面でも斜面でも同じだ [→ ほとんどすべての例題。とりわけ第 11 章，第 12 章]。

⑥ 円運動を**慣性系から議論する場合には，「遠心力」など出てくるはずがない。**「遠心力」とは「非慣性系」から見たときに導入される「見かけの力」である [→ 例題 4.5]。

⑦ バッターは，地球に対して静止していて「慣性系」であるから，「非慣性系」での「見かけの力」である「遠心力」とは無関係である。**「慣性系」での議論に，ゆめゆめ「遠心力」など使ってはならない** [→ コーヒーブレイク　その 8，その 10]。

⑧ 「力学の重要な公式」が完全に間違い。③で述べた通り，**そもそも物理に「公式」など存在しない** [→ ほとんどすべての例題]。この正解は，例題 2.3 で述べる。

解答 2.2　①慣性の法則，②運動方程式，③作用・反作用の法則，⑨万有引力の法則の 4 つが正解。「⑥等加速度運動の公式」は論外。**「⑦運動量保存則」は運動方程式と作用・反作用の法則から導ける** [→ 第 13 章]。**「⑧エネルギー保存則」も，運動方程式から導ける** [→ 第 6 章，第 7 章]。

この過程で，「仕事」や「運動エネルギー」が定義される。この2つは力学の基本構造として極めて重要なので，本書でしっかりと取り扱う。

なお，「④フックの法則」は，じつは単なる「近似」に過ぎない[→ コーヒーブレイク　その9]。したがって本書では今後，「フックの法則」という言葉は一切使わない。「バネから受ける力は $-kx$」のようにのみ記載する。また，「⑤ケプラーの法則」は，運動方程式から導ける[→ 第30章]。人類が運動方程式を知らなかった時代に，ケプラーが天体の運動を記述する際に見出した経験則である。現代では，運動方程式という法則を知っているので，今では1つの「定理」に過ぎない。したがって，本書では今後，「ケプラーの定理／経験則」と呼ぶ。

さて，上記の2つの例題。間違いが多くても，今は結構。じつは，大学の教員でも，これらのいくつかに正解しないことが少なくないのだ[注1]。

しかし，心配はいらない。本書ではまさに，このような「基礎の基礎」「根幹」を明確にすることを基本理念の1つとしている[注2]。

2.2　力学の「根幹」を明確に ●

力学の「根幹」がどういうものか，上記の例題で"おぼろげ"ながら見えてきたと思う。ここで改めて明記しておく。

- そもそも物理には「公式」など存在しない。
- 力学は，「定義」と「法則」[注3]と「定理」[注4]とで構成されている。
- 「定義」とは，ある物理量を正確に定めたものである。具体的には，「運動量」，「運動エネルギー」，「仕事」など。
- 「法則」とは，この宇宙の森羅万象を突き詰めていくと，つきあたる究極の理（ことわり），それが「法則」だ[注5]。だから，「法則」には「なぜ？」はない。「なぜ？」を問うことはナンセンスである[注6]。
- 逆に，「定理」は「証明」できる。「定理」とは，数少ない「法則」（「なぜ？」を問えない）に，数学的な変形を施して得られるものであり，具体的な問題を解決するのに頻繁に活用できるので「定理」となっている。地球表面上での質量 m の物

注1　実際，これまで多くの力学の書籍が出版されているが，このような「基礎の基礎」「根幹」について明確に述べた書籍を筆者はほとんど見かけたことがない。だから，「力学の根幹」が揺らいでいるのは，読者の責任ではなく，これまでの指導者の責任も否定できないのでは，と筆者は考えている。

注2　本書のもう1つの基本理念。それは，本書で述べた知識とスキルを完全に習得すれば，**未知の問題に遭遇しても必ず解決できる**，という点である。これこそが，本書が例題を題材として力学の本質を解説する最大の理由である。だから本書では，「この問題は，このように解きましょう」という"上から目線"の解説は一切しない。あくまで"未知の問題に取り組む「研究者の視点」"で述べている。

注3　数学の「公理」に対応する。

注4　数学でも「公理」を基盤に証明可能である。

注5　「神様がこの宇宙をそのように作った」としか言いようがない。それが「法則」。

注6　物理が数学と異なるのは，物理の「法則」としての正しさは，実験や観測などの実証によって確かめられる点である。

体に働く重力が mg となるのが，その典型。

- 力学の法則は 4 つ。「慣性の法則」「運動方程式」「作用・反作用の法則」「万有引力の法則」である。**「運動量保存」と「エネルギー保存」は，そもそも成り立たない場合があるし，この 4 法則から導ける**ので「定理」である [→ 第 6 章，第 7 章]。

- **物体の運動を記述するとは，「初期条件」のもとに「運動方程式」を解くこと，である。**その具体的な方法は，次章からの例題で繰り返し，詳しく述べる [注 7]。

例題 2.3　例題 2.1 の解答の⑧では，「力学の重要な公式」が間違いであった。では，そもそも「位置（座標）を時間で微分すれば速度になる」「速度を時間で微分すれば加速度になる」は，「常に」正しいのか？　間違っていれば訂正し，正しければこの記述は「公式」ではなくて，いったい何なのか？を簡潔に述べよ。

解答 2.3　「常に」正しい。「位置（座標）を時間で微分すれば速度になる」は，「速度」の「定義」である。同様に，「速度を時間で微分すれば加速度になる」は，「加速度」の「定義」である。より正確に表現すると

- 速度 ≡ 位置（座標）を時間で微分したもの
- 加速度 ≡ 速度を時間で微分したもの

として「定義」される [注 8]。

しかし，「定義」だと言われても，"しっくりこない"と感じる諸君は少なくないであろう [注 9]。"しっくりこない"理由は，この「定義」が，日常的に経験する「速度」の"感覚"と乖離しているのでは？　との違和感に起因している。そしてこの違和感は，「時間での微分」を正しく理解すれば，解消する。これはむしろ「微分」という数学的な概念を，どれだけ自分の腑に落ちるまで"落とし込んで"理解しているか，という問題に帰着される。例えば，1 次元の運動を考えて，横軸に時間 t，縦軸に座標 x とする座標軸における色々なグラフを考えてみれば，比較的容易に「あっ，そういうことか！」と納得できると思う [注 10]。

最後に，特に物理を履修した読者への例題。

注 7　繰り返すが「等加速度運動の公式」は完全に捨て去ること。高校までは物理で微分・積分を使うことが許されなかったため，"方便"として様々な"公式"が羅列された。しかし，大学では，微分・積分を使うので，高校でのすべての"公式"は不要となる。代わりに，力学においては「運動方程式」が"主役として躍り出る"と認識して欲しい。

注 8　≡ は，その右側の数式や言葉で「定義」することを明記するものである。

注 9　じつは筆者も高校生のとき，長らく「どうして，位置（座標）を微分したら速度になるのだ？」と疑問であった。誰も「これが速度の"定義"だ」とは明確に教えてくれなかったから，無理もなかろう。

注 10　まずは，直線（＝等速運動）。これはわかりやすい。次に曲線を考えたとき，そもそも「速度」（もちろん「速度」自身が「時間」とともに変化する）はどうなるのか，と考える。

> **例題 2.4**　「運動エネルギー」には係数 1/2 が記されている。なぜ 1/2 なのか？　「定義」だから説明不要かもしれないが，何か理由があるのではないか？

解答 2.4　明確な理由がある。**運動方程式との整合性に起因している**。運動方程式に速度を掛けて時間で積分していく際に，「積分係数」として 1/2 が登場し「運動エネルギー」が定義される [→ 第 6 章，第 7 章][注 11]。

注 11　この過程において，「運動エネルギー」に加えて「仕事」も定義され，両者の関係式が得られる。

2.3　重要な数学公式：物理を学んだ読者向け ──────●

後の例題でも詳しく述べるが，極めて重要な数学公式を 3 つ，ここに挙げておく。まずは「近似公式」。

▌極めて重要：近似公式▐

$$|\,\alpha\,| \ll 1\text{ のとき } (1+\alpha)^n \simeq 1+n\alpha \qquad (2.1)$$

「前提条件」$|\,\alpha\,| \ll 1$ とともに正しく記憶して「使いこなせるようになること」が肝要である[注 12][注 13]。

注 12　n は正または負の整数。

注 13　証明したい諸君には，「二項定理」を使えば容易であるとだけ述べておく。

2 つ目は，三角関数と親和性の高い関数 e^x である。ある e という数字を，次の条件を満たす数であると定義しよう[注 14]。

▌極めて重要：関数 e^x の定義▐

$$\frac{d}{dx}e^x \equiv e^x \qquad (2.2)$$

そして 3 つ目。

注 14　e の定義方法にはいくつか存在するが，本書では，のちの議論の明確さを考慮して，この定義を採用する。e は，歴史的には「自然対数の底（てい）」と呼ばれ，$e \simeq 2.78$ である。数学的には，π と同様「循環しない無限小数」であり，「超越数」に分類される。

▌極めて重要：オイラーの公式▐

$$e^{i\theta} = \cos\theta + i\sin\theta \qquad (2.3)$$

これらは，力学の答案において，証明なしに使ってよい[注 15]。
最後に，物理の履修者でもつまづく重要ポイント。

注 15　本書では，第 4 章のコーヒー・ブレイク（その 4）で証明の概要を述べる。

▌ワンポイント▐
物理量 A は時間的に変化しない（一定である） $\Longleftrightarrow \dot{A}=0$

さて，次章から，具体的な例題を使い，上に述べた「力学の根幹」を説明してゆく。その際に，適宜，本章の具体例のどれに該当するか，各自で必ず確認して欲しい。

2.3　重要な数学公式：物理を学んだ読者向け　　*13*

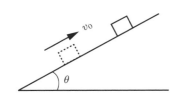

3

根幹は「正しく運動方程式を立てる」ことに尽きる

この章からは，具体的な例題を通じて力学の根幹となる概念と論理構造を理解してゆく。当面は，なによりも「運動方程式」を正しく使えるようになること，これこそが，力学を根底からわかるコツである。

> **例題 3.1**　水平面とのなす角度が θ の斜面上に質量 m の物体（以下，「物体 m」）がある。この物体 m に，斜面に沿って上向きに初速度 v_0 を与えた（図 3.1 の点線）。この後の物体の運動（図 3.1 の実線）はどうなるか？　摩擦と空気抵抗は無視できる。

図 3.1 [注1]

注1　以後，すべての図において，時刻 $t = 0$ の状態を点線，その後の任意の時刻での状態を実線とする。

■**考え方**■　いまさら，「こんな簡単な問題」と思うかもしれない。しかし「根底から正しく」理解している人は意外と少ない。

■注意！■
等加速度運動の公式は使ってはいけない。

解答 3.1　では，どうするか？　以下，順を追って説明する。

3.1　キーワードは「主人公」「外力」「運動方程式」—●

■**主人公**■　当然，「運動するモノ」が「**主人公**」である。今の場合は，物体 m のみ。

■**外力**■　次は，主人公に働く「**外力**」をすべて「**図示**」する[注2]。ここで基本的だが極めて重要な事実をリマインドしておく。それは

注2　「物体の外から，その物体に及ぼす力」という意味。「内力（ないりょく）」という語も存在するが，それは，のちの章の「質点系・剛体の力学」で扱う。

■正しく「外力」を図示するコツ■
「何が」「何に」及ぼす「力」か？

を明確にすることである。今の場合，「物体 m に」及ぼす力を答えるので，「何が」に注意する。

　さて，ここで「外力」を count up する際に「数え落とし」がない

ようにする確実な方法がある。

■正しく「外力」を count up するコツ■
接するところに力あり。
離れて働くのは「重力」「電気力」のみ。

「物体 m」が接しているのは, 斜面のみ。そして, 空気抵抗は無視できる。だから「斜面が」物体に及ぼす力を count する。今の場合, 摩擦も無視できるので, 斜面が物体に及ぼす力は斜面に垂直である。では,「向き」はどうか？　物体が斜面に"めり込まない"のは, 斜面が物体を支えているからである。例えば, 人が床の上に立っていられるのは, 床が人を押して支えているから[注3]。このため, 一般に「垂直抗力」と呼ばれる[注4]。

では, この垂直抗力の大きさは？

ここで極めて重要な注意！！

■重要なワンポイント■
- **垂直抗力 ≠ 重力**である。
- 垂直抗力は, **未知数**である。運動方程式を解いて初めて得られる。

無論, 運動方程式を**解いた結果, たまたま** $mg\cos\theta$ となる場合は多い。しかし,

垂直抗力が $mg\cos\theta$ でない場合もある

ということに注意 [→ 特に第 11 章, 第 12 章]。では, どうするか？

垂直抗力は未知数なので, 通常 N などと表記する[注5]。

次に,「重力」と「電気力」を考える。物体 m は電気を帯びていないので, 離れて働くのは「重力」のみ。物体 m に働く重力は, よく知られている通り, 大きさは mg。向きは, 鉛直下向き。さて, ここで質問。

「地表で質量 m の物体に働く重力は鉛直下向きに mg」は, 法則か？　定理か？　公式か？

答えは「定理」だ。だから「法則」から数学的に導くことができる [→ 第 4 章]。

以上, まとめると「主人公」である物体 m に働く「外力」は,（斜面が物体を押す）垂直抗力 N と,（地球が物体を鉛直下向きに引っぱる）重力 mg の 2 つ。

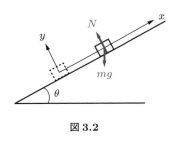

図 3.2

■**運動方程式のための準備：座標軸**■　「運動方程式」を書き下すには，主人公である物体の「位置」を明確にする必要がある。一般に「位置」はベクトル $\boldsymbol{r}$ で指定するが，"適切な"「座標軸」[注6] を設定することで，

$$\boldsymbol{r} = (x, y, z) \tag{3.1}$$

という「座標」で書ける[注7]。今の場合の「座標軸」は，斜面に沿って上向きに x 軸をとるのがシンプルでベストだろう。ここで注意すべきは，原点をどこにとるか？　である。素直なのは，やはり初速度を与えられた瞬間の位置，ここを $x = 0$ とするのがよいだろう。

■**運動方程式**■　これでお膳立てが整ったので，いよいよ運動方程式を書き下す[注8]。まず x 方向の運動方程式。

重力は鉛直下向き。かたや運動方程式は，x 方向について**のみ**考えている。だから，重力の x 方向成分**のみ**を（"書けばよい"のではなくて）書か**ねばならない。**つまり，運動方程式は

$$m\ddot{x} = -mg\sin\theta \tag{3.2}$$

となる。ここで重要なのは，力も加速度もベクトル量ということ，つまり方向がある。だからこそ，座標軸を設定して**座標成分ごとに**方程式を書き下す。慣れないうちは，運動方程式を，次のように理解してもよいだろう[注9]。

> 質量 × 加速度 ＝ 外力の座標成分
> 加速度 ＝ 座標を時間で 2 回微分したもの

さて，なぜ右辺に外力を書くのか？

物理法則に出てくる方程式は，単に量が等しい，というだけではない。そこには**現象の本質を記述する理念がある。**今の場合，右辺は原因，左辺が結果。つまり，物体に力が働いて（右辺），その結果，加速度を生じる（左辺）。あるいは物体に加速度があれば（左辺），その原因として外力（右辺）が働いているはずだという理念である[注10]。

これで，「正しく運動方程式を立てること」ができた。実際には，これでほとんど"正解"であるが，今の場合には，諸君がいう"答え"を得ることができる。では，"答え"とは具体的に何か？　**座標と速度を，時刻 t の関数として記述**することだろう。

3.2 「初期条件」とは？ 物理的意味と数学的意味 ─●

運動方程式が与えるのは「加速度」なので，「速度」と「座標」を（時間の関数として）求めるには，積分すればよい。なぜなら，（念のため明記すると）

加速度は座標を時間について「2回，微分」したもの[注11]なので，座標を求めるには「2回，積分する」必要がある

注11　数学では「2階の微分方程式」と呼ぶ。

からである。「**2回，積分**」するので「**積分定数**」も「**2つ**」必要になる。ここまでは"数学"であるが，"物理"特に「力学」では，「積分定数」は「初期条件」によって決まる[注12]。初期条件は，その名の通り「時刻 $t = 0$ における値」であり，**初期条件が運動を確定する**。では，今の場合に**初期条件を数式で書く**とどうなるか？ 2つの「積分定数」を決めるためには，「初期条件」も2つ必要である。1つは簡単。初速度の条件から $\dot{x}(0) = v_0$。もう1つは，意外と思いつかない人が多い。$x(0) = 0$ だ。$t = 0$ での位置を x 座標の原点としたので，簡単になった。

注12　力学では多くの場合，時間についての微分であるので"初期"条件と呼ぶが，座標についての微分する場合もある。その場合の「積分定数」は「境界条件」とか「連続の条件」によって決められる。

数式で表現すると，速度については

$$\dot{x}(t) = \dot{x}(0) + \int_0^t \ddot{x}(t)\, dt \tag{3.3}$$

となる [→ 式 (1.21)]。今の場合は，加速度は，$-g\sin\theta$ とたまたま定数となるが，「**一般には，加速度は時間の関数である**」[注13] ということに注意して欲しい。

注13　典型例が，バネによる振動である。第5章を参照。

座標と速度についても同様の数式が成り立つ [→ 式 (1.22)]。

$$x(t) = x(0) + \int_0^t \dot{x}(t)\, dt \tag{3.4}$$

これで，式 (3.3) を積分して速度が，式 (3.4) を積分して座標が求まる。

$$\dot{x}(t) = v_0 - (g\sin\theta)t \tag{3.5}$$

$$x(t) = v_0 t - \frac{1}{2}(g\sin\theta)t^2 \tag{3.6}$$

3.3 得られた結果の簡単な"検算"方法 ─────●

"答え"が出た，と言って安心するのは高校生まで。大学生になれば，自分の出した答えをチェックするくらいはしよう。最低限やるべきことは何か？

今の場合は，$t = 0$ で初期条件の式を満たしているか？

式 (3.5) で，$t = 0$ とすると…確かに初速度 v_0 となる。OK！

式 (3.6) で，$t = 0$ とすると…すぐに $x = 0$。OK！

3.4　得られた結果は「見える化」する

"答え" が出て，"検算" もした。ならば今度は「見える化」しよう。

類題 3.1　横軸を時刻 t，縦軸を「速度」とするグラフを描け。その真下に，同じ時間軸を横軸とし，「座標」を縦軸としたグラフを描け。

図 3.3 から明らかなように，

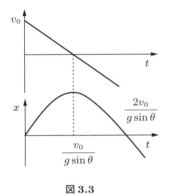

図 3.3

速度 $= 0$ となるときに，座標が最大となる。
その後は，斜面に沿って下向きに運動する。

3.5　関連する問題で理解を確認

例題 3.2　「位置（座標）を時間で微分すれは速度になる」これは，法則か，定理か？

解答 3.2　これは，法則でも定理でもない。もちろん公式でもない。じつはこれは速度の**定義**である。したがって，この課題は次に帰着される。

▌極めて重要▌

速度は，位置（座標）を時間で微分したものとして**定義**する。
加速度は，速度を時間で微分したものとして**定義**する。

類題 3.2　「速度が位置（座標）の時間微分である」との定義は，日常生活の速度の感覚と矛盾がないか？　自分の言葉で説明せよ。

例題では，x 座標のみを考えた。
では「y 座標」を考えることは可能か？

可能である。

例題 3.3　斜面垂直上向きを y 軸にとり，y 方向の運動方程式を書くことができる。しかし，次の式のどれも，y 方向の運動方程式ではない。その理由を簡潔に述べて，正しい運動方程式を書け。

$$N = mg\cos\theta, \quad N - mg\cos\theta = 0$$

解答 3.3　運動方程式は，左辺に「質量 × 加速度」を，右辺に「力」を書く。今の場合，y 方向には加速しないので，加速度はゼロ。よって，正しい運動方程式は

$$0 = N - mg\cos\theta \tag{3.7}$$

ひと通り問題を解き終えたら，いろんな角度から「**特別で自明な場合**」を考えることで，理解がより深まることがある。このような例を 2 つ挙げる。

類題 3.3　この例題において，$\theta = 90°$ の場合は「鉛直投げ上げ」となる。この場合に，正しく運動方程式を立て，初期条件のもとに解くことで，時間の関数として速度と座標を求めよ。この場合の結果は，この例題の "答え"，すなわち式 (3.5) と式 (3.6) に $\theta = 90°$ を代入した場合の値と，一致することを確かめよ。また，$\theta = 0°$ の場合は，等速直線運動に他ならない。それは，式 (3.5) と式 (3.6) に $\theta = 0°$ として場合の値と，一致することを確かめよ。

4

万有引力の法則とは？
地表での重力が mg となることではない

4.1 「万有引力の法則」を正しく理解する ———●

> **例題 4.1** 地表での重力と万有引力について考える。以下の問いに答えよ。
>
> (1) 「万有引力の法則」を，図と数式を使って簡潔に述べよ。
>
> (2) 万有引力定数を G，地球の質量と半径をそれぞれ M，R とする。このとき，地表面にある質量 m の物体（以下，物体 m）に働く重力の大きさを答えよ。
>
> (3) 物体 m が，地表からの高さ h にあるとき，この物体に働く重力の大きさを求めよ。ただし，$h \ll R$ として近似せよ。

■考え方■ 「万有引力の法則」を間違って理解している人が非常に多い。おそらく「ニュートンとリンゴの逸話」がアタマから離れないのだろう。逸話よりも遥かに大切なことは「法則」を「正しく理解して記憶し，使えるようになること」である。

> 「万有引力の法則」と聞けば
> **「宇宙にぽっかり」と存在する 2 つの質点をイメージすること。**

図 4.1

注1 $\boldsymbol{F}_{m \to M} = -\boldsymbol{F}_{M \to m}$ は，作用・反作用の法則である。

解答 4.1

(1) **万有引力の法則**「他からの力を無視できる質量 M の質点 M と質量 m の質点 m がある。このとき，両者の間には，距離 r の 2 乗に反比例し，質量の積 Mm に比例する引力が働く（図4.1）。比例定数を『万有引力定数』と呼び，通常 G と書く」。

$$|\boldsymbol{F}_{m \to M}| = |\boldsymbol{F}_{M \to m}| = G\frac{Mm}{r^2} \tag{4.1}$$

$\boldsymbol{F}_{m \to M}$ は物点 m が質点 M を引く力，$\boldsymbol{F}_{M \to m}$ は物点 M が質点 m を引く力であり，$\boldsymbol{F}_{m \to M} = -\boldsymbol{F}_{M \to m}$ である注1。

■**注意点2つ**■　まず1点目。「万有」だから「質量をもった物体には必ず」ということ。もう1点。この法則は「質点」に関するものであり、「大きさ」をもった物体に対しては「そのままでは」記述できない、ということ。では、この問題 (2) のように、物体（質点とみなせる）が地球（質点とみなせない）から受ける力は、どうすればよいのか？

(2) **半径 R の地球が質点 m を引く力**

　順を追って考える。君の体を地球は引っ張っているが、それは、地球の至る部分（質点とみなしてよい）から引かれている。例えば、君が立っている地表の下100メートルの岩（これも質点とみなせる小さいもの）からも、広大な太平洋にある1リットル程度の海水も、南米アンデス山脈にある岩石も、"地球"を構成する、これらのすべての「質点」との間に、「万有引力の法則」が適用できる（図4.2左）。つまり

> 地球内の無数の質点からの引力のベクトル和
> ＝君が「地球」から受ける引力

のである。この感覚、非常に重要である。読み進めるのを休止して、よく味わって欲しい。

　では、具体的にそのベクトル和はどうするか？　ここで「数学定理」が登場する。「ガウスの定理」だ。この定理を使うと、以下が容易に証明される。

> 地球の各々の質点が地表の物体を引っ張っている（図4.2左）。この**ベクトル和をとると**、"まるであたかも"地球の

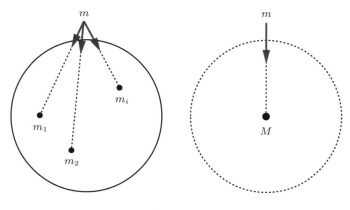

図4.2

中心に全質量が集中したものと等価となる（図 4.2 右）。

つまり，「万有引力の法則」が使える。その大きさは（地球の全質量は中心に集約されていると考えてよいので）

$$G\frac{Mm}{R^2} \tag{4.2}$$

となる。

聡明な読者は，すでに気付いたと思う。

「地表面にある物体 m に働く重力は，mg と書ける」

「これは定理だ」

と第 2 章で述べた。つまり，「ガウスの定理」という "数学公式" の援用によって，2 つの「質点」の間でしか適用されない「万有引力の法則」を，「大きさ」をもったもの（地球！）にも適用可能となったのだ。すると，「重力加速度 g」は，どのように書けるのか？　もう自明だろう [注2]。

$$g = \frac{GM}{R^2} \tag{4.3}$$

ここで注意！

「ガウスの定理」を用いた上記の証明には「適用条件」がある。それは「地球の質量分部が一様であること」ではない。この条件は「キツすぎる」のだ。現実問題として，地球の密度が地表から地中の奥深くまで，一様であるとは考えにくいだろう。では，「適用条件」とは何か？　それは

地球の質量分布が球対称であること

である。そして，これはいかにも現実的な仮定であろう。

(3)　地表からの高さが h のとき，力の大きさは (1) で R を $R+h$ にすればよい。すなわち

$$G\frac{Mm}{(R+h)^2} \tag{4.4}$$

ただ，問題では「$R \gg h$ であるから近似せよ」と言っている。問題の指定だから一応，信用してよいが，これは，本当に妥当なのか？ [注3]

意外に，キチンと答えられる人が少ないのだ。必要な情報は何か？　それは「地球の半径」だ。

地球の半径 $R \simeq 6,400$ km

注2　M と R は地球に固有の量である。月面での重力加速度は $g_月 = \dfrac{GM_月}{R_月^2}$ となる。

注3　国際線のジェット機の飛行高度も，エベレスト山の高さも，約 10 キロメートル。世界で一番深いマリアナ海溝の深さも約 10 キロ程度。

だ。だから，h（地表からの人間の生存圏の高度）では，すべからく $h \ll R$ が成り立っている。

4.2　近似式は，正しく活用する ────────●

本題に戻ろう。近似する際に，極めて重要な「数学公式」だ。これは「記憶して使えるように」して欲しい。実際，科学・技術の現場でも頻繁に使う。第2章でも記載した [式 (2.1)]。改めてこの章でも記載しておく。

$$(1 + \alpha)^n \simeq 1 + n\alpha \tag{4.5}$$

今の場合は，適用する式が $1 + \alpha$ となっていることに着目することだ。

この手の計算は今後，重要となるので，ここでは少し丁寧に示しておこう。

$$G\frac{Mm}{(R+h)^2} = G\frac{Mm}{R^2}\frac{1}{\{(1 + (h/R)\}^2} \tag{4.6}$$

ここで，$n = -2$，$\alpha = h/R$ とすると，式 (4.5) の形になったことがわかる。

> ▌ワンポイント▌
> 式 (4.5) は負の整数でも使える。

$$\frac{1}{(1 + (h/R))^2} = \left(1 + \frac{h}{R}\right)^{-2} \simeq 1 - \frac{2h}{R} \tag{4.7}$$

つまり，$R \gg h$ の近似で

$$G\frac{Mm}{(R+h)^2} \simeq G\frac{Mm}{R^2}\left(1 - \frac{2h}{R}\right) \tag{4.8}$$

となる。式 (4.3) を使うと，地表から高さ h の点での重力加速度 $g(h)$ は

$$\frac{g(h)}{g} \simeq 1 - \frac{2h}{R} \tag{4.9}$$

となる。

> ▌ワンポイント▌
> 自明な場合でチェックせよ。

$g(0) = g$ だから，式 (4.9) は OK。

例題 **4.2** 　上記の式 (4.8) において，$h = R/2$ とした場合は重力がゼロとなり，$h = R$ とした場合は重力がマイナスとなる。この結論は正しいか？　正しいなら，「どのように解釈できる」のか？　もし間違っているのなら，「何が原因で」間違った結果となったのか？

■**考え方**■　この問いに対して，何の疑問ももたずに "正しい" と答える学生が少なからずいる。もっとひどい答案では「地球から離れれば，遠心力が強く働くから」などと主張したりする。荒唐無稽，笑止千万である。もちろん，こんなことはあり得ない。もし，$h > R$ で「斥力」が生じているなら，そもそも隕石が地球に落下したりしないではないか。

■**近似を使う場合の注意点**■
近似式を使う際は，適用条件に注意する。

そう，高度が地球の半径に比して十分に小さいこと，が条件であった。なのに，R の 50 ％ とか 100 ％ など，論外である。

■**近似の適用条件を満たさないとき**■
近似していないもとの式に立ち戻る。

解答 **4.2** 　間違っている。近似式を使う条件 $h \ll R$ を満たしていない。近似しない式に立ち戻って計算する。式 (4.4) で $h = R/2$ とすると，

$$g\left(\frac{R}{2}\right) = \left(\frac{4}{9}\right) g \qquad (4.10)$$

式 (4.4) で $h = R$ とすると，

$$g(R) = \frac{g}{4} \qquad (4.11)$$

となる。

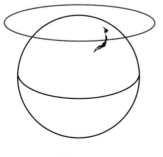

図 4.3

例題 **4.3** 　日本の上空に静止衛星を打ち上げること（図 4.3）は，原理的に不可能である。この理由を述べよ。また，静止衛星が可能となるのは，どのような軌道か？　「静止衛星」とは，地球の自転と一緒に地球を中心として回転する衛星である。このため，地表から見れば，常に上空に静止しているように見える衛星のことである。

■考え方■ 図 4.3 において，衛星に働く地球による引力を図示すれば，直ちに答えがわかる。再び，注意を喚起しておく。

> **主人公**に働く**外力**を図示する。

解答 4.3 衛星に働く**重力は，地球の中心を向いている**[注4]。だから，地球の中心を切る大円を描く[注5]。

> 等速円運動：力は円の中心を向き，接線方向には力は働かない。

> 静止衛星が可能なのは，赤道上空のみである。

聡明な読者諸君は，次のような疑問をもつかもしれない。

> 地球と "一緒に" 回転するには，他に条件が必要なのでは？

全くその通り。後の章で詳しく述べる[注6]。

注5 詳細は，後の「円運動」の章で述べる。

注6 すでに円運動を理解している読者なら，いい例題となるのでトライしてみて欲しい。第 30 章も参照。

4.3 決して無重力ではない ●

> **例題 4.4** 国際宇宙ステーションの平均の高度 h は，地上約 400 km である。宇宙ステーションに働く重力は，地表での重力の何 % 程度か？

■考え方■ ここで，さきほど強調した「地球の半径」が重要になる。

解答 4.4 今の場合，高度 h/R は 6 %。近似式の適用条件（1 % 程度の範囲内）なので，例題 4.1 の式 (4.9) の結果を使うと，地表の 88 % となる。

つまり，

> 国際宇宙ステーションもクルーも**決して無重力ではない**

のである。すると，次の疑問が湧くだろう。

> **例題 4.5** 国際宇宙ステーションのクルーは，船内で浮いているため，"無重力" だと考えがちである。しかし上の例題で判明した通り，ステーションもそのクルーも，地表の 90 % 程度の重力を受けており，決して "無重力" ではない。では，クルーが浮いているのはなぜか？

注7　"遠心力"とは，回転している物体が回転していないかのように見えるような座標系（「非慣性系」と呼ばれる座標系）において現れる概念である。

注8　"無重力"と""を使って書いているのは，**本当は無重力ではなく，地球表面の90％程度もの重力が働いているから**である。

注9　「ジェットコースター」は和製英語である。正しくは roller coaster である。

注10　これも和製英語。正しくは free-fall ride という。ride は「乗り物」の意。

▐ よくある間違い！！ ▐
クルーに働く重力と"遠心力"がつりあっているから。

- 間違いである理由 (1)：本書のように，「慣性系」で議論する限りでは，"遠心力"という概念は導入されえない[注7]。そして，地球は近似的に「慣性系」である。
- 間違いである理由 (2)：本例題のような状況は，円運動のような**回転運動でなくても起こりうる**。

この例題は，非常に考える価値のある問題なので，ここではあえて"答え"を提示せずに，各自で「継続的に」考えて欲しい。そのためのヒントのみ，提示しておく。

▐ 考えるヒント ▐
- ステーションとクルーは，地表からの高度が同じ。
  ＝地球から受ける重力も同じ。
- 同様の状況は，円運動でなくても，起こりうる。
  →"遠心力"は，この問題の本質ではない（第11章）。

ここで，さらなるヒントを出しておこう。宇宙飛行士は，"無重力"状態[注8]を「地球上で」訓練するとき，飛行機から自由落下する短い時間に行うのである。飛行機なので，当然のことながら，宇宙ステーションのような高い高度ではない。また，もっと身近な例として，遊園地のローラー・コースター[注9]，フリー・フォール[注10]でも"無重力"状態となる。したがって，"無重力"状態は

▐ さらなるヒント ▐　→ 第11章
- 宇宙ステーションの高度とは，無関係である。
- 自由落下中の乗り物に人が乗っている状況でも起きる。

本題に戻ると，例題4.1のように，「**万有引力の法則**」は地球上での重力に限らず，**我々の宇宙で普遍的に存在する法則**であった。このことを実感できる具体的な事例を，コーヒーブレイクで取り上げる。

▐ コーヒーブレイク：その1 ▐
木星は地球の守護神

西洋占星術でもインド占星術でも，「木星は守護星」とされている。じつは，これには科学的な説明が付くのである。

まず，我々の太陽系において，**（太陽の質量）／（太陽系全体の質量）＝99.8％である**。つまり太陽の質量は圧倒的である。さらに，残り0.2％の

ほとんどが木星の質量である。また，地球や火星とは異なり，木星はガスで構成されている。このため，

木星は太陽になりきれなかった星

と呼ばれることがある。

さて，ここで重要なのは，地球との関係である。つまり

太陽 ─（水星・金星）─ 地球 ─（火星）─ 木星 ─（土星）─

である。今「主人公」は

太陽 ─ 地球 ─ 木星

の3者である。ここで，

木星は地球の外側の軌道を回っている

という事実が決定的に重要となってくる。太陽系には，ときおり系外から様々な彗星（水星ではない）がやってくる。なぜか？　それは，太陽による強い万有引力に引き寄せられるからである。

しかし，系外からやってきた彗星は，当初は太陽を目指して"落ちて"くるのだが，太陽系内に入ってしばらくすると，じつは木星からの引力も無視できなくなる。ここで思い出して欲しい。

万有引力は，距離の2乗に反比例する

だから，"彗星の気持ち"になると，

系外にいるときは，もっぱら太陽を目指していた

のに，

系内に入ったら，"眼前に"木星がいて，
木星からの引力の方が強くなった

と"感じる"のである[注11]。つまり，系外からの彗星の多くを，木星が"吸い寄せて"くれるのである。それは，木星が「地球の公転軌道の"外側"にあること」そして「太陽の次に大きな質量をもっていること」に起因している。

実際，1994年7月，シューメーカー・レビー第9彗星（およそ10個の彗星からなる）が，次々と木星に衝突するのが観測された[注12]。

生命は，長い時間をかけて進化する。もし，木星が存在しなければ，系外からの彗星を"受け止めて"くれる星がなくなるので，生命が人間のような知的生命に進化する途上の段階で，地球は何度も彗星からの衝突 deep impact にみまわれる。すると，せっかく時間をかけて進化した生命が絶滅してしまい，生命の進化は"振り出し"に戻る。

我々が"無事に"人間に進化できたのは，地球の軌道の外側に木星という，太陽の次に大きな質量をもった惑星がいてくれたおかげ，なのである。

[注11]　卑近な例だが，太陽は故郷にいる本命の彼氏／彼女，木星は近くで優しくしてくれるあの人／あの娘，である。

[注12]　インターネットで調べれば，すぐに多くの記事や動画が見つかる。

コーヒーブレイク：その2

● 僕らの太陽には前世がある

● 僕たち人間は，星くずでできている（カール・セーガン）

地球には「鉄」が当たり前にある。そして，僕たちの血液の中の重要な「ヘモグロビン」も，鉄でできている。しかし，この「鉄」が地球にあるという事実こそが，我々の太陽に「前世」がある，という証拠となっている。簡単に説明しよう。

まず，恒星（太陽のように自分で光を放つ星）は水素でできており，水素

注 13　我々の太陽の 8 倍以上の質量をもっ
た恒星。

同士が「核融合」を起こすことで，膨大なエネルギーを放出し，結果として
ヘリウムを始めとして，炭素・・・シリコン，最も重い元素として「鉄」が作
られ，（"重い"ので）中心に"沈む"。しかし，「鉄」よりも「重い」元素
は，「核融合」では生成され得ない。鉄より重い元素は，大きな恒星[注 13] が
最期を迎える際に起こす「超新星爆発」の際に，生成される。

　いずれにせよ，宇宙に「鉄」が存在する，ということは，過去に，我々の
太陽の 8 倍以上の質量をもった恒星が存在し，その内部に「鉄」が生成さ
れ，最後に超新星爆発を起こしたとき，すでに生成されていた「鉄」（不足
すると貧血になることは有名）の他に，新たに鉄より重い様々な元素，例え
ば「亜鉛」（不足すると味覚に障害を生じると言われている）などを宇宙空
間に撒き散らした。そして，長い時間をかけて，それらの「宇宙の塵」が集
まって，地球もできた。これが，我々の地球に様々な元素が存在している
history である。もちろん，我々の肉体も，地球に存在する元素で構成され
ていることはいうまでもない。

　著名な宇宙物理学者であった「カール・セーガン」は，このことを「僕た
ち人間は，星くずでできている」と表現した[注 14]。

注 14　ラップ調の音楽を付けた動画を，イ
ンターネットで見つけることができる。

コーヒーブレイク：その 3

● **地球の凹凸は，すごく小さい**
● **宇宙ステーションは，"這いつくばうように"飛んでいる**

　地球の凸は約 +10 km，地球凹も約 −10 km である。これに対して地球
の半径は約 6,400 km である。これを実感する簡単で便利な方法を紹介し
よう。**地球を半径 64 cm の地球儀と考える。**すると，この地球儀の「縮尺」
は 10^{-7} なので，凹凸は ±1 mm となる！　誤差で表現すると，0.016％で
ある。

　時折，文具店で凹凸を明確にした地球儀を見かけることがあるが，あれ
は，全部，ウソである。事実は，かくも地球の表面は凸凹がなくスムーズな
のである。

　ちなみに，この半径 64 cm の地球儀で，宇宙ステーションが飛んでいる
高さを計算してみると，4 cm となる！

　宇宙ステーションは，まるで地球に這いつくばうように，飛んでいること
がわかる。地表での重力の 90％もあることも，うなずける。

■スケールを実感する方法■

　地球の半径に対する凹凸や宇宙ステーションの高度のように，
実感しやすい例に「縮尺」して考えると「量」を捉えやすくなる。

5

バネで振動する物体の運動は
等加速度運動ではない

> **例題 5.1** 水平に置かれたバネの左端は固定されており，右端には質量 m の小球が取り付けられている（図 5.1）。バネと小球は，1 次元運動するように設定されている。バネが自然長である時刻 $t = 0$ において，小球に対して右向きに大きさ v_0 の初速度を与えた。この後の運動を述べよ。バネが自然長であるときの小球の位置を座標の原点 $x = 0$ とする（図 5.1 上）と，小球が座標 x にある（図 5.1 下）ときには，バネは小球に対し，自然長に戻そうとする大きさ kx の力を及ぼすものとする（「バネ定数は k である」という）。摩擦と空気抵抗は無視できる。

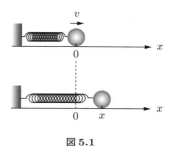

図 5.1

5.1 「主人公」はバネではない：あくまで小球 ──●

■**考え方**■ 意外にも，バネを主人公と勘違いする人が多い。しかし，運動する主体は小球だから，小球が「主人公」である。

次に，「主人公」である「小球」に働く外力を図示。

その次に，座標軸を設定して，運動方程式を立てる。これが基本中の基本である。

> 「主人公」→「外力」→「運動方程式」

解答 5.1 図 5.1 のように，$x > 0$ なら，小球が受ける力は $-kx$ である。これは簡単。では，

> ■**要チェック**■
> 「$x < 0$ では，小球は右向きに力を受けるから $+kx$ である」
> これは正しいか，間違いか。理由とともに答えよ。

ここで，読み進むのを止め，自信をもって，人に説明できるような解答を用意して欲しい。

5.2 符合に注意!! ─────────────────────●

$x < 0$ のとき, x の値そのものが, マイナス！　だから, もし $+kx$ と書くと, 小球がバネから受ける力の向きはマイナス, つまりバネに "引っ張られる" ことになってしまう。実際には, $x < 0$ では小球はバネに "押される" から, $x < 0$ でも $-kx$ と書かなければいけない。結果,

　　「小球」がバネから受ける力は, x の正負によらず, $-kx$

となる。

■**外力**■　　次は, 主人公に働く「**外力**」をすべて「**図示**」する。再度, あの重要な事実をリマインドしておく。それは

　　「力」を考える際は, 必ず「**何が**」「**何に**」及ぼすのかを明確に！

である。今の場合,「小球に」及ぼす力のうち,「バネが」は count 済みである。しかし, これがすべてではない。再び,「外力」を count up する際に「数え落とし」がない確実な方法を想起して欲しい。

　　■**正しく「外力」を count up するコツ**■
　　接するところに力あり。
　　離れて働くのは「重力」「電気力」のみ。

　「小球 m」が接しているのは, バネと水平面のみ。バネから受ける力は,（x の正負によらず）$-kx$。水平面からは,（摩擦が無視できるので）「垂直抗力」である。

　小球に接していて働く外力は, この2つで全部。最後に「接しないで働くのは重力と電気力」であった。小球は電気を帯びていないから,「重力」のみ。

　そして, 小球 m に働く「重力」は, 第4章で見た通り,「万有引力の法則」から「定理」として mg と書けるのであった。

　さて, 再度, 注意喚起！

　垂直抗力の向きは「鉛直上向き」である。水平面「が」小球「に」対して上向きの力（垂直抗力）を与えているからこそ, 小球は "めり込ま" ない。そして, 再度, 注意喚起する。

　　垂直抗力を, 軽々に mg と書いてはならない。
　　垂直抗力は, 未知数である。運動方程式を解いて初めて得られる。

運動方程式を解いた結果として, mg となる場合は多い。しかし,

　　垂直抗力が mg **でない**場合もある（第11・12章）

ということに注意。では，どうするか？

垂直抗力は未知数なので，**通常 N，R などと表記する**[注1]。

以上から，小球に働く外力を図示すると，図5.2のようになる。

■**座標軸**[注2]■　次に「座標軸」。どのような座標軸をとればよいのか？　これは簡単だ。問題の図5.1の通りに x 軸とし，鉛直上向きに y 軸をとるのが自然だろう。

そして，原点は，問題図の通り，「小球」が $t = 0$ のときの位置[注3]とするのが自然だ。

■**運動方程式**■　これでお膳立てが整ったので，いよいよ運動方程式を書き下す。

$$m\ddot{x} = -kx \tag{5.1}$$

y 方向も忘れずに，書く習慣を付けよう。第3章でも詳しく述べた通り，鉛直方向には**「つりあっている」という考えは捨て，徹頭徹尾，「運動方程式」で考える**。言い換えると，

「つりあい」ではなくて，「加速度＝0」

を書くという認識をもつことをお勧めする。今の場合は

$$0 = N - mg \tag{5.2}$$

となる。再度，注意。「y 方向の運動方程式」としては，式 (5.2) 以外にはあり得ない。$N = mg$ も $N - mg = 0$ も間違いである（第3章）。運動方程式である式 (5.2) から，**未知数である垂直抗力 N は，結果として mg となる**」のである。

さて，多くの諸君が求めている "答え" の実態は何か？　**座標と速度を，時刻 t の関数として記述**することだろう。すると，次にすべきことは，何であったか？　[→ 第3章]

運動方程式は時間に関して2階の微分方程式である。

↓

加速度から座標を求めるには，時間で2回積分する。

↓

積分定数が2つ必要。

↓

力学での「積分定数」は「初期条件」。

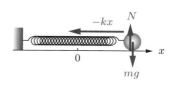

図 5.2

注2　質点の位置を表すための x 軸などのこと。

注3　今の場合は，"バネが自然長であるとき" でもある。

5.3 初期条件が未来を確定する ────────────●

では，「初期条件」を数式で表現しよう。"初期"条件だから，時刻 $t = 0$ を考える。

▌初期条件▌ 問題文から，初速度が $+x$ 向きに v_0 であるから，$\dot{x}(0) = v_0$。もう1つは，意外と思いつかない人が多い。$x(0) = 0$ だ。$t = 0$ での位置を x 座標の原点としたので，簡単になったのだ。

では，微分と積分についての一般的な数学公式から [→ 式 (1.21)]

$$\dot{x}(t) = \dot{x}(0) + \int_0^t \ddot{x}(t)\, dt \tag{5.3}$$

を使って，まずは速度を求めよう。今の場合，$\dot{x}(0) = v_0$，式 (5.1) を変形した

$$\ddot{x}(t) = -\frac{k}{m}x(t) \tag{5.4}$$

を式 (5.3) に代入して，

$$\dot{x}(t) = v_0 - \frac{k}{m}\int_0^t x(t)\, dt \tag{5.5}$$

となる。しかし，じつは

> 式 (5.5) は積分できない

のである。なぜか？

式 (5.5) が語っているのは，「時間で積分して初めて速度 $\dot{x}(t)$ が求まる」ということ。しかし，そのためには，被積分関数である $x(t)$ が時間の関数として既知である（表されている）ことが必要がある。しかし，今まさに，その $x(t)$ を「求めようと」している。──つまり，入れ子状態，堂々巡り，なのである。

この事情は，対比して考えると，より明確になる。

> なぜ第3章の例では，積分できたのか？

ずばり，「被積分関数が，（時間に拠らない）定数であったから」である。これを物理的に表現すれば，「等加速度運動であったから」なのである[注4]。しかし，今の場合，運動方程式である式 (5.1) を見てみると，「小球に働く外力」は $-kx$ となっている。つまり

> 小球の運動は，等加速度運動ではない

のである。「加速度が，時間とともに変化する座標 $x(t)$ に比例しているから」明らかである。では，どうするか？

注4 「等加速度でないと積分できない」というわけではないので誤解しないで欲しい。例えば，加速度自体が時間に依存しても，$at^3 + bt^2 + ct + d$ のように，時間 t の"露わな関数"であれば，簡単に積分できる。

5.4 発想の転換：積分を実行できなくても大丈夫 ——●

式 (5.5) を積分することにこだわっていては，先に進めない。そこで "原点" に帰ろう。**ひとまず「積分表示」のことは忘れて，式 (5.4) を静かに眺めてみよう**[注5]。式 (5.4) が語っているのは

> 2回微分すると，もとの関数のマイナス定数倍になる

ということだ。積分できなくても，**要は，こういう関数を探してくればいいのだ**。そして，そういう関数を，僕たちはよく知っている。そう，三角関数である。ここで数学の知識を援用すると，このような場合，

$$x(t) = A\sin(\omega t + \phi) \tag{5.6}$$

が解となるのである[注6]。

実際に確かめてみよう。式 (5.6) を時間 t で微分すると

$$\dot{x}(t) = \omega A\cos(\omega t + \phi) \tag{5.7}$$

となる。ここで第1章で述べた「合成関数の微分」に注意。式 (5.6) を，まず「中身」である $(\omega t + \phi)$ で微分すると $\sin$ が $\cos$ に変わる。しかし，「最終目標」はあくまで t で微分することだから，今度は $(\omega t + \phi)$ を t で微分したもの，すなわち ω を掛けるので，式 (5.7) となる。もう一度，式 (5.7) を時間で微分すると

$$\ddot{x}(t) = -\omega^2 A\sin(\omega t + \phi) \tag{5.8}$$

となり，確かに式 (5.6) は式 (5.4) を満たすことがわかる。同時に

$$\omega^2 = \frac{k}{m} \tag{5.9}$$

となり，「ω は，k と m とで決まる」ことがわかる。

ようやく，最終段階に入る。式 (5.6) は，運動方程式が式 (5.4) でさえあれば，初期条件に無関係に成り立つ[注7]。そこで，今の状況を "考慮" した解[注8]を求めるために，初期条件によって解を "絞り込む" のである。

5.5 初期条件で解を確定する ——————————————●

式 (5.6) に初期条件 $x(0) = 0$ を適用すると

$$\sin\phi = 0 \tag{5.10}$$

注5 このような姿勢は，大切である。思考が狭まっていては解決策が見えないことが多い。

注6 式 (5.6) の代わりに $x(t) = a\sin\omega t + b\cos\omega t$ も一般解となりうる。しかし，筆者は式 (5.6) の表記を強く推奨する。【理由1】この式を $x(t) = a\sin(\omega t + \phi) + b\cos(\omega t + \phi)$ とするのは不適切である（具体的には "情報過多" である）。【理由2】式 (5.6) の表記なら，次節で述べる「振幅」と「初期位相」が明確だから，である。ちなみに「三角関数の合成の公式」を使えば，式 (5.6) の A, ϕ と，a, b の関係式が求まる。

注7 このような解を「一般解」と呼ぶ。

注8 「特殊解」と呼ぶ。

となり，式 (5.7) に初期条件 $\dot{x}(0) = v_0$ を適用すると

$$\omega A \cos\phi = v_0 \tag{5.11}$$

を得る。ここで，

▮重要な視点▮

式 (5.10) と式 (5.11) は

A と ϕ を「未知数」とする連立方程式

である，ということである。式 (5.9) が示す通り，ω は，k と m によって確定している既知数なのであることに注意[注9]。

注 9　自分が実験している気持ちになることが大切。バネは自分で選ぶから k は既知数，小球も自分で選ぶから m も既知数である。

これを解くと

$$\phi = 0 \tag{5.12}$$

$$A = \frac{v_0}{\omega} \tag{5.13}$$

を得る。最終の「答え」は，式 (5.12) と式 (5.13) を式 (5.6) に代入して

$$x(t) = v_0\sqrt{\frac{m}{k}}\sin\left(\sqrt{\frac{k}{m}}t\right) \tag{5.14}$$

となる。

5.6　振幅と位相

ここで，重要な用語を定義する。式 (5.6) において A は「振幅」と呼ばれる。その理由は，$x(t)$ の最小値である $-A$ と最大値である $+A$ の間を“行ったり来たり”振動するので，その“振れ幅”だからである。そして，sin の“中身”である $\omega t + \phi$ を「位相」と呼ぶ。大雑把に言えば，「位相」は「変数」のようなものである。特に，ϕ は時刻 $t = 0$ での位相なので，「初期位相」と呼ばれる。また，ω は「角振動数」もしくは「角周波数」と呼ばれる。その理由は，振動の「速い／遅い」を示す物理量だからである。

さて，式 (5.14) を得る過程を振り返る。再度，次のことを指摘しておこう。

ω は，小球の質量 m とバネ定数 k とで一意的に決まる。

つまり，振動の速い／遅いは，いわば“与えられた環境”ともいうべき「小球とバネ」によって決まってしまい，初期条件をどのように変えようとも，変わらない，ということである。他方，

> A と ϕ は，初期条件が決める。

　ϕ は初期位相であるから，当然である。また，直感的にも容易に理解できるように，初速度を大きくすれば振幅も大きくなる。実際，式 (5.13) から明らかな通り，振幅は初速度に比例する。

5.7　sin か？　cos か？ ────────●

さて，ここで質問。

> 最終の結果式 (5.14) が sin で表せたのは，
> 式 (5.6) で sin を仮定したからか？

　これは否である。理由は，例えば式 (5.6) を cos で表現したもの，すなわち

$$x(t) = A \cos (\omega t + \phi')\tag{5.15}$$

を式 (5.4) の解と仮定すると，

$$\phi' = -\frac{\pi}{2}\tag{5.16}$$

を得る。そして

$$\cos \left(\omega t - \frac{\pi}{2} \right) = \sin (\omega t)\tag{5.17}$$

なので，式 (5.15) のように一般解の関数として cos を仮定しても，結局は，同じ結果 (5.14) にたどり着くのである。つまり[注10]

> ▌教訓▐
>
> sin　cos　気にするな！
> 初期位相が自動的に教えてくれる。

　以上で，必要な内容はすべて述べた。しかし，高校で物理を履修した人が気にしているであろう事柄について，次の例題を挙げる。

　例題 5.2　前の例題の結果は，周期的な運動をする。式 (5.14) から，その周期 T を求め，k と m に対する依存性を簡潔に述べよ。

▌**考え方**▐　式 (5.14) における ωt の部分が「位相」である。そして三角関数は，位相が 2π で同じ運動を繰り返す。

解答 5.2　式 (5.14) と周期の定義より，周期 T は，$\omega T = 2\pi$ を

注10　筆者も高校生のころ，いつも「sin か cos か？」がモヤモヤしていた。最大の原因は，「初期位相」という概念を教わっていなかったことにある。

満たす。よって

$$T = \frac{2\pi}{\omega} = 2\pi\sqrt{\frac{m}{k}} \tag{5.18}$$

式 (5.18) が語っているのは：

> 小球が"重い"（質量 m が大きい）と，
> "ゆっさゆっさ"とゆっくり振動して，周期は長くなる。
> バネが"強い"（バネ定数 k が大きい）と，
> 素早く振動して，周期は短くなる。

結果は，直感と整合しており，納得できるものとなっている。

> **コーヒーブレイク：その4**
> $(-1) \times (-1) = +1$ を，どのように納得しましたか？

　中学1年生で「負の数」を習い，その掛け算を習ったとき，多くの人がこの疑問をもったのではないだろうか？　他ならぬ筆者もその1人である。先生から何らかの説明を受けたのだが，今となってはハッキリと覚えていない。しかし，あるとき，ふとひらめいて納得した。$+1 \times (-1) = -1$ は容易に理解できる。つまり，図5.3左上のように

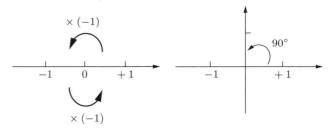

$(-1) \times (-1) = -1$ ・・・・・・ 何を掛ければ
$\times(-1)$ は反転 ・・・・・・・・・・・ $90°$ 回転させる？

図 5.3

　「(-1) を掛けること」＝「もとの数を数直線上で「反転」させること」と考えればよい。すると，図5.3左下のように「もとの数」が (-1) の場合，これに (-1) を掛けると，数直線上で原点に対して「反転」させるから，$+1$ になる！　なるほど！

　これを自分で見出したとき，非常に感動したのを覚えている。そして次に考えたこと。それは図5.3右のように

　　　　「$90°$ 回転させる」＝「未知数 x を掛ける」

には，どうしたらよいのか？　と考えた。これは簡単だった。つまり

　　　　「反転」＝「$180°$ 回転させる」

と考えられるから，

　　「$90°$ 回転を2回」＝「x を2回掛けること」＝「(-1) を掛けること」

つまり，$x^2 = -1$ より

$$「90°回転させる」＝「虚数単位 i を掛けること」$$

だと見出した。これに"味をしめて",

　　　一般の角度 θ 回転するには,何を掛ければよいのか？

と考えた（図5.4）。しかし,高校生の頃の筆者は,ここで暗礁に乗り上げた。

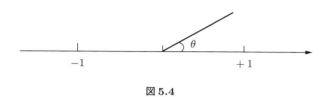

図 5.4

コーヒーブレイク：その5
"角度 θ 回転"の謎：思いもよらないところから解決した

　これは,過去の大数学者が見出している。唐突だが,

何回微分しても,もとの関数と同じになる関数

がある。もちろん,少し考えればわかる通り,有限個数の和だと,この条件を満たさない。厳密には「漸化式」を立ててそれを解けば得られる。やや天下り的で恐縮だが,ここでは,次の関数が「何度微分しても変わらない」と直感的に理解できれば十分である。第2章で述べた式 (2.2) を具体的に書くと,x を実数として

$$e^x \equiv 1 + x + \frac{x^2}{2!} + \frac{x^3}{3!} + \frac{x^4}{4!} + \frac{x^5}{5!} + \tag{5.19}$$

となる。実際,1回 x で微分するごとに,もとの級数の「1つ前の項」になるので,結局,関数としては普遍なのである。

　さて,式 (5.19) は,実数の関数だが,複素数 z の e^z を,この級数によって「定義」する。つまり

$$e^z \equiv 1 + z + \frac{z^2}{2!} + \frac{z^3}{3!} + \frac{z^4}{4!} + \frac{z^5}{5!} + \tag{5.20}$$

と「定義」する。そして,$z = i\theta$ を式 (5.20) に代入すると[注11],

$$e^{i\theta} = f(\theta) + ig(\theta) \tag{5.21}$$

$$f(\theta) = 1 - \frac{\theta^2}{2!} + \frac{\theta^4}{4!} - \frac{\theta^6}{6!} + \tag{5.22}$$

$$g(\theta) = \theta - \frac{\theta^3}{3!} + \frac{\theta^5}{5!} - \frac{\theta^7}{7!} + \tag{5.23}$$

が得られる。

　さて,$f(\theta)$,$g(\theta)$ には,どんな性質があるか？　それぞれを,θ で微分してみよう。すると

$$f(\theta)' = -g(\theta) \tag{5.24}$$

$$g(\theta)' = f(\theta) \tag{5.25}$$

注11　$f(\theta)$ は i（愛？）のない人たち,$g(\theta)$ は i（愛？）のある人たち。

となる。どうやら，$f(\theta)$，$g(\theta)$ は，似て非なる関数，兄弟のような関数，のようだ。この2つの式を使って，両者の「2階微分」を考えると，直ちに

$$f(\theta)'' = -f(\theta) \tag{5.26}$$

$$g(\theta)'' = -g(\theta) \tag{5.27}$$

つまり，「2回微分すると，もとの関数のマイナス定数倍」すなわち，両者とも「三角関数」だったのだ！

　本章の例題の解法を参照して欲しい。両者の関数を確定するのは「初期条件」である。今の場合，時間の関数ではないので，θ がゼロでの値を考える。式 (5.22) より直ちに

$$f(0) = 1 \tag{5.28}$$

$$f'(0) = 0 \tag{5.29}$$

となる。例題と同様に，次の三角関数の「一般解」は式 (5.26) を満たす。

$$f(\theta) = A\sin(\alpha\theta + \beta) \tag{5.30}$$

そして，式 (5.26)，式 (5.28)，式 (5.29) より A, α, β が求まり，

$$f(\theta) = \cos\theta \tag{5.31}$$

同様にして

$$g(\theta) = \sin\theta \tag{5.32}$$

となる。式 (5.31) と式 (5.32) を，もともとの式 (5.21) に代入すると

$$e^{i\theta} = \cos\theta + i\sin\theta \tag{5.33}$$

$$\cos\theta = 1 - \frac{\theta^2}{2!} + \frac{\theta^4}{4!} - \frac{\theta^6}{6!} + \tag{5.34}$$

$$\sin\theta = \theta - \frac{\theta^3}{3!} + \frac{\theta^5}{5!} - \frac{\theta^7}{7!} + \tag{5.35}$$

を得る。式 (5.33) で $\theta = 0$ とすると，

$$e^{i(0)} = 1 \tag{5.36}$$

式 (5.33) で $\theta = \pi/2$ とすると，

$$e^{i(\pi/2)} = i \tag{5.37}$$

式 (5.33) で $\theta = \pi$ とすると，

$$e^{i(\pi)} = -1 \tag{5.38}$$

式 (5.33) で $\theta = 3\pi/2$ とすると，

$$e^{i(3\pi/2)} = -i \tag{5.39}$$

つまり，式 (5.33) が語っていることは

$e^{i\theta}$ は，任意の角度 θ だけ回転させる

ということである。ただし，普通の xy 座標ではなく，横軸は実数，縦軸は虚数で構成される「複素数平面」である。「複素数平面」で単位円（半径1の円）を考えると，その x 座標は $\cos\theta$，y 座標は $\sin\theta$ となることからも，理解できる。なお，式 (5.33) は，物理はもちろん，工学の様々な分野で顔を出してくる，極めて重要な「数学公式」である。

■正しく覚えて使いこなそう：オイラーの公式■
$$e^{i\theta} = \cos\theta + i\sin\theta$$

　任意の角度 θ の回転は，式 (5.19) および式 (5.20) という，思いもよらないところから，"開拓" されたのである。最後に，物理の近似において重要

なことを指摘しておく。

■重要な近似式■

$|\theta| \ll 1$ のとき

$$\cos\theta \simeq 1 \tag{5.40}$$

$$\sin\theta \simeq \theta \tag{5.41}$$

式 (5.34) および式 (5.35) から明らかである[注12]。

コーヒーブレイク：その 6
神秘的な数式：$e^{\pi i} = -1$

　筆者が学生時代にこの式に遭遇したとき，「なんと神秘的な！」と感じた。理由は，「e と π の特殊性」にある。ともに「循環しない無限小数」だが，それだけではない。一般に「循環する無限小数」は，分数で書けて「有理数」と呼ばれる。反対に，「循環しない無限小数」は分数で書けないことがわかっており「無理数」と呼ばれる。無理数で親しみやすいのは，例えば $\sqrt{2}$ である。

　さて，「e と π の特殊性」である。これらは無理数であるものの $\sqrt{2}$ とは"格"が違うため，「超越数」と呼ばれている。超越数でない無理数，例えば $\sqrt{2}$ は，代数方程式 $x^2 = 2$ の解である。ところが，「超越数」は代数方程式の解ではない。いずれにせよ，無理数の中でも極めて稀有な特質をもった数，くらいに捉えておけばよい。

　しかし，この e と π を使い，虚数単位という i の"助け"[注13] を借りると，不思議なことに「ビシっと」整数である (-1) になる，というのだ。なんと摩訶不思議，神秘的ではないか？[注14]

　そして，もっと面白いのが，この式だけを見ていて，証明はおろか，イメージも湧かない，ということ。しかし，オイラーの公式が「複素数平面」でもつ意味が理解されれば，イメージも湧くし，極めて自然に理解できる，ということである。

　歴代の数学の難問題の多く[注15] が，全く別の分野の進歩によって解決されてきた，というのも極めて興味深い。この事情は，ひとり「科学」としてではなく，「人生で遭遇する難問」でも，思わぬところから解決を見た，という経験が，筆者にも少なからずある。

　だから，「僕は，これは嫌いだからやらない」「それは，私には合っていないから，やらない」と言っていると，道が拓かれる可能性を自ら閉ざしてしまう可能性があるのだ。

注12　式 (5.40) をそのまま使った $1 - \cos\theta \simeq 0$ は不適切。この場合には，式 (5.34) に戻り $1 - \cos\theta \simeq \theta^2/2$ とする。同様に，$\theta - \sin\theta \simeq 0$ も不適切で，$\theta - \sin\theta \simeq \theta^3/3!$ とする。

注13　「愛」の助け，として覚えておくと少しは親しみが湧くのでは？

注14　余談だが，この数式については『博士の愛した数式』という題名の小説があり，映画化もされている。

注15　「フェルマーの最終定理」が約300年の時を経て，1995年に証明されたことは記憶に新しい。決め手となったのは，当初は無関係だと思われていた「谷山・志村予想」が「証明」されたからであった。概要だけなら，適切な動画を見つけられる。

運動方程式の変形：その1 エネルギー保存は導ける：1次元

6

6.1 運動方程式の数学的変形 ─────────●

> **例題 6.1** x 軸上で力 f を受けて1次元運動する質量 m の質点の運動を考える。
>
> (1) 運動方程式を書け。
>
> (2) 運動方程式の両辺に速度を掛けて，時間 t について時刻 t_1 から時刻 t_2 まで積分する表式を書け。
>
> (3) 合成関数の微分の数学公式を使い，次の関係式を証明せよ。
> $$\frac{1}{2}mv_2^2 - \frac{1}{2}mv_1^2 = \int_{x_1}^{x_2} f\,dx \qquad (6.1)$$
> ここに，$x_1 \equiv x(t_1)$, $x_2 \equiv x(t_2)$, $v_1 \equiv \dot{x}(t_1)$, $v_2 \equiv \dot{x}(t_2)$ である。
>
> (4) 力 f が摩擦力である場合にも，式 (6.1) は，成り立つか。もし，成り立つのなら，その理由を簡潔に述べよ。成り立たないなら，その例（「反例」という）を挙げよ。

■**考え方**■ 問題 (1) から (3) は，誘導に従って素直に行えばよい。多くの学生が勘違いしているのは (4) である。

> 質量 m の質点の速度が v のとき，$\frac{1}{2}mv^2$ をこの質点の「運動エネルギー」と呼ぶ。$\int_{x_1}^{x_2} f\,dx$ は，「力 f が，x_1 から x_2 までした「仕事」と呼ぶ。したがって，式 (6.1) は，「運動エネルギーの変化は，力 f がした仕事に等しい」ことを示しており，「運動エネルギーと仕事の関係式」と呼ばれる。

(1)
$$m\ddot{x} = f$$
上記の両辺に $\dot{x}$ を掛けると
$$m\ddot{x}\dot{x} = f\dot{x} \tag{6.2}$$

(2) これを時間 t について時刻 t_1 から時刻 t_2 まで積分するので
$$\int_{t_1}^{t_2} m\ddot{x}\dot{x}\,dt = \int_{t_1}^{t_2} f\dot{x}\,dt \tag{6.3}$$

(3) 式 (6.3) において，合成関数の微分に注意すると
$$\frac{d}{dt}\left[\frac{1}{2}m\dot{x}^2\right] = m\dot{x}\ddot{x} \tag{6.4}$$

なので，式 (6.3) の左辺の不定積分は $\frac{1}{2}m\dot{x}^2$ となる。したがっ
て[注1]，

注1　$\dot{x} = v$ である。

$$\int_{t_1}^{t_2} m\ddot{x}\dot{x}\,dt = \frac{1}{2}mv_2^2 - \frac{1}{2}mv_1^2 \tag{6.5}$$

また，式 (6.3) の右辺は
$$\dot{x} = \frac{dx}{dt} \tag{6.6}$$

であるから
$$\int_{t_1}^{t_2} f\dot{x}\,dt = \int_{t_1}^{t_2} f\frac{dx}{dt}\,dt \tag{6.7}$$

左辺は，時間 t が積分変数であるが，右辺では，分子・分母に
dt があることから座標 x に変数変換できて[注2]

注2　心の中では，dt で「約分する」と考えてよい。ただし，積分変数が t から x に変換されていることに注意する。

$$\int_{t_1}^{t_2} f\frac{dx}{dt}\,dt = \int_{x_1}^{x_2} f\,dx \tag{6.8}$$

となる。式 (6.7) と式 (6.8) から
$$\int_{t_1}^{t_2} f\dot{x}\,dt = \int_{x_1}^{x_2} f\,dx \tag{6.9}$$

以上の 3 つの式 (6.3)，式 (6.5)，式 (6.9) より式 (6.1) を得る。

(4) 「常に成り立つ」

理由：まず運動方程式は，極めて普遍的な「法則」であり，摩擦力に対しても当然に成立する。そして，上記の変形の過程では，物理的な仮定は一切なく，純粋に数学的な変形のみである。したがって，摩擦力に対しても成り立つ。

6.2　条件付きで成り立つ場合：保存力 ─────●

多くの学生が例題 6.1 と勘違いしているのは，次の場合である。

しっかりと整理しておこう。

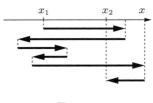

図 6.1

例題 6.2 x 軸上で力 f を受けて 1 次元運動する質量 m の質点に対して，式 (6.1) は常に成り立つ。そして，右辺の座標 x で積分する際は，一般には，どんな途中の点 x_3, x_4, x_5, $\cdots$ を通過してもよい（図 6.1）。そして，当然のことながら，"寄り道"する経路によって積分の値も異なるので，それに応じて左辺の量（運動エネルギーの変化量）も変わる。

ここでは，さらに次の条件がある場合を考える。

$\int_{x_1}^{x_2} f\,dx$ が始点 x_1 と終点 x_2 のみで決まり，途中の経路によらない

この条件を満たすとき，力 f を「保存力」と呼び，次が成り立つことが知られている。

■保存力の定理とポテンシャルの定義■ 保存力 f は，座標のみで決まるスカラー量 $U(x)$ によって次のように与えられる。

この $U(x)$ をポテンシャルと呼ぶ。

$$f = -\frac{dU(x)}{dx} \qquad (6.10)$$

■エネルギー保存の定理■

(1) 上記の「保存力の定理」を既知として，力 f が保存力のとき，次の等式が成り立つことを示せ。

$$\frac{1}{2}mv_1^2 + U_1 = \frac{1}{2}mv_2^2 + U_2 \qquad (6.11)$$

(2) 式 (6.11) は，物理的にどういうことを意味するか。言葉のみで簡潔に述べよ。

(3) 力 f に摩擦力が含まれるとき，式 (6.11) は成り立つか？ 理由とともに簡潔に述べよ。

■考え方■ まずは，問題文をよく読み，「保存力」と「ポテンシャル」の概念をしっかりと理解しよう。その際，**自分で図を描くことを強く推奨する**。

本例題については，初めから独力で解くよりも，無理せずに以下の解答例を読んで理解しよう。そして，何度も概念と証明方法を理

解する。最終的には，以下の解答例を見ないで，自分で友人に説明できるようになるのがベストだ。

解答 6.2

(1) 保存力の定理より，力 f には次の式が成り立つ。

$$\int_{x_1}^{x_2} f\,dx = -\int_{x_1}^{x_2} \frac{dU(x)}{dx}\,dx \qquad (6.12)$$

式 (6.12) の右辺は，積分変数を x から U に変換できることを示しており

$$-\int_{x_1}^{x_2} \frac{dU(x)}{dx}\,dx = -\int_{U_1}^{U_2} dU \qquad (6.13)$$

式 (6.13) 右辺の「被積分関数」は「1」なので，その不定積分は U となり

$$-\int_{U_1}^{U_2} dU = -[U]_{U_1}^{U_2} \qquad (6.14)$$

以上，式 (6.12)，式 (6.13)，式 (6.14) より力 f が保存力ならば

$$\int_{x_1}^{x_2} f\,dx = -U_2 + U_1 \qquad (6.15)$$

となる。式 (6.15) を式 (6.1) に代入すると式 (6.11) を得る。

(2) 式 (6.11) の左辺は，時刻 t_1 における運動エネルギーとポテンシャルの和であり，右辺は時刻 t_2 でのそれである。したがって，式 (6.11) は，「力 f が保存力であるとき，運動エネルギーとポテンシャルの和は保存されること」を示す。

(3) 成り立たない。

理由：摩擦力が，始点 x_1 から終点 x_2 まで仕事をするときは，たとえ，始点 x_1 と終点 x_2 が同じであったも，途中の経路が長ければ長いほど「負の仕事」をする（＝運動エネルギーはロスされる）。つまり，摩擦力は保存力ではない。よって，式 (6.11) が成り立つ前提を満たしていないため，摩擦力がある場合には式 (6.11) は成り立たない。

以上の例題からわかるように，下記をしっかりと理解し，記憶しておこう。

■**重要な教訓**■

「仕事が運動エネルギーの変化を生む」

<u>式 (6.1) は，常に成り立つ。</u>

摩擦力がある場合，「エネルギー保存」式 (6.11) は成り立たない。

例題 6.3　例題 5.1 の運動方程式は

$$m\ddot{x} = -kx \tag{6.16}$$

であった。この式の両辺に速度を掛けて時間について時刻 t_1 から t_2 まで積分することで，保存量が存在することを示せ。このことは，力 $-kx$ が保存力であることを示す。

■考え方■　「運動方程式に速度を掛けて積分する」「保存量を見出す」の練習である。

解答 6.3

式 (6.16) の両辺に速度 $\dot{x}$ を掛けると

$$m\ddot{x}\dot{x} = -kx\dot{x} \tag{6.17}$$

この両辺を時刻 t_1 から t_2 まで積分する。

$$\int_{t_1}^{t_2} m\ddot{x}\dot{x}\,dt = \int_{t_1}^{t_2} -kx\dot{x}\,dt \tag{6.18}$$

式 (6.5) と同様に，

$$\int_{t_1}^{t_2} m\ddot{x}\dot{x}\,dt = \frac{1}{2}mv_2^2 - \frac{1}{2}mv_1^2 \tag{6.19}$$

式 (6.18) の右辺は，式 (6.6) より

$$\int_{t_1}^{t_2} -kx\dot{x}\,dt = -k\int_{x_1}^{x_2} x\,dx \tag{6.20}$$

式 (6.20) は容易に x で積分できて

$$\int_{t_1}^{t_2} -kx\dot{x}\,dt = -\frac{1}{2}k(x_2^2 - x_1^2) \tag{6.21}$$

式 (6.18)，式 (6.19)，式 (6.21) より

$$\frac{1}{2}mv_1^2 + \frac{1}{2}kx_1^2 = \frac{1}{2}mv_2^2 + \frac{1}{2}kx_2^2 \tag{6.22}$$

左辺は時刻 t_1 での物理量，右辺は時刻 t_2 での物理量なので，保存量は

$$\frac{1}{2}mv^2 + \frac{1}{2}kx^2 \tag{6.23}$$

である。第 1 項は運動エネルギーであった。この保存則が成り立っているので，もちろん「バネによる力」は「保存力」である。第 2 項はポテンシャルであり，「弾性ポテンシャル」と呼ばれる。

運動方程式の変形：その１
エネルギー保存は導ける：３次元

7.1 運動方程式の数学的変形：ベクトルの場合 ────●

> **例題 7.1**   3 次元空間の位置 r で力 f を受けて 3 次元運動する質量 m の質点を考える。
>
> (1) 運動方程式を書け。
>
> (2) 運動方程式の両辺に速度を掛けて，時間 t について時刻 t_1 から時刻 t_2 まで積分する表示を書け。
>
> (3) 合成関数の微分の数学公式を使い，次の関係式を証明せよ。
>
> $$\frac{1}{2}mv_2^2 - \frac{1}{2}mv_1^2 = \int_{r_1}^{r_2} f \cdot dr \qquad (7.1)$$
>
> ここに，$r_1 \equiv r(t_1)$, $r_2 \equiv r(t_2)$, $v_1 = |v_1| \equiv \dot{r}(t_1)$, $v_2 = |v_2| \equiv \dot{r}(t_1)$ であり，ベクトルの 2 乗は，$v^2 \equiv v \cdot v$ のようにそれ自身との内積で定義される。
>
> (4) 力 f が摩擦力である場合にも，式 (7.1) は，成り立つか。もし，成り立つのなら，その理由を簡潔に述べよ。成り立たないなら，反例を挙げよ。

■**考え方**■   基本的には，前章の例題と，同様の論理の流れで考える。スカラー量からベクトル量に拡張されているが，決して"身構える"必要はない。ベクトル量に拡張される際に留意すべき点を挙げる。

■ワンポイント■
ベクトル同士の掛け算には 2 通りある。
1 つは内積。もう 1 つは外積である。

ベクトル同士の掛け算において，
内積は「スカラー量」を得るので，「スカラー積」とも呼ばれる。

外積は「ベクトル量」を得るので,「ベクトル積」とも呼ばれる。
「質点の力学」では,もっぱら「内積」を使う。

解答 7.1

(1)
$$m\ddot{\boldsymbol{r}} = \boldsymbol{f}$$

(2) 上記の両辺に,速度 $\dot{\boldsymbol{r}}$ との内積をとると

$$m\ddot{\boldsymbol{r}} \cdot \dot{\boldsymbol{r}} = \boldsymbol{f} \cdot \dot{\boldsymbol{r}} \tag{7.2}$$

両辺はスカラー量であるから,時間 t について時刻 t_1 から時刻 t_2 まで積分できて

$$\int_{t_1}^{t_2} m\ddot{\boldsymbol{r}} \cdot \dot{\boldsymbol{r}} \, dt = \int_{t_1}^{t_2} \boldsymbol{f} \cdot \dot{\boldsymbol{r}} \, dt \tag{7.3}$$

(3) 式 (7.3) において,ベクトルの内積および合成関数の微分の数学公式から

$$\frac{d}{dt}\left[\frac{1}{2}m|\dot{\boldsymbol{r}}|^2\right] = m\ddot{\boldsymbol{r}} \cdot \dot{\boldsymbol{r}} \tag{7.4}$$

注1 $|\dot{\boldsymbol{r}}|^2 = \dot{\boldsymbol{r}} \cdot \dot{\boldsymbol{r}}$ と考えると,ベクトルの内積の微分公式(一般にベクトル $\boldsymbol{a}$, $\boldsymbol{b}$ に対して,$\frac{d}{dt}[\boldsymbol{a} \cdot \boldsymbol{b}] = \dot{\boldsymbol{a}} \cdot \boldsymbol{b} + \boldsymbol{a} \cdot \dot{\boldsymbol{b}}$ である)が使える。これは,証明なしに使ってよい。

なので [注1],式 (7.3) の左辺の不定積分は $\frac{1}{2}m|\dot{\boldsymbol{r}}|^2$ となる。したがって,

$$\int_{t_1}^{t_2} m\ddot{\boldsymbol{r}} \cdot \dot{\boldsymbol{r}} \, dt = \frac{1}{2}mv_2^2 - \frac{1}{2}mv_1^2 \tag{7.5}$$

また,式 (7.3) の右辺は

$$\dot{\boldsymbol{r}} = \frac{d\boldsymbol{r}}{dt} \tag{7.6}$$

であるから

$$\int_{t_1}^{t_2} \boldsymbol{f} \cdot \dot{\boldsymbol{r}} \, dt = \int_{t_1}^{t_2} \boldsymbol{f} \cdot \frac{d\boldsymbol{r}}{dt} \, dt \tag{7.7}$$

左辺は,時間 t が積分変数であるが,右辺では,分子・分母に dt があることから座標 $\boldsymbol{r}$ に変数変換できて [注2]

注2 例によって,「積分変数を変換している」ことを念頭に,心の中で「約分」する。

$$\int_{t_1}^{t_2} \boldsymbol{f} \cdot \frac{d\boldsymbol{r}}{dt} \, dt = \int_{\boldsymbol{r}_1}^{\boldsymbol{r}_2} \boldsymbol{f} \cdot d\boldsymbol{r} \tag{7.8}$$

となる。式 (7.7) と式 (7.8) から

$$\int_{t_1}^{t_2} \boldsymbol{f} \cdot \dot{\boldsymbol{r}} \, dt = \int_{\boldsymbol{r}_1}^{\boldsymbol{r}_2} \boldsymbol{f} \cdot d\boldsymbol{r} \tag{7.9}$$

以上の 3 つの式 (7.3),式 (7.5),式 (7.9) より式 (7.1) を得る。

(4) 「常に成り立つ」

理由:式 (7.1) は,3 次元の運動方程式に数学的変形のみを施して得られたものである。運動方程式は,「法則」であり,極めて一般的な力 $\boldsymbol{f}$ に対して成り立つ。そして,式 (7.1) は,3

次元の運動方程式に**数学的変形のみを施して得られたものであ**る[注3]。よって，式 (7.1) は，常に成り立つ。

注3 換言すると，物理上の仮定（例えば，物理量に何らかの条件を加える，など）が入っていない。

7.2 ベクトルの場合：慣れるまでは成分表示で ──●

ベクトルの 2 乗を時間で微分する式 (7.4) は，初めのうちは，ベクトル表示のままの理解が困難かもしれない。何を隠そう，筆者も学生時代に講義で教わった際は「なんともしっくりこない」という印象をもっていた。そこで，**「すべて成分表示したらどうか？」** と思いたった。その後しばらくたつと，ベクトル表示にも慣れた。そこで次の例題。

例題 7.2 例題 7.1 を，成分表示で示したい。

$$\boldsymbol{r} = (x, y, z) \tag{7.10}$$

$$\boldsymbol{f} = (f_x, f_y, f_z) \tag{7.11}$$

とせよ。

(1) 各成分ごとに運動方程式を書け。

(2) 成分表示した運動方程式（ベクトル量）の両辺に速度（ベクトル量）との内積をとり，時間 t について時刻 t_1 から時刻 t_2 まで積分する表式を書け。

(3) 合成関数の微分の数学公式を使い，次の関係式を証明せよ。

$$\frac{1}{2}mv_2^2 - \frac{1}{2}mv_1^2 = \int_{\boldsymbol{r}_1}^{\boldsymbol{r}_2} \boldsymbol{f} \cdot d\boldsymbol{r} \tag{7.12}$$

■**考え方**■ 誘導に従ってやるだけである。内積の結果は，スカラー量であることを，再度，remark しておく。

解答 7.2

(1)
$$m\ddot{x} = f_x \tag{7.13}$$

$$m\ddot{y} = f_y \tag{7.14}$$

$$m\ddot{z} = f_z \tag{7.15}$$

座標表示すると

$$m(\ddot{x}, \ddot{y}, \ddot{z}) = (f_x, f_y, f_z) \tag{7.16}$$

(2) 速度はベクトル量であるから，位置ベクトルを，各成分（すなわち座標）ごとに時間で微分する。

$$\boldsymbol{v} = (\dot{x}, \dot{y}, \dot{z}) \tag{7.17}$$

式 (7.16) の両辺に式 (7.17) との内積をとると

$$m\ddot{x}\dot{x} + m\ddot{y}\dot{y} + m\ddot{z}\dot{z} = f_x\dot{x} + f_y\dot{y} + f_z\dot{z} \tag{7.18}$$

この両辺を時刻 t_1 から時刻 t_2 まで積分すると，例題 7.1 と同様に

$$\int_{t_1}^{t_2} m(\ddot{x}\dot{x} + m\ddot{y}\dot{y} + m\ddot{z}\dot{z})\, dt = \int_{t_1}^{t_2} (f_x\dot{x} + f_y\dot{y} + f_z\dot{z})\, dt \tag{7.19}$$

となる。

注 4 $\boldsymbol{v} = (v_x, v_y, v_z)$ に対して「三平方の定理」を適用する。

注 5 $\dfrac{d}{dt}[v^2] = \dfrac{d}{dt}[v_x^2 + v_y^2 + v_y^2] = 2[v_x\dot{v}_x + v_y\dot{v}_y + v_z\dot{v}_z]$ を使う。

注 6 dt で "約分" して，積分変数を時間から座標に変換する。

(3) 時刻によらず $v^2 = v_x^2 + v_y^2 + v_z^2$ であるから[注4]，式 (7.19) の左辺は[注5]

$$\int_{t_1}^{t_2} m(\ddot{x}\dot{x} + m\ddot{y}\dot{y} + m\ddot{z}\dot{z})\, dt = \frac{1}{2}m{v_2}^2 - \frac{1}{2}m{v_1}^2 \tag{7.20}$$

他方，式 (7.19) の右辺の積分は[注6]

$$\int_{t_1}^{t_2} (f_x\dot{x} + f_y\dot{y} + f_z\dot{z})\, dt = \int_{x_1}^{x_2} f_x\, dx + \int_{y_1}^{y_2} f_y\, dy + \int_{z_1}^{z_2} f_z\, dz \tag{7.21}$$

一般に，微小変位 $d\boldsymbol{r}$ は

$$d\boldsymbol{r} \equiv (dx, dy, dz) \tag{7.22}$$

と定義されるので，式 (7.21) は

$$\int_{t_1}^{t_2} (f_x\dot{x} + f_y\dot{y} + f_z\dot{z})\, dt = \int_{\boldsymbol{r}_1}^{\boldsymbol{r}_2} \boldsymbol{f} \cdot d\boldsymbol{r} \tag{7.23}$$

よって，式 (7.19)，式 (7.20)，式 (7.23) より，式 (7.12) を得る。

▮ワンポイント▮

ベクトル表示の式が出てきたら 2 通りで考えることをお勧めする。

- ベクトルのまま
- 成分表示にして

7.3 「線積分」に慣れる

大学で物理を学んだときの，最初の難所が「線積分」である。図7.1の定義は，しっかりと記憶して欲しい[注7]。「線積分」は，おそらく「曲線に沿って積分する（接線方向の微小変位との内積をとる）から」であろう。抽象的でわかりにくいかもしれない。次の例題に取り組んで欲しい。

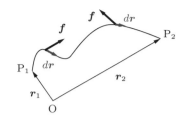

図7.1

例題 7.3 始点 $(0,0)$ から終点 $(1,1)$ まで3つの経路での積分を考える（図7.2）。

(i) 点 O から点 A まで行き，次に点 A から点 B まで行く。

(ii) 点 O から点 C まで行き，次に点 C から点 B まで行く。

(iii) 点 O から斜めの線に沿って点 B まで行く。

それぞれの積分路に沿って，次の線積分を計算せよ。

$\boldsymbol{f} = (x, x)$, $d\boldsymbol{r} = (dx, dy)$ として

$$\int \boldsymbol{f} \cdot d\boldsymbol{r}$$

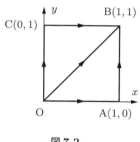

図7.2

■考え方■ 例えば，点 O から点 A に行くときは，成分表示で $dy = 0$ である[注8]ことに気付けば，後は容易であろう。例題7.2であえて成分表示を使ったのは，この例題のように，成分表示が有力な解法になりうることがあるためである。(iii) は少し難しいかもしれないので，初めのうちは「こんなふうに計算するんだな」と理解するだけでよい。

注8 y の値は変化しないことに注意。

解答 7.3

(i) 点 O→ 点 A では，$dy = 0$，点 A→ 点 B では $dx = 0$ なので

$$\int \boldsymbol{f} \cdot d\boldsymbol{r} = \int_0^1 x \, dx + \int_0^1 1 \, dy = \frac{1}{2} + 1 = \frac{3}{2} \qquad (7.24)$$

(ii) 点 O→ 点 C では，$dx = 0$，点 C→ 点 B では $dy = 0$ なので

$$\int \boldsymbol{f} \cdot d\boldsymbol{r} = \int_0^1 0 \cdot dy + \int_0^1 x \, dx = \frac{1}{2} \qquad (7.25)$$

(iii) 直線 OB は $y = x$ であるから，$dy = dx$ である。よって，

$$\int \boldsymbol{f} \cdot d\boldsymbol{r} = \int_0^1 x \, dx + x \, dy = 2 \int_0^1 x \, dx = 1 \qquad (7.26)$$

直感的に考える
静止摩擦力は未知数である

8.1　日常生活での感覚も大切 ————————●

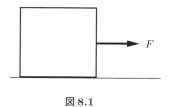

図 8.1

例題 8.1　図 8.1 のように，水平な床の上で，初め静止している質量 $m = 2.0\,\mathrm{kg}$ の物体に，水平方向に一定の大きさ $F = 0.54\,\mathrm{N}$ の力を加えた。物体と床との間の静止摩擦係数を $\mu = 0.15$ とする。この問題に対し，力　学（りき　まなぶ）君は，物体の速度を求めようとして，以下のような答案を提出した。

(1)　この答案の結論が明らかに間違いである理由を述べよ。

(2)　間違った結論を得た原因を，具体的に指摘し，正解を述べよ。

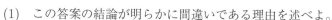

■りき　まなぶ君の答案■

物体の加速度を a，重力加速度を g とすると，運動方程式 $ma = F - \mu mg$ より

$$a = (0.54\,\mathrm{N}/2.0\,\mathrm{kg}) - 0.15 \times 9.8\,\mathrm{m/s^2} = -1.2\,\mathrm{m/s^2}$$

となる。よって，力を加え始めた時刻を $t = 0$ として，t 秒後の速度 v は

$$v = -1.2t\,[\mathrm{m/s}]$$

となる。

■考え方■　まず初めに，「力を加えて向きと反対向きの速度を得る。そんなこと，あり得ない！」と思えたかどうか。それが最も大切。そして「静止摩擦係数」の定義を正しく認識することである。

解答 8.1

(1)　この答案の結果が示しているのは，「力を加え始めた **直後** から，反対向きに動き出すこと」であり，明らかに間違いである。

(2) 静止摩擦係数とは，最大静止摩擦力に関して定義されるものである。今の場合，鉛直方向の加速度はゼロであるので，垂直抗力は重力と同じ大きさとなる。よって，最大静止摩擦力は $0.15 \times 2.0\,\mathrm{kg} \times 9.8\,\mathrm{m/s^2} = 2.94\,\mathrm{N}$ となる。他方，加えている力は $0.54\,\mathrm{N}$ であり，最大静止摩擦力より小さい。よって，**物体は静止したまま** である。この答案の間違いは，静止摩擦係数を，最大静止摩擦力に達する前の静止摩擦力に対して適用したことである。静止摩擦力は，一般に運動方程式を解いて得られる未知数である。物体は静止したままなので，水平方向の運動方程式は静止摩擦力を R として

$$0 = F - R \tag{8.1}$$

である。

■教訓■

- 問題文を読んだら，状況を目に浮かべる。図を描いてみる。
- そうすると，自分が実験している気になる。
- 直感・常識の判断も正しく活用する。

8.2 静止摩擦力も未知数である

摩擦に関する重要事項を整理しておく。

- 静止摩擦力 < 最大静止摩擦力
- 静止摩擦係数 ＝「最大」静止摩擦力/垂直抗力
- 静止摩擦力も垂直抗力と同様，運動方程式における未知数

上記の「教訓」も踏まえて，次の例題に取り組んで欲しい。

例題 8.2 摩擦のある水平な床の上で，初め静止している質量 m の物体がある。この物体に，水平方向に力 F を加え，F をゼロから徐々に大きくしていくと，やがて物体は動き出し，加速度運動をする。この状況を横軸を力 F，縦軸を摩擦力 R としてグラフに描きたい。以下の問いに答えよ。物体と床との間の静止摩擦係数は μ，動摩擦係数は μ' とする。

(1) 次の2つの状況において，それぞれ運動方程式を書け。ただし，水平方向で力を加える向きを x 座標，鉛直方

向で上向きを y 座標とせよ。

- 物体が静止しているとき
- 物体が動いているとき

(2) 日常生活でも，静止しているものを動かそうとすると，動き出すまでに要する力の方が，動き出してからの力よりも小さいことを経験している。この状況を数式で書け。

(3) 上記より，横軸を力 F として

- 縦軸を摩擦力 R としたグラフ
- 縦軸を加速度 $\ddot{x}$ としてグラフ

を描き，横軸を同じスケールにして上下に描け。

上記の「教訓」を忘れずに。そして，いつもの通り，「主人公」「外力」「運動方程式」の順に考える。

- 動摩擦力 = 物体が運動しているときに接触面から受ける摩擦力
- 方向は，運動面に水平で速度と反対向き
- 大きさは，垂直抗力を N，動摩擦係数 μ' として $\mu'N$
- 大きさは，$\mu'mg$ では **ない** ことに注意する

解答 8.2

(1)
- 物体が静止しているとき

  x 方向も y 方向も加速度はゼロ。よって運動方程式は

  $$0 = F - R \tag{8.2}$$

  $$0 = N - mg \tag{8.3}$$

- 物体が運動しているとき

  x 方向の加速度を $\ddot{x}$ とおくと，動摩擦力は $\mu'N$ なので

  $$m\ddot{x} = F - \mu'N \tag{8.4}$$

  y 方向の加速度はゼロなので，運動方程式は

  $$0 = N - mg \tag{8.5}$$

(2) 物体が静止しているときの「最大」の静止摩擦力は μN。一方，動き出してからの「動」摩擦力は，同じ垂直抗力 N を使って $\mu'N$ である。したがって，この日常生活での経験を数式で書

くと

$$\mu N > \mu' N \tag{8.6}$$

となる。

(3) 静止しているとき，動いているとき，のそれぞれの x 方向の運動方程式から

　摩擦力 R のグラフ：動き出すまでは，原点を通る「傾き＝1」の直線。力 $F = \mu N$ で動き出し，その後の摩擦力 R は，一定の大きさ $\mu' N$。

　加速度 $\ddot{x}$ のグラフ：静止しているときの加速度はゼロ。力 $F = \mu N$ で動き出し，その後の加速度は $\ddot{x} = \dfrac{F - \mu' N}{m}$ となる。

　以上から，図 8.2 を得る。

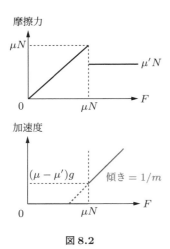

図 8.2

8.3　自分が実験している気持ちになろう

　このようなグラフを描いたとき，必ず出てくる質問がある。それが，次の例題である。

　例題 8.3　図 8.2 において，力 $F = \mu N$ での値は 2 つある（数学的には「不連続点」となる）。どちらに属するのか？

▌結論▌

どちらでもよい。

そもそも摩擦係数にそれほどの精度がない。

　そのため，数学の連続性の議論のように「どちらが白丸になるか」とか「どちらを黒丸にするか」の議論には意味がない。だから，どちらとも白丸にも黒丸にもせず，図 8.2 のように“しれっと”線分のみを描けばよい。

コーヒーブレイク：その 7
科学者にとって大切なものとは？

　筆者がまだ小学生のころ，日本全国でブームとなった映画，テレビドラマがあった。SF 作家の小松左京さんによる『日本沈没』である。
　この中で，地質学者の田所博士が，「数年以内に日本は沈没する」と主張し始める。もちろん，然るべき科学的データをもって，学会の重鎮たちに訴えかける。しかし，残念なことに，国内はおろか海外の科学者からも，まっ

たく相手にされない。

　そこで，田所博士の主張に耳を貸した人が現れる。日本の政財界の黒幕であるが，日本をこよなく愛している人物のようである。そして田所博士を呼んで話を聞く。その場面での会話。

　政財界の黒幕「博士，科学者にとって，一番大切なものは，何かね？」
　数秒の沈黙の後，博士が答える。
　田所博士「科学者にとって，一番大切なもの。それは『勘』です」
　黒幕「ほう。どういうことかね？」
　ここで田所博士は，「ワーグナーの大陸移動説」[注1] を例に，「直感こそ大切だ，直感が先にあるのだ」と語り出す。

　このシーンは，小学生だった筆者に，非常に強烈な印象をもって記憶に残った。そして，科学者となった今でも折りに触れて思い出す。

　本例題のように，力を加えたのと逆向きに加速度運動をする，なんて出てきたら，諸君の直感が「それはありえないだろ！」と"感じて"欲しい。

　しかし一方で，平気でこのような解答をする答案にであうことも，決して少なくないのも事実である。誠に残念なことである。本書では，**正しい科学的理解をベースとした直感**を読者に養ってもらいたく，**他書では明確に記載されていないが，じつは極めて大切なこと**を，繰り返し述べている。

注1　現在の地球の5大陸は，もともとは1つの大きな大陸であった，とする説。

「主人公」が2人以上の場合：その1 必ず個別に運動方程式を

9.1 2体の運動：摩擦がない場合

> **例題 9.1** 摩擦のない水平面に質量 M の物体 M と質量 m の物体 m が隣接して置かれている（図 9.1）。物体 M に水平方向に力 F を加えた。物体 M と物体 m は伸縮せず，両者の距離は L である。摩擦と空気抵抗は無視できるとして，この後の物体の運動を述べよ。

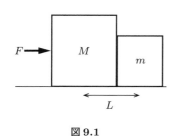

図 9.1

▌考え方▌

- 「物体 M は，力 F で押されるが，同時に物体 m を押しているから…」と考えてしまう人が初心者には多い。
- これが「力学の落とし穴」。以後，力学がわからなくなる。
- 必ず「個別に」運動方程式を立てる習慣を付けよう。
- もちろん，「主人公」「外力」「運動方程式」で考える。

解答 9.1 物体 M および物体 m の x 座標を，それぞれ X, x とする。また物体 M「が」物体 m「に」押される力を f_1，物体 m「が」物体 M「に」押される力を f_2 とする。物体 M の運動方程式は

$$M\ddot{X} = F - f_1 \tag{9.1}$$

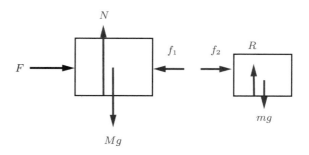

図 9.2

物体 m の運動方程式は

$$m\ddot{x} = f_2 \tag{9.2}$$

となる。両者の距離が L なので

$$x = X + L \tag{9.3}$$

また，

$$f_1 = f_2 \tag{9.4}$$

である [注1]。両物体は伸縮しないので，距離 L は時間変化しない。これを数式で書くと [注2]

$$\dot{L} = 0 \tag{9.5}$$

これと式 (9.3) より

$$\dot{x} = \dot{X} \tag{9.6}$$

さらに時間で微分すると

$$\ddot{X} = \ddot{x} \tag{9.7}$$

以上から

$$\ddot{X} = \ddot{x} = \frac{F}{M + m} \tag{9.8}$$

$$f_1 = \frac{m}{M + m} F \tag{9.9}$$

水平方向の運動を確定するのは，初期条件

$$\dot{X}(0) = 0 \tag{9.10}$$

$$X(0) = 0 \tag{9.11}$$

$$\dot{x}(0) = 0 \tag{9.12}$$

$$x(0) = L \tag{9.13}$$

である。両物体とも，鉛直方向の加速度はゼロ。よって運動方程式は，物体 M および物体 m の垂直抗力をそれぞれ N, R とすると

$$0 = N - Mg \tag{9.14}$$

$$0 = R - mg \tag{9.15}$$

となる。

注1 「作用・反作用の法則」から。何度も述べてきたが，"つりあい" ではない。

注2 [→ 例題 9.3]

9.2 「つりあい」と「作用・反作用」————————●

> **例題 9.2** 例題 9.1 において式 (9.4) が成り立つのを「つりあい」と答えるのは明らかな間違いである。間違いの理由と，この式の等号が成り立つ正しい理由を答えよ。

■「つりあい」と「作用・反作用」，どちらが「エライ」？■

すでに述べた通り，この両者の区別がついていない人が**非常に**多い。もう一度，整理しておこう。

> 「つりあい」とは？
> * 「1つ」の物体について
> * 運動方程式で加速度＝ゼロとなる特殊な状態のこと
> 「作用・反作用」とは？
> * 「2つ」の物体の間に成り立つ「法則」
> * 「物体 A→ 物体 B」が「作用」なら，「反作用」は「物体 B→ 物体 A」

「作用・反作用」は「法則」であり，宇宙のどこに行っても成立する「普遍的」なもの。

他方，「つりあい」とは，「運動方程式」という普遍的な「法則」における，「ごく特殊な状態」を述べたものに過ぎない。

「作用・反作用」は法則であり，概念としての普遍性が高い（"エライ"）のはいうまでもない。

解答 9.2 「つりあい」とは，1つの物体に働く2つ以上の力の和がゼロとなる結果として，運動方程式において加速度がゼロとなる状態をいう。しかし，本例題では，f_1 は物体 m が物体 M に及ぼす力で，f_2 は物体 M が物体 m に及ぼす力。これは「作用・反作用」の関係にあるから「法則」よりその「大きさは同じ」となる。

毎年，学生から受ける質問を例題として挙げておく。

> **例題 9.3** 例題 9.1 において式 (9.5) が成り立つ理由を，グラフを描いて簡潔に説明せよ。

■**考え方**■ 「時間に対して」変化しない，との事実を考えるのだ

から，グラフの横軸は時間 t とするのが自然であろう。

$\boxed{\text{解答 9.3}}$ 縦軸に L，横軸に時間 t のグラフを描くと，横軸に平行な直線となる。また，ごく一般的に，「微分とは，その座標での接線の傾き」である。今の場合，どの時刻においても「接線」の傾き＝ゼロであるから，式 (9.5) となる。

> ▌ワンポイント▌　[→ 第 2 章]
> 物理量 A が時間的に変化しない（一定である）$\iff \dot{A} = 0$

ここで，答案の書き方としてお勧めの習慣を。

> ▌ワンポイント▌
> 分数が出てきたら，同じ単位をもった物理量を分子・分母とせよ。

今の例だと，式 (9.9) のように書くこと。これで左辺は「力」の単位，右辺も「力」の単位をもつことがひと目でわかり，「検算」にもなる[注3]。

筆者の 20 年ほどの経験では，ここまで述べても，こと「重力」の問題になると急激に正答率が下がることが多い。それが次の例題である。

> 例題 9.4　りき　まなぶ君は，次のような解答をした。この間違いを指摘し，修正せよ。
>
> > ▌りき　まなぶ君の答案▌　机の上に置かれた本に働く「重力」の反作用は，机が本を鉛直上向きに押し返す「垂直抗力」であり，両者の「力」はつりあっている。

▌考え方▌　混乱してきたら，必ず

> この「力」は，「何<u>が</u>」「何<u>に</u>」及ぼすのか

を明らかにすること。

$\boxed{\text{解答 9.4}}$ 本に働く重力とは「地球が」「本に」及ぼす力である。したがって，この「反作用」は「本が」「地球に」及ぼす力である。
今の場合，本は机の上に静止しているから，加速度はゼロ。したがって，「重力」と「垂直抗力」とは「つりあって」いる。しかし，極めて重要なのは

「重力」と「垂直抗力」は決して「作用・反作用」の関係では「<u>ない</u>」

注3　式 (9.8) は，分子と分母に同じ単位をもった物理量が存在しないので，このように書いている。それでも分子に「力」が，分母に「質量」が書かれていることと，そして「運動方程式」とから，この右辺が「加速度」の物理量であることが明らかである。

ということである。「反作用」を正しく認識していない点と,「作用反作用の法則」を「つりあいの状態」とを混同している点,この2点において間違っている。

「本が地球を引いている（『万有引力の法則』！）」というのがしっくりこない人もいるだろう。次の例題を参照されたい。

例題 9.5　机上の本に働く重力の反作用は,本が地球の中心を引く力（第4章を参照）である。この力によって,地球の中心に生じる加速度を試算せよ。本の質量を $1\,\mathrm{kg}$,地球の質量を $6.0 \times 10^{24}\,\mathrm{kg}$ とせよ。

解答 9.5　地球の質量を M,本の質量を m,地球の加速度を A とすると,地球に働く引力は mg であることから,地球の運動方程式は

$$MA = mg \tag{9.16}$$

となる。これより,

$$A = \frac{m}{M}g \tag{9.17}$$

となる。M, m に値を代入すると,9.8 を 10 と近似して,$1.7 \times 10^{-24}\,\mathrm{m/s^2}$ となる。

この加速度によって,地球が $1\,\mathrm{m}$ 動くのにかかる時間を試算してみよ。

9.3　3体の運動：摩擦がない場合

例題 9.6　水平な床の上に,質量 m_1 の物体 $\mathrm{m_1}$,質量 m_2 の物体 $\mathrm{m_2}$,質量 m_3 の物体 $\mathrm{m_3}$ が,図9.3のように2本の糸で繋がれて静止している。3者の間の距離は図のように L_{12} および L_{23} である。時刻 $t = 0$ において,物体 $\mathrm{m_1}$ を水平右向きに一定の力 F で引っ張った。この後の運動を論ぜよ。ここで2本の糸は伸縮せず,質量は無視できるとする。

■**考え方**■　「主人公」「外力」「運動方程式」の順に考えるのは変わらない。例題 9.1 と同様,「個別に」運動方程式を立てる。注意す

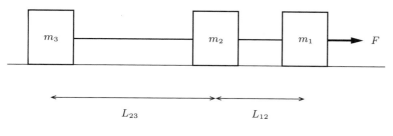

図 9.3

べきは，「糸」についても外力を図示することである。つまり，本例題は，より正確には「5 体の運動」である。

解答 9.6 3 つの物体および 2 本の糸に対して働く外力を考える。

まず，鉛直方向では，物体 m_1 に垂直抗力 N_1 と重力 $m_1 g$，物体 m_2 には垂直抗力 N_2 と重力 $m_2 g$，物体 m_3 には垂直抗力 N_3 と重力 $m_3 g$ である。糸の質量は無視できるので，鉛直方向の力はない。

次に，水平方向の力を考える。

糸が m_1 を引く力を f_1 とすると，その反作用である m_1 が糸を引く力も同じ大きさの f_1 と，**書いても「よい」のではなく，書か「ねばならない」**（作用・反作用の法則）。ただし，m_2 が糸を引く力は，一般には f_1 と異なる可能性もある[注4]ので，区別して f_1' と書く。以下，同様に考えて，水平方向の外力は，図 9.4 のようになる。

次に運動方程式を考える。物体 m_1 について：

物体 m_1 の x 座標を x_1 と書くと，物体 m_1 の運動方程式は

$$m_1 \ddot{x}_1 = F - f_1 \tag{9.18}$$

鉛直方向には加速しないので，運動方程式は

$$0 = N_1 - m_1 g \tag{9.19}$$

物体 m_1 と物体 m_2 を繋いでいる糸の運動方程式は，質量がゼロなので

$$0 = f_1 - f_1' \tag{9.20}$$

以下，同様に物体 m_2 の運度方程式は

$$m_2 \ddot{x}_2 = f_1' - f_2 \tag{9.21}$$

$$0 = N_2 - m_2 g \tag{9.22}$$

物体 m_2 と物体 m_3 を繋いでいる糸の運動方程式は，質量がゼロなので

注4 糸の質量が無視できない場合。

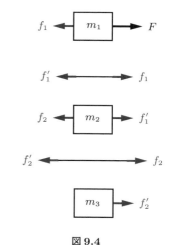

図 9.4

$$0 = f_2 - f_2' \tag{9.23}$$

物体 m_3 の運度方程式は

$$m_3 \ddot{x}_3 = f_2' \tag{9.24}$$

$$0 = N_3 - m_3 g \tag{9.25}$$

となる。

今の場合，両方の糸の質量が無視できることから，式 (9.20) より

$$f_1' = f_1 \tag{9.26}$$

式 (9.23) より

$$f_2' = f_2 \tag{9.27}$$

を得る。

■ワンポイント■
- 糸の「両端に」働く張力は，一般には異なる。
- **糸の質量が無視できる場合に初めて**，同じ大きさになる。

鉛直方向の運動方程式 (9.19)，(9.22)，(9.25) は，すべて垂直抗力を与える。

水平方向の運動方程式において，未知数は x_1，f_1，x_2，f_2，x_3 の5つである。他方，これらを含む方程式は式 (9.18)，式 (9.21)，式 (9.24) の3つである。したがって，未知数を求めるには，あと2つの条件が必要である。

■ワンポイント■
2体以上の問題を解く場合に留意すること：
- 未知数と既知数を区別せよ。
- 「未知数の個数 > 方程式の個数」なら，隠れた条件を探せ。

3つの座標の間には，次の関係式がある。

$$x_1 = x_2 + L_{12} \tag{9.28}$$

$$x_2 = x_3 + L_{23} \tag{9.29}$$

よって，2つの拘束条件の式 (9.28)，(9.29) より，すべての未知数は一意的に求まる。

糸も物体も伸縮しないので，

$$\dot{L}_{12} = \dot{L}_{23} = 0 \tag{9.30}$$

以上から

$$\ddot{x}_1 = \ddot{x}_2 = \ddot{x}_3 = \frac{F}{m_1 + m_2 + m_3} \tag{9.31}$$

$$f_1 = \frac{m_2 + m_3}{m_1 + m_2 + m_3} F \tag{9.32}$$

$$f_2 = \frac{m_3}{m_1 + m_2 + m_3} F \tag{9.33}$$

■ 再度，確認 ■

● 2 体以上の場合には，「必ず個別に」運動方程式を立てる。

■ 考察 ■　この例題において，「糸を使わずに 3 つの物体を隣接させ，物体 m_3 の左から右向きに力 F を加えた場合」でも，同じ結果が得られることを各自，確認せよ。

例題 9.7　水平な床の上に，質量 M の物体 M とその上に質量 m の物体 m が乗せられ静止している。物体 M に，図 9.5 のように水平右向きに力 F を加える。力 F をゼロから徐々に大きくしていき F_1 になったときに，2 つの物体は一体となって右側に動き出した。次に，$F = F_2$ になったとき，物体 m が物体 M に対して滑り始めた。床と物体 M の間の静止摩擦係数を μ，動摩擦係数を μ'，物体 M と物体 m の間の静止摩擦係数を μ_m，動摩擦係数を μ'_m とせよ。また，物体 M が床から受ける垂直抗力は R，物体 m が物体 M から受ける垂直抗力は N とせよ。以下の問いに答えよ。

$F < F_1$ のとき

(1)　物体 M に働く静止摩擦力を F' として，運動方程式を立てよ。

(2)　物体 m に働く外力を述べよ。

(3)　F_1 を求めよ。

$F_1 < F < F_2$ のとき，物体 M と物体 m の間には，静止摩擦力が働く。この大きさを f とする。また，物体 M と物体 m は一体で動くので，両者の水平方向の座標は，x と書ける。

(4)　物体 m を水平方向に動かす力は何か。

(5)　物体 M および物体 m に働く外力を図示せよ。

(6)　物体 M の水平方向および鉛直方向の運動方程式を書け。

(7)　物体 m の水平方向および鉛直方向の運動方程式を書け。

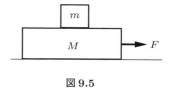

図 9.5

$F = F_2$ のとき，物体 m が物体 M に対して滑り始める。

(8) F_2 を求めよ。

▊**考え方**▊ 問題文も長く，似て非なる文字がたくさん登場する。問題文を「読みながら」複数枚の図を描きたいという「気持ち」になるかどうか。

▊ワンポイント▊
物理が上達するコツ：抵抗なく図を描くこと。

解答 9.7

(1) 物体 M は静止しており加速していないので水平方向には

$$0 = F - F' \tag{9.34}$$

鉛直方向には，物体 m が物体 M を鉛直下向きに押しているので

$$0 = R - N - Mg \tag{9.35}$$

(2) 水平方向：力 F は物体 M にのみ及ぼしており，物体 m には水平方向に力を及ぼしていない。だから，

▊ワンポイント▊
個別に考えることが大切。

鉛直方向：下向きに重力 mg，上向きには物体 M からの垂直抗力 N を受ける。運動方程式は

$$0 = N - mg \tag{9.36}$$

(3) F_1 は最大静止摩擦力であり，それは「静止」摩擦係数 μ と垂直抗力 R で与えられる。

$$F_1 = \mu R \tag{9.37}$$

式 (9.35)，(9.36)，(9.37) より

$$F_1 = \mu(M + m)g \tag{9.38}$$

(4) 力 f である。

▊ワンポイント▊
もし，m と M の間に摩擦がなければ，
M が動き出すと m は，取り残される。

(5) 物体 M に働く摩擦力は,「動摩擦力」になるので, $\mu'R$ となる。

図 9.6 に示す。

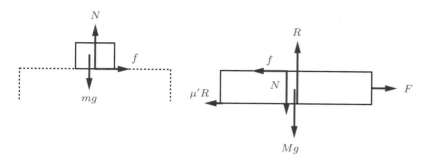

図 9.6

(6) 図 9.6 を参照する。

水平方向:

$$M\ddot{x} = F - \mu'R - f \qquad (9.39)$$

鉛直方向:

$$0 = R - N - Mg \qquad (9.40)$$

(7) 図 9.6 を参照する。

水平方向:

$$m\ddot{x} = f \qquad (9.41)$$

鉛直方向:

$$0 = N - mg \qquad (9.42)$$

(8) 物体 m が物体 M から受ける静止摩擦力 f が, 最大静止摩擦力 $\mu_{\mathrm{m}}N$ になったときに滑り出す。

式 (9.39)〜(9.42) は, $\ddot{x}$, f, N, R を未知数とする連立方程式である。

■ワンポイント：再掲■

2 体以上の問題を解く場合に留意すること:

• 未知数と既知数を区別せよ。

• 未知数の個数＞方程式の個数　なら, 隠れた条件を探せ。

これを解くと

$$\ddot{x} = \frac{F}{M+m} - \mu'g \qquad (9.43)$$

$$f = \frac{m}{M+m}F - \mu'mg \qquad (9.44)$$

$$N = mg \tag{9.45}$$

$$R = (M + m)g \tag{9.46}$$

滑り出すときは，

$$f = \mu_{\mathrm{m}} N \tag{9.47}$$

だから，式 (9.44)，(9.45)，(9.47) より

$$\frac{m}{M + m} F_2 - \mu' mg = \mu_{\mathrm{m}} mg \tag{9.48}$$

これを F_2 について解いて

$$F_2 = (\mu' + \mu_{\mathrm{m}})(M + m)g \tag{9.49}$$

▌ワンポイント▌

「特別で自明な場合で成り立つか」確認する習慣を付ける。

例題 9.8　例題 9.7 において，次の場合には，どのような結果となるか，計算せずに結果を予想せよ。その予想は，例題 9.7 で得られた結果と整合するか，簡単に述べよ。

(1)　静止摩擦係数 $\mu = 0$

(2)　動摩擦係数 $\mu' = 0$

解答 9.8

(1)　力 F を加えれば，すぐに物体 M は動き出す。これは $F_1 = 0$ であることを示す。実際，式 (9.38) で $\mu = 0$ とすると，$F_1 = 0$ となる。

(2)　床からの摩擦を受けないので，力 F によって M と m とが一体となって加速度運動する。

実際，式 (9.43) で $\mu' = 0$ とすると，力 F によって M＋m が一体となって加速していることを示す。

10 「主人公」が2人以上の場合：その2 棒の質量が無視できない場合を考えてみる

じつは，質量が無視できない「糸」を考えたいのだが，「棒」よりもさらに複雑になるので [注1]，本章では「棒」で考える。この章の趣旨は，「質量を無視できる糸」という仮定が，いかに問題をシンプルにしているのか，を理解することである。

注1 質量を無視できない「糸」だと，「懸垂線」と呼ばれる曲線になり，両端を引っ張っても水平な直線状にはならない。

10.1 最も簡単な例でも複雑になる

例題 10.1 図 10.1 のように，摩擦のある水平面に置かれた質量 M の物体 M には，質量 m の棒が繋がれている。棒に大きさ S の力を加えて，物体 M を動かしたい。以下の問いに答えよ。棒の質量分布は均一である。この場合，棒の重心は，中心にあることを既知とせよ。

(1) 棒が水平であったとしても，落下しないためには，力 S には鉛直上向きの成分が必要である。さらに，図 10.2 上のように，物体が棒を引く力を T としても，この力にも鉛直上向きの成分が必要である。この理由を，棒についての運動方程式を立てることで答えよ。

ただし，力 S および力 T の水平成分，鉛直成分の大きさを，それぞれ S_x, S_y, T_x, T_y とせよ。

(2) このとき，物体に働く外力を図示せよ。物体に働く静止摩擦力は f とせよ。

(3) 物体の水平方向および鉛直方向の運動方程式を立てよ。

(4) 上記の運動方程式において，未知数をすべて列挙せよ。

(5) 棒が水平であるという条件から

$$S_y = T_y \tag{10.1}$$

となることがわかる。このことを既知として，上記 (4) の未知数をすべて求めよ。

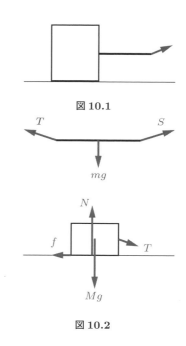

図 10.1

図 10.2

次に，棒を引く力を大きくしてゆくと，物体は動き出し，水平右向きに加速度 α で運動した。このときに棒を引く力の大きさを S'，物体が棒を引く力の大きさを T'，物体が床から受ける垂直抗力を N'，物体と床との間の動摩擦係数を μ' として，以下の問いに答えよ。棒は伸縮しないものとせよ。

(6) 棒の運度方程式を立てよ。

(7) 物体の運動方程式を立てよ。

(8) この場合の未知数を，すべて列挙せよ。

(9) これらの未知数を，すべて求めよ。

■**考え方**■　力学のほとんどの問題では，「糸は軽く，伸び縮みしない」と仮定されている。しかし，これでは力学を根底から理解したことにはならない。そこで，糸の質量を無視できない場合を考えてみるのだが，質量のある糸は重力を受けて水平方向に直線状にならない。そこで，さらに簡単な場合として「糸」ではなく「棒」を考えるのである。

もちろん，「主人公」「外力」「運動方程式」が基本であるのは変わらない。(4) では，物体が静止している限りでは，人が引く力は任意だから，既知数である。(8) では，加速度 α を満たすように人が力を加えることから，α が既知数となることに留意する。

解答 10.1

(1)　もし，張力 S，T が水平成分のみであれば，棒の鉛直方向の運動方程式は，下向きを正とした y 座標を使って

$$m\ddot{y} = mg \tag{10.2}$$

となる。これは，糸が自由落下することを示しており，「水平方向にある」という設定に矛盾する。正しくは，鉛直方向の加速度 = ゼロ なので

$$0 = mg - S_y - T_y \tag{10.3}$$

水平方向にも，加速度 = ゼロ なので

$$0 = S_x - T_x \tag{10.4}$$

となる。

(2) 図 10.2 の通り。棒が物体を引く力は，作用・反作用の法則より大きさは T と**書かねばならない**。

(3) 物体は，静止しており，水平方向に加速しないから
$$0 = T_x - f \tag{10.5}$$
鉛直方向にも加速しないから，上向きを正として
$$0 = N - T_y - Mg \tag{10.6}$$

(4) 垂直抗力，静止摩擦力は，未知数である。

> - 棒が「落下」しないためには，S_y は一意に決まる。
> - 一方，S_x は任意である。

よって，未知数は，S_y, T_x, T_y, N, f の 5 個。

(5) 式 (10.3), (10.4), (10.5), (10.6), (10.1) より，方程式の個数は 5 個。未知数の個数も (4) より，5 個。よってこの連立方程式は一意に解が求まる。
$$S_y = T_y = \frac{mg}{2} \tag{10.7}$$
$$T_x = f = S_x \tag{10.8}$$
$$N = \left(M + \frac{m}{2}\right)g \tag{10.9}$$

> ■**教訓**■
> ここでも，垂直抗力は Mg では**ない**ことがわかる。

(6) 棒に働く外力，物体に働く外力は図 10.3 となる。
鉛直方向には加速しないので，式 (10.3) と同様である。
$$0 = mg - S_y' - T_y' \tag{10.10}$$
棒は伸縮しないので，水平方向の加速度は，物体と同じ α である。運動方程式は
$$m\alpha = S_x' - T_x' \tag{10.11}$$

(7) 水平方向の運動方程式は
$$M\alpha = T_x' - \mu'N' \tag{10.12}$$
鉛直方向の運動方程式は，式 (10.6) と同様である。
$$0 = N' - T_y' - Mg \tag{10.13}$$
棒が水平に運動する条件から，式 (10.1) と同様に [注 2]
$$S_y' = T_y' \tag{10.14}$$

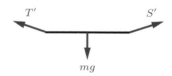
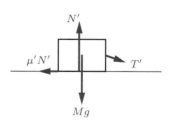

図 10.3

注 2 「棒が重心まわりに回転しない条件」から。後の章の「剛体の力学」で学ぶ。

$$N' = \left(M + \frac{m}{2}\right)g \tag{10.15}$$

(8) 加速度 α になるように人が引く必要があるから，未知数は S'_x, S'_y, T'_x, T'_y, N' の 5 個である。

(9) これらの未知数を含む方程式は式 (10.10)〜(10.14) の 5 個である。よって，解は一意に求まる。

$$S'_y = T'_y = \frac{mg}{2} \tag{10.16}$$

$$N' = \left(M + \frac{m}{2}\right)g \tag{10.17}$$

$$S'_x = (M + m)\alpha + \mu'\left(M + \frac{m}{2}\right)g \tag{10.18}$$

$$T'_x = M\alpha + \mu'\left(M + \frac{m}{2}\right)g \tag{10.19}$$

┃教訓┃

棒の質量が無視できないときの両端の張力には

- 鉛直上向き成分がある。
- 両端の大きさは，同じでは「ない」。

例題 10.2 例題 10.1 において，棒の質量が無視できる場合には，張力はどうなるか。

(1) 物体が静止摩擦力で静止している場合

(2) 物体が動摩擦力を受けて加速度運動をしている場合

┃考え方┃ 得られた結果に対して $m = 0$ としてどうなるか。

解答 10.2

(1) 式 (10.7) において，$m = 0$ として

$$S_y = T_y = 0 \tag{10.20}$$

式 (10.4) は，加速度 $= 0$ の条件より，棒の質量を無視しなくても成り立つ。

$$S_x = T_x \tag{10.21}$$

(2) 式 (10.16) において，$m = 0$ として

$$S'_y = T'_y = 0 \tag{10.22}$$

式 (10.18)，式 (10.19) において，$m = 0$ として

$$S'_x = M(\alpha + \mu'g) = T'_x \tag{10.23}$$

■**教訓**■

棒の質量が無視できるとき

● 両端の張力は，棒と同じ方向で逆向き，大きさは同じ。

　読者のうち，高校で物理を履修してきた人のほとんどは，「糸の質量が無視できること」の意味を知らずに，あるいは，そのような「条件」があることすら気に留めていなかったのではないか。「糸の質量を無視できない」としただけでも非常に複雑になるため，例題 10.1 のように「棒」に変えて考えたのだ。簡単のために設定を「棒」に変えて，さらに，非常に単純な設定にしても，本例題のように，扱いが困難になること，をここで認識してもらいたい。

　それでは，「糸の質量が無視できる」ことでスッキリと解ける例に取り組んでみよう。

10.2　軽い糸で繋がれた 2 つの物体の運動　─────●

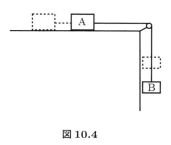

図 10.4

> **例題 10.3**　図 10.4 のように，机上にある質量 m の物体 A に糸が繋がれ，糸は摩擦のない小さな釘を通じて，質量 M の物体 B に繋がっている。物体 A を手で支えてから，時刻 $t = 0$ で静かに放す。この後の時刻 $t > 0$ の運動を考える。糸は軽く，伸縮しない。物体 A および物体 B に働く摩擦と空気抵抗は，無視できる。座標軸は，糸に沿って物体 A から物体 B に向かう向きを x 軸正とし，物体 A および物体 B の座標をそれぞれ x, X とする。
>
> (1)　時刻 $t > 0$ において，物体 A，物体 B，糸に働く外力を図示せよ。ただし，糸が物体 A を引く力の大きさを S，糸が物体 B を引く力の大きさを T，糸が釘から受ける力の大きさを R とせよ。
>
> (2)　物体 A が糸を引く力の大きさも S と書ける理由を簡潔に述べよ。
>
> (3)　力 R が糸の x 方向への運動に寄与しない理由を簡潔に述べよ。
>
> (4)　物体 A についての運動方程式は 2 つある。その 2 つを答えよ。

(5) 物体 B についての運動方程式を答えよ。

(6) 糸についての運動方程式を書け。

(7) 糸の長さを L として，$X - x$ との関係を書け。これより，$\ddot{X}$ と $\ddot{x}$ の関係を求めよ。

(8) 以上より，$t > 0$ での運動を確定せよ。初期条件は $x(0) = 0$，$X(0) = L$ とせよ。

■**考え方**■　やはり「主人公」「外力」「運動方程式」が基本である。

糸の両端の張力が等しいのは，あくまでも「糸の質量が無視できる」という仮定の帰結であることを認識しよう。また，糸で繋がれた 2 つの物体の速度と加速度が等しくなるのは，「糸が伸縮しない」という仮定の帰結であることも，改めて認識しておこう。

解答 10.3

(1) 図 10.5 に示す。

(2) 「糸が物体 A を引く力」を「作用」とすると，「物体 A が糸を引く力」は，その「反作用」であるから。

(3) 釘と糸の間の摩擦力は無視できるので，力 R は糸が釘と接している接線，すなわち糸が運動する方向に垂直方向を向いているから。

(4) x 方向の運動方程式は

$$m\ddot{x} = S \tag{10.24}$$

鉛直方向の運動方程式は，加速度 $= 0$ なので

$$0 = N - mg \tag{10.25}$$

(5) x 方向の運動方程式は

$$M\ddot{X} = Mg - T \tag{10.26}$$

(6) 糸の質量は無視できるから，

$$0 = T - S \tag{10.27}$$

(7) $$X - x = L \tag{10.28}$$

糸は伸縮しないので

$$\dot{L} = 0 \tag{10.29}$$

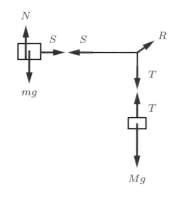

図 10.5

式 (10.28) と式 (10.29) から

$$\frac{d}{dt}(X - x) = 0 \qquad (10.30)$$

さらに時間で微分して

$$\ddot{X} = \ddot{x} \qquad (10.31)$$

▋再度，意識しよう▋

未知数と既知数を区別せよ。

(8) 式 (10.24)，式 (10.26)，式 (10.27)，式 (10.31) は，$\ddot{X}$, $\ddot{x}$, S, T を未知数とする連立方程式である。これを解くと

$$\ddot{X} = \ddot{x} = \frac{M}{M + m}g \qquad (10.32)$$

$$S = T = \frac{Mm}{M + m}g \qquad (10.33)$$

となる。式 (10.32) を，座標についての初期条件

$$x(0) = 0 \qquad (10.34)$$

$$X(0) = L \qquad (10.35)$$

と，速度についての初期条件

$$\dot{X}(0) = \dot{x}(0) = 0 \qquad (10.36)$$

のもとに解くと，

$$x(t) = \frac{1}{2}\frac{M}{M + m}gt^2 \qquad (10.37)$$

$$X(t) = \frac{1}{2}\frac{M}{M + m}gt^2 + L \qquad (10.38)$$

を得る。

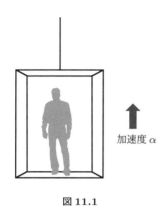

図 11.1

11

本当は無重力ではない
人は抗力を重力だと誤解している

11.1 エレベーターの例で納得 ————————●

> **例題 11.1**　人が乗っているエレベーターが，加速度運動を
> している。人の質量を m，人がエレベーターの床から受ける
> 垂直抗力を N として，以下の問いに答えよ。
>
> 　加速度 α が鉛直上向きのとき（図 11.1）
> (1)　鉛直上向きを正として，人に対する運動方程式を立てよ。
> (2)　このとき，エレベーターの床に設置された体重計は，い
> 　　くらを示しているか。
>
> 　加速度が鉛直下向きに β であるとき
> (3)　鉛直下向きを正として，人に対する運動方程式を立てよ。
> (4)　$\beta = g$ となったとき，エレベーターに置かれた体重計
> 　　はいくらを示しているか。

■考え方■　エレベーターが上向きに加速するとき，体重が増えた
ような感覚を，反対に下向きに加速するときは，体重が軽くなったよ
うな感覚を受ける。この日常生活での経験を，キチンと運動方程式
で理解するのが本例題の目的である。本例題を解答するだけなら容
易だが，「人は，本当に重力を感じているのか？」を正しく認識する。
　もちろん，「主人公」「外力」「運動方程式」の順に考える。

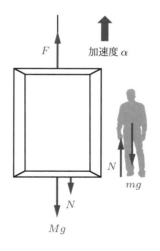

図 11.2

解答 11.1

(1)　人に働く外力は図 11.2 の通り。よって運動方程式は，鉛直上
　　向きを正として

$$m\alpha = N - mg \tag{11.1}$$

(2)　人はエレベーターの床を鉛直下向きに力 N で押している。こ

れが体重計に表示される。式 (11.1) より

$$N = mg + m\alpha \tag{11.2}$$

したがって，体重計に表示される "質量" は [注1]

$$\frac{N}{g} = m + \frac{m\alpha}{g} \tag{11.3}$$

となる。

これは，エレベーターが上向きに加速することで「見かけの」体重が $m\alpha/g$ だけ増加したように感じることを意味する。

(3) エレベーターが人に及ぼす垂直抗力は，上向きだから

$$m\beta = mg - N \tag{11.4}$$

(4) 式 (11.4) で $\beta = g$ とすると

$$N = 0 \tag{11.5}$$

となる。

このとき，エレベーターも人も，ともに重力加速度で落下している。このため，運動方程式から明らかなように両者の垂直抗力はゼロとなる。そして，人は "無重力" だと感じる。遊園地の free-fall ride である。

■考察■

この簡単な例から，以下のことがわかる。

- 人が "重力" だと思っているのは「抗力」である。
- 「抗力」がゼロになったとき，人は床から「浮き上がる」。
- 「抗力 = ゼロ」を人は "無重力" と誤解している。

もっと重要な事実を明記しておこう。

■ワンポイント■

- 自由落下している物体 m にも，重力 mg は働いている。
- 決して，"無重力" ではない。
- 自由落下は「無抗力」状態である。

11.2　人力エレベータで理解を深める ●

例題 11.2　■人力エレベーター■

図 11.3 のように，質量 M の台の上に質量 m の人が乗っ

注1　"質量" と，""を付けている理由：（その1）体重計の表示は，質量を表す単位「kg」となっているが，本当は質量ではないから。（その2）「体重」を「体に働く重力」だとしても，この例題からわかる通り，体重計が計測しているのは，「重力」ではなく「抗力」であるから。

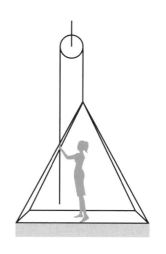

図 11.3

ている。人は，ロープを鉛直下向きに引くことで，滑車を通じ，自分の乗っている台に上向きに力を加えることができる。ロープは軽く伸縮しない。滑車は軽く，ロープとの間に摩擦がない。台の床には体重計が繰り込まれている。重力加速度を g として，以下の問いに答えよ。運動方程式は，鉛直方向のみを考えればよい。

初め，人がロープを力 f で引いたとき，台も人も静止したままであった。

(1) このとき，人と台に働く外力をすべて図示せよ。必要な物理量は，各自で明確に定義せよ。

(2) 人および台に対する運動方程式を立てよ。

(3) このとき，体重計はいくらを示しているか。

人がロープを引く力をさらに大きくし，力 f_1 になったとき，台は地面を離れ，等速度で上昇した。

(4) 人および台に対する運動方程式を立てよ。

(5) 力 f_1 を求めよ。

人がロープを引く力をさらに大きくし，力 f_2 になったとき，台は地面を離れ，一定の加速度 α で上昇した。

(6) 人および台に対する運動方程式を立てよ。

(7) 体重計の読みはいくらを示しているか。

(8) 力 f_2 を求めよ。

(9) 人が力を加えたとき，先に「台とともに人が」上昇する条件を求めよ。

■考え方■　「主人公」「外力」「運動方程式」で考えるのが鉄則。

- 注意！　　垂直抗力 $\neq$ 重力
- 注意！　　「人がロープを下向きに引く」
  ＝「人はロープから上向きの力を受ける」
  （作用・反作用の法則。つりあいではない。）

解答 11.2

(1) 人が台から受ける垂直抗力を N，台が地面から受ける垂直抗力を R とする。また，台が鉛直上向きに引かれる力を f' として，人および台に働く外力を図示すると，図 11.4 になる。

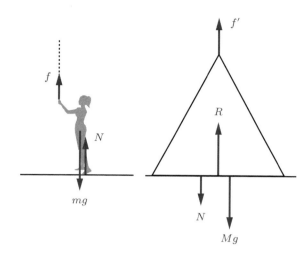

図11.4

(2) 人も台も，鉛直方向に加速しないので，運動方程式はそれぞれ

$$0 = f + N - mg \tag{11.6}$$

$$0 = f' + R - N - Mg \tag{11.7}$$

ロープは軽く，滑車との間に摩擦がないので，ロープに対する
運動方程式は

$$0 = f' - f \tag{11.8}$$

となる。

(3)

┃ワンポイント┃
未知数と既知数を区別せよ。

式 (11.6)，(11.7)，(11.8) を f'，N，R について解くと

$$f' = f \tag{11.9}$$

$$N = mg - f \tag{11.10}$$

$$R = (M + m)g - 2f \tag{11.11}$$

を得る。

体重計は，人から垂直抗力を受けているので

$$\frac{N}{g} = m - \frac{f}{g} \tag{11.12}$$

となる。

┃ワンポイント┃
体重計は抗力計である。

(4) ■**考え方**■ 外力を count up する方法：「接するところに力あり」であった。すなわち

接している両者の間に働く 抗力 = 0 になると，離れる。

人に対する運動方程式は，等速度，すなわち 加速度 = ゼロ だから

$$0 = f_1 + N - mg \tag{11.13}$$

台に対する運動方程式は，加速度 = 0，かつ $R = 0$ から

$$0 = f_1 - N - Mg \tag{11.14}$$

となる。

(5) ■**ワンポイント**■

未知数と既知数を区別せよ。

式 (11.13) と (11.14) を，f_1 と N について解くと

$$f_1 = \frac{(M+m)g}{2} \tag{11.15}$$

$$N = \frac{(m-M)g}{2} \tag{11.16}$$

よって，体重計は $N/g = (m-M)/2 \ [\text{kg}]$ を示す。

(6) 加速度を α として人に対する運動方程式は

$$m\alpha = f_2 + N - mg \tag{11.17}$$

台に対する運動方程式は，図 11.4 で $R = 0$ として

$$M\alpha = f_2 - N - Mg \tag{11.18}$$

となる。

(7) 式 (11.17) と (11.18) を N について解くと

$$N = \frac{1}{2}(m-M)(\alpha+g) \tag{11.19}$$

よって，体重計が示すのは

$$\frac{N}{g} = \frac{1}{2}(m-M)\left(1+\frac{\alpha}{g}\right) \tag{11.20}$$

となる。

(8) 式 (11.17) と (11.18) を f_2 について解くと

$$f_2 = \frac{1}{2}[(M+m)(\alpha+g)] \tag{11.21}$$

(9) $R = 0$ になって台が上昇し始めるとき，人が台から離れないためには $N > 0$ である。よって

$$m > M \tag{11.22}$$

式 (11.22) の結果が語っているのは人が台とともに持ち上がるためには，人よりも"軽い"台を使わなければならに，ということ。これは，日常の直感から頷けるであろう。

コーヒーブレイク：その8
映画・テレビ番組で流される「ウソの物理」に注意！

- まずは，2013 年に公開された映画『ゼロ・グラビティ』。映画全体としてはハラハラ・ドキドキのヒューマン・ストーリーで，個人的には筆者の好きな映画である。ジョージ・クルーニーが渋くていい役をうまく演じている。しかし，残念なのが，この中に「物理上のウソ」が2つあるからだ。力学をしっかりと学んでいないと，うっかり信じてしまうかもしれない。物理の教員として，これはきっちりと正しておかねば，と思っている。

  設定は，地上の数 100 km で，地球の周りを周回運動しているクルーの話である。1つは，そもそもタイトルからして間違っている。『ゼロ・グラビティ』とは「ゼロ重力」の意味だが，クルーにはしっかりと重力が働いている。第4章で何度も述べた通りである。

  そして2つ目。問題の発言はこうだ。

  「地球の上空には，宇宙ゴミがあって，秒速，約 7 km で動いている。周回している宇宙ゴミは，定期的にやってくるから，衝突しないようにしなければならない。秒速 7 km だから，たとえ小さな宇宙ゴミでも，当たったら，ひとたまりもない」

  これは完全な間違いである。あえてここでは答えを提示しない。賢明な読者諸君なら，少し考えればわかるはずだ。

- 次も多い間違い。なんと高名な「宇宙飛行士」が，テレビの解説で

  「宇宙に行くと，重力がなくなりますから」

  というご発言。善意に解釈すれば，一般の視聴者にわかりやすい表現をしたのだと思うこともできる。しかし，これは，これまで何度も述べてきた通り，完全な間違いである。宇宙に行かなくても，地上付近でも"無重力"を体験できる。正しくは，「無抗力」状態である。

- 野球解説者が，「もっと遠心力を使って，ブワーッと打たなきゃ」とのご発言。これも非常に多い間違い。まあ，野球解説者が物理を理解しているとは思えないので，その点では致し方ないとも思う。しかし，野球の指導現場において，このコメントが強い市民権を獲得しているようであり，筆者は，これを問題視している。これが間違いだと伝えるのは，物理の教員の使命であろう。

12 「主人公」が2人以上の場合：その3 再び「垂直抗力に注意」

注1　英語ではこの表現をよく使う。これまで海外の研究者ともよく議論してきたが，常に問題点を指摘し，前向き改善しようとする意識が働いていることを強く感じた。ちなみに "What went wrong?" と言う。

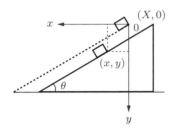

図 12.1

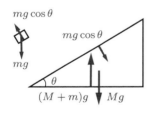

図 12.2

12.1 奇妙な結論：どこで間違えた？ [注1]

例題 12.1　図 12.1 のように，水平面に置かれた質量 M の台の斜面に，質量 m の物体を乗せ，両者を静かに離す。台の斜面が水平面となす角度は θ である。台と斜面の間，および台と水平面の間の摩擦は無視できる。時刻 $t = 0$ では物体は台の上端にあり，静止している（図の点線）。その後，物体は斜面を下降しながら台を右向きに押すので，図の実線のようになる。時刻 $t > 0$ での運動を考える。時刻 $t = 0$ での台の上端を原点として，水平左向きを x 軸，鉛直下向きを y 軸とし，物体の座標を (x, y)，台の座標を $(X, 0)$ とせよ。**すべて慣性系で考えよ。**

　この問題について，りき　まなぶ君は，次のように解答した。間違いを指摘した上で，正しく解答せよ。

■りき　まなぶ君の答案■

　物体 m に働く外力は，台からの垂直抗力 $mg\cos\theta$ と重力 mg である（図 12.2）。よって運動方程式は

$$m\ddot{x} = mg\cos\theta\sin\theta \tag{12.1}$$

$$m\ddot{y} = mg - mg\cos^2\theta \tag{12.2}$$

　台に働く外力は，物体からの垂直抗力 $mg\cos\theta$，水平面からの垂直抗力 $(M+m)g$，重力 Mg である。よって運動方程式は

$$M\ddot{X} = -mg\cos\theta\sin\theta \tag{12.3}$$

鉛直方向には加速しないので

$$0 = Mg - (M+m)g + mg\cos^2\theta \tag{12.4}$$

となる。

　式 (12.4) から直ちに

$$\cos^2\theta = 1 \tag{12.5}$$

　よって,

$$\theta = 0 \tag{12.6}$$

を得る。

■**考え方**■　これまで何度となく述べてきた要点を, キチンと認識しているかどうか。特に, 垂直抗力を重力だと間違いそうになるときは, 必ずエレベーターの例を思い出す習慣を付けること。

- 静止摩擦力・垂直抗力は, 未知数である。
- 垂直抗力 ≠ 重力である。

解答 12.1　りき　まなぶ君の答案において, 垂直抗力を重力だとしている点が間違いである。垂直抗力は, 静止摩擦力と同様, 運動方程式を解いて初めて得られる未知数だからである。

　物体に働く外力は, 図 12.3 のように, 垂直抗力 N と重力 mg である。よって, 物体の運動方程式は

$$m\ddot{x} = N\sin\theta \tag{12.7}$$

$$m\ddot{y} = mg - N\cos\theta \tag{12.8}$$

となる。

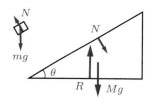

図 12.3

　台に働く外力は, 図 12.3 下のように, 物体からの垂直抗力 N と, 水平面からの垂直抗力 R, 重力 Mg である。よって, 運動方程式は

$$M\ddot{X} = -N\sin\theta \tag{12.9}$$

$$0 = Mg - R + N\cos\theta \tag{12.10}$$

となる。

■**ワンポイント**■
未知数と既知数を区別せよ。

　式 (12.7) から式 (12.10) において, 未知数は

　　3つの加速度 $\ddot{x}$, $\ddot{y}$, $\ddot{X}$ と 2つの垂直抗力 N, R の 5つ

である。一方, 方程式は 4つである。

12.2 未知数の数＞方程式の数：解けない？ ────●

ここで「物体は常に台の斜面上にある」という条件を数式で表現する。今の場合，

物体の位置と台の頂点を結ぶ直線が，平面に対して常に角度 θ

であることに留意すると，拘束条件は**図 12.1 を参照して**

$$\frac{y}{x - X} = \tan \theta \tag{12.11}$$

を得る。ここで位置についての初期条件は $x(0) = 0$, $y(0) = 0$, $X(0) = 0$ であり，物体と台の両者を「静かに離した」ので速度に関する初期条件は $\dot{x}(0) = 0$, $\dot{y}(0) = 0$, $\dot{X}(0) = 0$ である。

これらの初期条件を使って，時間で積分すると，

$$x = \frac{1}{2}\ddot{x}t^2 \tag{12.12}$$

$$y = \frac{1}{2}\ddot{y}t^2 \tag{12.13}$$

$$X = \frac{1}{2}\ddot{X}t^2 \tag{12.14}$$

となる。これらを式 (12.11) に代入すると，拘束条件は

$$\frac{\ddot{y}}{\ddot{x} - \ddot{X}} = \tan \theta \tag{12.15}$$

以上より，5 つの未知数 $\ddot{x}$, $\ddot{y}$, $\ddot{X}$, N, R に対して，5 つの方程式 (12.7), (12.8), (12.9), (12.10) そして式 (12.15) より，一意的に解が求まる。その結果

$$N = \frac{M}{M + m\sin^2\theta}mg\cos\theta \tag{12.16}$$

$$R = \frac{M}{M + m\sin^2\theta}(M + m)g \tag{12.17}$$

$$\ddot{x} = \frac{M}{M + m\sin^2\theta}\sin\theta\cos\theta \tag{12.18}$$

$$\ddot{y} = \frac{M + m}{M + m\sin^2\theta}g\sin^2\theta \tag{12.19}$$

$$\ddot{X} = -\frac{m}{M + m\sin^2\theta}g\sin\theta\cos\theta \tag{12.20}$$

となる。

12.3 自明なケースでチェックしよう ──────────●

以上，やや複雑な計算であったので，例によって自明な例でチェックしておこう。

例題 12.2

例題 12.1 で得られた最終結果 (12.16)〜(12.20) を，特別な状況で成立することを確認したい。

(1) $\theta = 0$ では，物体および台は，どのような運動をするか。数式を使わずに言葉のみで簡潔に述べよ。

(2) 式 (12.16)〜(12.20) において $\theta = 0$ とした場合に，確かに成り立っていることを確認せよ。

(3) $\theta = \pi/2$ のとき，物体および台は，どのような運動をするか。数式を使わずに言葉のみで簡潔に述べよ。

(4) 式 (12.16)〜(12.20) において $\theta = \pi/2$ とした場合に，確かに成り立っていることを確認せよ。

■**考え方**■　自分が実験している気持ちになることが大切。この場合，例えば，角度が水平から徐々に 90 度に向かって大きくなっていく "滑り台" に乗っている状況を考えるとわかりやすい。

解答 12.2

(1) $\theta = 0$ のとき，台の斜面は水平であるから，物体は運動しない。台も静止したままである。

(2) 式 (12.16) では $N = mg$，OK。

式 (12.17) より $R = (M + m)g$，OK。

式 (12.18) より $\ddot{x} = 0$，OK。

式 (12.19) より $\ddot{y} = 0$，OK。

式 (12.20) より $\ddot{X} = 0$，OK。

(3) $\theta = \pi/2$ のとき，台の斜面は水平面に対して直角であるから（滑り台の角度が最高のとき！），物体は台の直角面を摩擦なく自由落下する。台は，物体から力（垂直抗力）を受けないので，静止したままである。

(4) 式 (12.16) より $N = 0$，OK。

式 (12.17) より $R = Mg$，OK。

式 (12.18) より $\ddot{x} = 0$，OK。

式 (12.19) より $\ddot{y} = g$, OK。

式 (12.20) より $\ddot{X} = 0$, OK。

12.4 $R < (M+m)g$ に納得できるか？ ——————●

例題 12.1 では，初心者の多くが「りき まなぶ」君のように $R = (M+m)g$ と考えがちである。だからこそ，「軽々に，垂直抗力 ＝ 重力 としてはいけない」ことを繰り返し強調している。そして，実際，正しく解くと，式 (12.17) の示す通り R は $(M+m)g$ よりも小さいことがわかった。しかし，直感的にこれに納得できるだろうか？ 筆者自身も学生のころ，しばらくは，どうにも釈然としなかったのを記憶している。

> **例題 12.3** 例題 12.1 を正しく解くと，$R < (M+m)g$ であった。この理由を，物体と台とを一体とした「台＋物体」についての「重心」の運動方程式を使って，簡潔に説明せよ。

■**考え方**■ 「台＋物体」を「主人公」とすると，「外力」は垂直抗力 R と重力 $(M+m)g$ のみとなる。両者がお互いに及ぼしあう垂直抗力 N は「内力」となる。そして「重心」の運動は，「主人公」にとっての「外力」のみで決まる[注2]。

注2 のちに剛体の運動の章で詳しく述べる。

解答 12.3 物体と台とを一体「台＋物体」として考えると，「台＋物体」に働く外力は，鉛直下向きの重力 $(M+m)g$ と床からの垂直抗力 R のみである。よって，「台と物体」の「重心」を $(X_{\mathrm{G}}, Y_{\mathrm{G}})$ とすると，その運動方程式は

$$(M+m)\ddot{X}_{\mathrm{G}} = 0 \tag{12.21}$$

$$(M+m)\ddot{Y}_{\mathrm{G}} = (M+m)g - R \tag{12.22}$$

台は水平方向にのみ運動するが，物体は重力で落下する。すなわち「台＋物体」の「重心」は，落下する。そして，初めは静止していたのであるから，加速しながらの落下である。すなわち

$$\ddot{Y}_{\mathrm{G}} > 0 \tag{12.23}$$

である。式 (12.23) と式 (12.22) より，

$$R < (M+m)g \tag{12.24}$$

12.5 もっと直感的に $R < (M+m)g$ に納得する ●

じつは，例題 12.2 のように，「自明なケースを検討すること」で
直感的に納得することができる。つまり角度 $\theta = 0 \to \pi/2$ を考えれ
ばよい。図 12.4 を見れば，角度が大きくなれば，垂直抗力がどんど
ん小さくなるのは一目瞭然である。

このようなケースに思いが至るのも，例題 12.2 のように極端で自
明なケースでのチェックをしたからこそ，である。

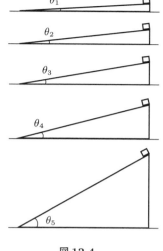

図 12.4

12.6 水平方向の「運動量」が保存する ●

> **例題 12.4** 式 (12.21) は
> $$\ddot{X}_{\mathrm{G}} = 0 \qquad (12.25)$$
> である。初期条件より，$\dot{X}_{\mathrm{G}} = 0$ であるから，結局，式 (12.25)
> より $X_{\mathrm{G}} = 0$ となる。これは，
> 　物体は落下しながら台を右に押しながら自身は左に動き，
> 台は物体に押されて右に動く
> ことを示している。これを再び例題 12.1 の方程式を使って，
> 定量的に考える。式 (12.18) と式 (12.20) を使って，次の等
> 式が成り立つことを示せ。
> $$M\dot{X} + m\dot{x} = \text{一定} \qquad (12.26)$$

■考え方■ 第 9 章で，

「ある物理量が時間的に変化しないとき，その時間微分 $= 0$」

であった。これを使う。

解答 12.4 質量は時間変化しないので

$$\frac{d}{dt}[M\dot{X} + m\dot{x}] = M\ddot{X} + m\ddot{x} \qquad (12.27)$$

である。この右辺に，式 (12.18) と式 (12.20) を代入すると

$$M\ddot{X} + m\ddot{x} = 0 \qquad (12.28)$$

となるから，

$$\frac{d}{dt}[M\dot{X} + m\dot{x}] = 0 \qquad (12.29)$$

を得る。これは式 (12.26) である。

> ▌▌**運動量**▌▌
>
> 質量 m の物体の速度が v であるとき，mv を運動量と定義する。運度量はベクトル量であり，成分ごとにも定義される。
> $$mv = (mv_x, mv_y, mv_z)$$

式 (12.26) は，

　物体の運動量の x 成分 $m\dot{x}$ と台の運動量の x 成分 $M\dot{X}$ との和が保存する

ことを示している。この理由は，式 (12.28) が示すように

　両者を一体とみなしたとき，x 方向に「外力」が働かないから

である。この事情を，次の例題で，一般の場合に証明しておこう。

12.7 「運動量保存」を導く：一般の場合 ──────●

> **例題 12.5** 速度が V である質量 M の物体が，速度が v である質量 m の物体から力 f を受けている。また，物体 M と質量 m を一体とみなしたときの外力はゼロである。このとき，両者の運動量の和 $MV + mv$ は保存する。これを，運動方程式と作用・反作用の法則から証明せよ。

▌**考え方**▌　基本はやはり，「主人公」「外力」「運動方程式」である。

注3 速度を時間で微分すると加速度になる。これは加速度の定義であった。

| **解答 12.5** | 物体 M が受ける外力は，物体 m から受ける力 f のみである。よって，運動方程式は，速度 V を使って [注3]

$$M\dot{V} = f \tag{12.30}$$

と書ける。

　物体 m が物体 M から受ける外力は，「作用・反作用の法則」より，$-f$ であり，これ以外の力を受けない。よって，物体 m の運動方程式は，速度 v を使って

$$m\dot{v} = -f \tag{12.31}$$

となる。式 (12.30) と式 (12.31) の辺々を足すと

$$M\dot{V} + m\dot{v} = 0 \tag{12.32}$$

すなわち

$$MV + mv = \text{一定} \tag{12.33}$$

第 2 章では, 「エネルギー保存」も「運動量保存」も「定理」である
と述べた。その理由は, 両者とも

- 「法則」から「数学的変形のみで」導けること
- 「無条件」では成立せず, 「条件」のもとで成立すること

である。これに対し,

- 「運動方程式」, 「作用・反作用の法則」は「無条件で」成立
  する

ことに注意。

▌エネルギー保存▌

- 運動方程式に速度を掛けて時間で積分

  ⇓

- 「運動エネルギー」と「仕事」を定義

  ⇓

- 「仕事」が「経路」によらない場合に「限り」

  ⇓

「運動エネルギー」＋「ポテンシャル」が保存

▌運動量保存▌

相互作用以外の力がないとき

- 「運動方程式」と「作用・反作用の法則」

  ⇓

- 「運動量」を定義

  ⇓

- 「運動量保存」

12.8 "慣性力を使っても解けますが…" ────────●

例題 12.1 を上記のように説明すると, ほぼ毎回, 学生から受ける
質問が「慣性力を使っても解けますが…」というもの[注4] である。
結論から言おう。筆者はお勧めしない。理由は, 慣性系で解くこと
ですらも, その過程においていくつかの「落とし穴」があるからで
ある。これまで本書でも述べてきた通りである。そして「慣性力を
考慮する」「非慣性系」での考え方をすると, 多くの混乱が起きるか

注4 「慣性系でない座標系（＝非慣性系）
で考える」という趣旨。

らである。その典型例が「慣性系」で考えているのに，"いつの間にか"「遠心力」を入れたりする。この種の間違いは，非常に非常に多い。本例題のキモは，

- 「垂直抗力は重力ではない」
- 「未知数と既知数を区別する」
- 「方程式の数が未知数よりも少ないときは，『隠れた条件』を探して，それを等式で表現する」

であった。このような基本的な考え方を習得するには，

「まずは，慣性系で考えること」

を強くお勧めする。

13

運動方程式の変形：その2
何が「運動量」を変化させる？

13.1 「運動方程式の変形："その1"」は？ ───────●

　ここでもう1度，力学の枠組みを明確にしておこう。まず，力学で「法則」と呼べるものは4つ。運動の3法則と万有引力の法則。なかでも運動方程式は最も重要。具体的な問題に接するには，「主人公」に働く「外力」をすべて図示し，「運動方程式」を立てる。「主人公」が時々刻々と変化する「速度」と「位置」を求めるには，「初期条件」を使って「運動方程式」を解けばよい[注1] のであった。さて，これが"王道"であるが，「保存量に注目する」という方法もある[注2]。その方法も，やはり，「運動方程式」を基盤として得られる。第6章，第7章を思い出そう。運動方程式の両辺に速度との内積をとり，時間で積分すると，式 (7.12) が得られたのであった。次の例題で確認しよう。

> **注1**　時間に関する微分方程式なので，「初期条件」を使って積分すればよい。それが困難な場合には，運動方程式を"睨んで"，満たす関数を見つけてくる。
>
> **注2**　運動方程式を真面目に解くことが困難な状況でも，この「保存量に注目する」という方法が極めて有効となる場合がある。

例題 13.1　運動方程式の変形で得られた次の式について，下記に答えよ。

$$\frac{1}{2}mv_2^2 - \frac{1}{2}mv_1^2 = \int_{\boldsymbol{r}_1}^{\boldsymbol{r}_2} \boldsymbol{f} \cdot d\boldsymbol{r} \qquad (13.1)$$

(1)　v_1 や $\boldsymbol{r}_1$ の意味を明確にせよ。

(2)　式 (13.1) の意味するところを言葉で簡潔に述べよ。

(3)　力 $\boldsymbol{f}$ に，動摩擦力が入っていても成り立つか。理由とともに答えよ。

(4)　力 $\boldsymbol{f}$ が時々刻々変化する場合にも，式 (13.1) は，成り立つか。

■**考え方**■　スラスラと答えられなければ，もう一度，第6章，第7章を熟読すること。ただし，小説や随筆と同じように読んでいては，絶対にダメ。自分で図を描きながら，友人に説明できるようになること。

解答 13.1

(1) v_1 は，時刻 t_1 における質点 m の速さ（＝速度の **大きさ**）であり，r_1 は，時刻 t_1 での位置ベクトルである。同様に，v_2 は，時刻 t_2 での速度の **大きさ** であり，r_2 は，時刻 t_2 での位置ベクトルである。

(2) 質点 m にした仕事の変化量は，運動エネルギーの増加分に等しいことを意味する。

(3) 成り立つ。この式は，運動方程式に数学的変形のみを加えて得られたものである。運動方程式は法則であり，外力の性質によらずに普遍的に成り立つから。

(4) 成り立つ。この式は，運動方程式に数学的変形のみを加えて得られたものである。運動方程式は法則であり，外力の性質によらずに普遍的に成り立つから。例えば，第 5 章で見たように，単振動において質点に働く外力は，時々刻々変化する。

13.2 もう 1 つの変形：運動量を変化させる物理量 ──●

「運動エネルギー」を変化させるのは「仕事」であった。では，「運動量」を変化させる物理量は何だろうか。それを次の例題で考えよう。

例題 13.2 質量 m の質点に力 $f(t)$ が働いているときの運動方程式は，速度 $v(t)$ を使って書くと，

$$m\dot{v}(t) = f(t) \tag{13.2}$$

となる。この式の両辺を，時刻 t_1 から時刻 t_2 まで積分することで，次の式が成り立つことを示せ。ここに，$v(t_1) \equiv v_1$，$v(t_2) \equiv v_2$ である。

$$m v_2 - m v_1 = \int_{t_1}^{t_2} f(t)\,dt \tag{13.3}$$

■考え方■ 運動エネルギーと仕事の関係式を導いたときは，合成関数の微分 [式 (1.16)] に注意する必要があった。しかし，今の場合では，$m\dot{v}$ の積分は自明である。

解答 13.2

$$\int_{t_1}^{t_2} m\dot{\boldsymbol{v}}(t)\,dt = \int_{t_1}^{t_2} \boldsymbol{f}(t)\,dt \qquad (13.4)$$

ここで，式 (13.4) の左辺は，次のように変形される。

$$\int_{t_1}^{t_2} m\dot{\boldsymbol{v}}(t)\,dt = [m\boldsymbol{v}(t)]_{t_1}^{t_2} = m\boldsymbol{v}_2 - m\boldsymbol{v}_1 \qquad (13.5)$$

式 (13.4) と式 (13.5) から，式 (13.3) を得る。

■定義■

$$\int_{t_1}^{t_2} \boldsymbol{f}(t)\,dt \ \text{を「力積」と呼ぶ。}$$

■ワンポイント■

「力積」の「積」は，「時間」との「積」という意味である。

身近な例で，「力積」を実感してみよう。

13.3 「力積」を実感する身近な例 ━━━━━━●

例題 13.3　質量 m のボールが，水平でなめらかな床に衝突
して跳ね返る以下の 3 つの例について考える。衝突の直前の
速度を $\boldsymbol{v}_1$，衝突の直後の速度を $\boldsymbol{v}_2$ とすると，ボールが床か
ら受ける力積は，$m\boldsymbol{v}_2 - m\boldsymbol{v}_1$ である。この力積を図示せよ。
ただし，衝突の前後において，ボールに働く重力は無視でき
るとする。

(1)　図 13.1 のように，鉛直上方から落下して弾性衝突する
　　場合。

(2)　図 13.2 のように，水平な床に対して角度 θ_1 で落下し

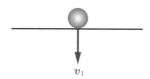
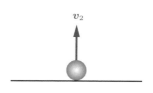

図 13.1

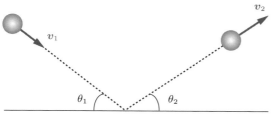

図 13.2

て弾性衝突する場合。この場合，反射角 θ_2 は，入射角 θ_1 より大きいか，小さいか，等しいか。理由を付けて簡潔に答えよ。

(3) 水平な床に対して角度 θ で落下して衝突するが，**非弾性衝突**する場合。この場合，反射角 θ_2 は，入射角 θ_1 より大きいか，小さいか，等しいか。理由を付けて簡潔に答えよ。

■**考え方**■

- 式 (13.3) を実感する例題である。運動量（ベクトル！）の変化を生むのが，力積（ベクトル！）である。

- 床が「なめらか」な場合，衝突に際してボールが床から受ける「力」は，床に垂直方向であり，水平成分は存在しない[注3]。したがって，ボールが受ける「力積」の方向も，床に垂直である。

- 「弾性衝突」とは衝突の前後で「エネルギーが保存される衝突」である[注4]。そして，今の場合，衝突の前後において，床は "ビクともしない[注5]"。このことから，衝突の "before after" において，ボールの運動エネルギーは変化しない。すなわち，ボールの「速度」の「方向」は変化するが，「速度」の「大きさ」は変化しない。

注3 「**なめらかな**斜面上にある物体には，垂直抗力のみが働き，水平成分（摩擦力）が存在しない」という事実を想起せよ。

注4 高校では反発係数 $e = 1$ と習ったかもしれないが，反発係数の定義が自明でない場合もある。その場合でも「エネルギーが保存される衝突」で理解できる。第 24 章の例題 24.3 を参照。

注5 物理的に正確に表現すると，「ボールのエネルギーは，一切，床に与えられない」となる。

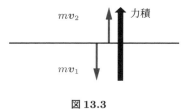

図 13.3

解答 13.3

(1) 図 13.3 の通り。弾性衝突であるから，衝突前後でボールの運動エネルギーは保存される。よって，$v_2 = v_1$ である。床から受ける力積は，床に垂直で上向き，大きさは $2mv_1$ である。

(2) 図 13.4 の通り。床は「なめらか」であるから，衝突の際に

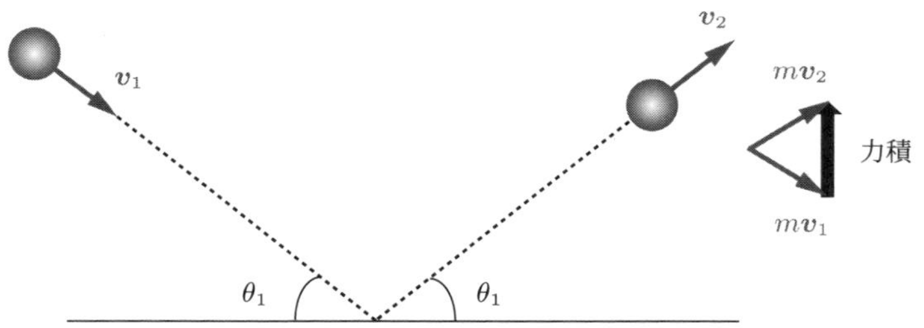

図 13.4

ボールが床から受ける「力」は床に垂直方向のみである^{注6}から、「力積」も床に垂直方向である。したがって、衝突の "before after" において、運動量の水平方向成分は不変である。また、弾性衝突だから、$v_2 = v_1$ である。よって、「速度」の垂直方向成分の「大きさ」も、衝突の前後で不変である。したがって、$m v_1$ と $m v_2$ とは、床に対して面対称となり、$\theta_2 = \theta_1$ となる。

注6　床は「滑らか」だと仮定されているので、ボールが床から受ける力の水平方向成分はゼロである。

(3) 図 13.5 の通り。床は「なめらか」であるから、衝突の際に、ボールが床から受ける「力積」は、床に垂直方向である。つまり、受ける力積の水平方向成分はゼロである。つまり、衝突の前後で、ボールの運動量の**水平方向成分**は保存される。しかし、**非弾性衝突**であるから、$v_2 < v_1$ である。このことは、速度の大きさの減少分、すなわち $v_1 - v_2$ は、床に対する垂直方向成分の減少分と、等しいことを意味する。以上から、$\theta_2 < \theta_1$ となる。

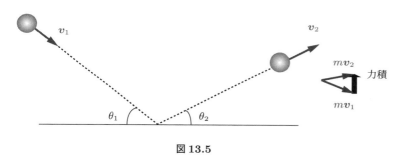

図 13.5

この例題のように、水平方向と垂直方向とで別々に議論できるのは、式 (13.3) がベクトル量だからである。

■ワンポイント■

運動量の変化は、成分ごとに議論できる。

これまでの筆者の経験では、学生から

「運動エネルギー」と「運動量」の違いが、よくわからない

との質問を受けることが多い。そこで、まず「定義」から相違点を明確にしておこう。

質量 m の質点が、ある時刻 t に速度 $v(t)$ であるとき、

「運動エネルギー」と**「運動量」**が定義できる。

■運動エネルギー■

- 運動エネルギー $\equiv \dfrac{1}{2} m v^2$

- 運動エネルギーは，スカラー量
- 「仕事」が運動エネルギーを変化させる

▌運動量▌

- 運動量 $\equiv m\boldsymbol{v}$
- 運動量は，ベクトル量
- 「力積」が運動量を変化させる

　ここで留意すべきは，何らかのイベント（例えば衝突など）の前後において，「運動エネルギー」および「運動量」が「保存するか否か」を明確に把握することである[注7]。特に，次の2つのケースが重要である。

注7 もちろん，両者が保存する場合もあるし，両者ともに保存しない場合もある。

- 「運動エネルギー」は保存するが「運動量」は保存しない
- 「運動量」は保存するが「運動エネルギー」は保存しない

例題 13.4 例題 13.3 の (1) から (3) の場合について，以下の物理量は保存するか否か。理由とともに答えよ。
① 運動量
② 運動量の床に水平成分
③ 運動量の床に垂直成分
④ 運動エネルギー

▌考え方▌

- 例題 13.3 で図示した「力積」がベクトル量であることに留意して，「運動量」の「方向」と「大きさ」が衝突の前後でどのように変化したかを考える。
- 「弾性衝突」と「非弾性衝突」という語が，問題を解くうえでのヒントである。

▐ 解答 13.4 ▌

① (1) から (3) のすべてにおいて，運動量の方向が変化しているので，**保存しない**。

② (1) から (3) のすべてにおいて，ボールは床と「なめらか」なので，**保存する**。

③ (1) から (3) のすべてにおいて，力積が床に垂直方向に働き，運動量の垂直成分の向きが反転するので，**保存しない**。

④ (1) と (2) では，**弾性衝突**なので，**保存する**。他方，(3) では「**非**」**弾性衝突**なので，**保存しない**。

13.4 運動量が保存する場合：相互作用する 2 物体 ──●

運動エネルギーと仕事の関係式 (13.1) において，運動エネルギーが保存する条件とは，力が保存力であること[注8] であった[注9]。そして，運動量が保存する条件は，式 (13.3) からわかるように，「力積」がゼロとなることであった。そして，例題 13.3 や例題 13.4 のように，質点に働く**外力の水平成分**がゼロであれば，衝突において質点に働く「力積」の水平成分もゼロとなるので，**運動量の水平成分が保存する**のであった。同時に，**外力の垂直成分はゼロではないの**で，力積の垂直成分もゼロではなくなり，質点の**運動量の垂直成分は保存しない**。

しかし，以上はすべて，**「主人公」が「1 つの質点」の場合**の議論である。そして，「運動量の保存」が成り立つときに，現象の解明に"力を発揮"するのは，**2 つの質点がお互いに力を及ぼしあう場合**[注10] である。この場合の「運動量保存」は，すでに例題 12.4 で導いているが，そこでは「力積」の概念が導入されていなかった。今回，次の例題で**「力積」を使って**議論してみよう。

注8 仕事が経路に依存しないこと。

注9 保存力であれば，ポテンシャルが定義できて，運動エネルギーとポテンシャルの和が保存するのであった。

注10 「相互作用する 2 つの質点」と呼ぶ。

例題 13.5 質量 m の質点 m と質量 M の質点 M の運動を考える。時刻 t_1 から時刻 t_2 の間に，質点 m は質点 M に力 $f(t)$ を及ぼし，その反作用として質点 M は質点 m に力 $-f(t)$ を及ぼして，質点 m の速度は v_1 から v_2 に，質点 M の速度は V_1 から V_2 に変化した。この 2 つの質点には，これ以外の力が働かないとする。

(1) 質点 m について，運動量と力積の関係式を書け。

(2) 質点 M について，運動量と力積の関係式を書け。

(3) 質点 m と質点 M を一体とみなしたとき，運動量は保存することを示せ。

■考え方■

● 最初は，すべて自分で解こうとはしなくてよい。ただし，問題文の状況，あるいはイメージだけは，キチンと把握すること[注11]。問題文の状況がイメージできれば，そのまま解答を

注11 言い換えると，「小説や随筆を読む姿勢ではダメ」なのだ。

読んでもよい。しかし，最終的にはこの問題の解答を，何も見ないで答案を作成できるようにすることである。

- 当然のことながら，式 (13.3) が基盤である。
- 「力 f を受けるのは，質点 M か質点 m か？」に注意。

解答 13.5

(1) 質点 m が，質点 M から受ける力は $-f(t)$ であるから，運動量と力積の関係式 (13.3) より

$$m\boldsymbol{v}_2 - m\boldsymbol{v}_1 = \int_{t_1}^{t_2} (-\boldsymbol{f}(t))\, dt \tag{13.6}$$

となる[注12]。

(2) 質点 M が，質点 m から受ける力は f であるから，運動量と力積の関係式 (13.3) より

$$M\boldsymbol{V}_2 - M\boldsymbol{V}_1 = \int_{t_1}^{t_2} \boldsymbol{f}(t)\, dt \tag{13.7}$$

となる。

(3) 質点 m と質点 M を一体とみなす[注13]と，お互いに及ぼしあう力は「**外力**」ではなく「**内力**」となる。これを数式で表現するのは，

$$\boldsymbol{f}(t) + (-\boldsymbol{f}(t)) = \boldsymbol{0} \tag{13.8}$$

である[注14]。数式 (13.6)，(13.7)，(13.8) から

$$m\boldsymbol{v}_2 - m\boldsymbol{v}_1 = -[M\boldsymbol{V}_2 - M\boldsymbol{V}_1] \tag{13.9}$$

となる。よって，

$$m\boldsymbol{v}_1 + M\boldsymbol{V}_1 = m\boldsymbol{v}_2 + M\boldsymbol{V}_2 \tag{13.10}$$

となる。

注12 この例題の問題文においても，式 (13.6) においても，力 $-f(t)$ と時間 t の関数であることを明記した。これは「時刻 t_1 と t_2 の間で，**たとえ $-f(t)$ がどのような時間変化を示そうとも**，その途中経過には全く関係なく，その間の "総決算" とも言える**積分値** $\int_{t_1}^{t_2} (-\boldsymbol{f}(t))\, dt$ **のみで**，運動量の変化量（ベクトル！）$m\boldsymbol{v}_2 - m\boldsymbol{v}_1$ を決めるのだ」ということを明記するためである。式 (13.7) も同様。

注13 一体の質点 $(\mathrm{m}+\mathrm{M})$。

注14 式 (13.8) を軽々に考えてはいけない。この意味するところは，「質点 m と質点 M がお互いに及ぼしあう力に対しては，**時々刻々に作用・反作用の法則が成り立っている**」ということなのである。また，これまで何度も強調してきた通り，式 (13.8) は "**つり合い**" ではない。作用・反作用の関係にある 2 つの力は，**一体とみなすとゼロとなる**ことを意味している。

13.5 どうやって「初速度 v_0 を与えた」？ ————●

さて，これまで多くの例題において「初速度 v_0 を与えた」との表現があった。しかし，「どうやって」初速度を与えたのか？ については，全く言及してこなかった。

例題 13.6 静止している質量 m の質点に，$+x$ 方向に初速度 v_0 を与えたい。どのようにすればよいか？ また，その

際に注意すべきことが1つある。それは何か？

■考え方■ 質点の運動量が0からmv_0に変化することに着目すれば，「力積」を加えることを思いつくだろう。そこで，式 (13.3) の右辺を眺め，**注12** を考慮すれば，注意すべきことが見えてくるだろう。

解答 13.6 質点の運動量を0からmv_0に変化させればよいので，力積を加えればよい。その量は式 (13.3) よりmv_0である。ただし，質点の速度を**瞬間的に**v_0**とする**必要があるため，力を加える時間も極めて短い時間にする必要がある。もし有限の時間をかけるのならば，速度は**徐々に**増大することになり，「初」速度ではなくなるからである。

> **■定義■**
> 極めて短い時間に加える「力積」を「**撃力**」と呼ぶ。

> **■注意■**
> 「**撃力**」はあくまで「**力積**」であり，「**力**」ではない。

この注意点を，数式を使って明確にしておこう。簡単のために1次元方向のみを考え，「力」を加える時間をΔtとすると，その力積は

$$\int_0^{\Delta t} f(t)\, dt \tag{13.11}$$

となる[注15]。ここで，短時間Δtの間に変化する$f(t)$の平均値を$\bar{f}$とすると，この力積は$\bar{f}\Delta t$と書ける。また，Δtの間に加えられる力$f(t)$は非常に大きいから，その平均値も非常に大きい。このため，本書では$\bar{F}_t$と書くことにする。すなわち

$$\int_0^{\Delta t} f(t)\, dt = \bar{F}_t \tag{13.12}$$

となる[注16]。ここで"下付き"のtを用いたのは，「**撃力**」が「**力積**」であることを明記するためである。

注15 時刻0からΔtの間に加えられる力$f(t)$は非常に大きい。

注16 いくつかの教科書・演習書では，式 (13.12) の右辺が$\bar{F}$と書かれているが，筆者はこれには賛成できない。なぜなら，「力」の記号に使われるFを，「力積」の物理的次元（すなわち「力」×「時間」の次元）に使っているからである。実際，筆者自身も学生時代に「撃力」$=\bar{F}$の記述に惑わされ，「力」なのか「力積」（＝「運動量」と同じ次元）なのか，釈然としなかったのである。

14

再び振動を考える
「成り立つ条件」と「重力が働く場合」

14.1 「主人公」は小球

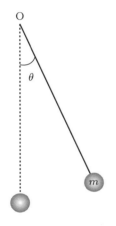

図 14.1

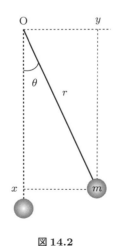

図 14.2

例題 14.1 図 14.1 のように，軽くて伸縮しない長さ r の糸の先に質量 m の小球が取り付けられ，他端を点 O で支えられた振り子がある。振り子は，点 O の周りに鉛直面内で摩擦なく動ける。初め，鉛直下方で静止していた小球に，右向きに大きさ v_0 の初速度を与えた。こののちの運動を考える。以下の問いに答えよ。

(1) 任意の時刻 t において，小球に及ぼす外力をすべて図示せよ。必要な物理量は，各自で明確に定義せよ。

小球の位置は，点 O から鉛直下方に x 軸正を，点 O から水平右向きに y 軸正として表せるが，点 O からの長さは変わらないことから，糸の長さ r と鉛直下方からの角度 θ を用い，図 14.2 のように

$$x = r\cos\theta \qquad (14.1)$$
$$y = r\sin\theta \qquad (14.2)$$

とする。

(2) 小球の半径方向の速度はゼロとなる。この理由を簡潔に述べよ。

一般に，

半径 r，角度 θ で記述される円運動をしている質点には，

接線方向の速度 $= r\dot{\theta}$ （角度 θ が増える向きを正）

接線方向の加速度 $= r\ddot{\theta}$ （角度 θ が増える向きを正）

半径方向の加速度 $= r(\dot{\theta})^2$ （中心向きを正）

となることが知られている。これらを既知として

(3) 小球の接線方向の運動方程式を書け。

(4) 小球の半径方向の運動方程式を書け。

(5) 初期条件 $\dot{\theta}(0)$ を，v_0 を使って表せ。

(6) 上記 (3) の微分方程式は，一般に求めることは困難である。どのような近似をすれば解けるか。

(7) 上記 (6) の近似のもとで，周期 T を求めよ。

■**考え方**■ 基本はいつでも「主人公」「外力」「運動方程式」である。今の場合の「主人公」は，「小球」であるから，「小球」に働く「外力」を考える。「糸」に惑わされないように。

解答 14.1

(1) 小球に接しているのは「糸」だけ。よって，小球は糸から「張力」を受ける。この張力を S とする。これ以外で「小球」に働く力は，重力 mg のみ。よって図 14.3 のようになる。

(2) 「糸」の長さは変わらないから，半径方向の速度はゼロである。

(3)
$$m[r\ddot{\theta}] = -mg\sin\theta \qquad (14.3)$$

(4)
$$m[r(\dot{\theta})^2] = S - mg\cos\theta \qquad (14.4)$$

(5) 「接線方向の速度 $= r\dot{\theta}$」を既知として，$v_0 = r\dot{\theta}(0)$ であるから
$$\dot{\theta}(0) = \frac{v_0}{r} \qquad (14.5)$$

(6) 式 (14.3) から
$$\ddot{\theta} = -\left(\frac{g}{r}\right)\sin\theta \qquad (14.6)$$

ここで，$|\theta| \ll 1$ の条件下では式 (5.35) より
$$\sin\theta \simeq \theta \qquad (14.7)$$

であるから，式 (14.6) は
$$\ddot{\theta} = -\left(\frac{g}{r}\right)\theta \qquad (14.8)$$

式 (14.8) は，$\theta(t)$ の解が三角関数であることを示しているので，
$$\theta(t) = \theta_0 \sin(\omega t + \phi) \qquad (14.9)$$

が一般解となることが容易に示せる。
$$\dot{\theta}(t) = \omega\theta_0 \cos(\omega t + \phi) \qquad (14.10)$$

$$\ddot{\theta}(t) = -\omega^2\theta_0 \sin(\omega t + \phi) \qquad (14.11)$$

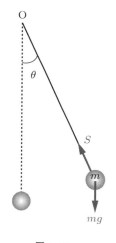

図 14.3

から，

$$\omega^2 = \frac{g}{r} \tag{14.12}$$

初期条件 $\theta(0) = 0$ と，式 (14.5) および式 (14.10) から [注1]

$$\phi = 0 \tag{14.13}$$

$$\omega\theta_0 = \frac{v_0}{r} \tag{14.14}$$

を得る。よって

$$\theta(t) = \frac{v_0}{r\omega} \sin \omega t \tag{14.15}$$

(7) 式 (14.15) は，位相を ωt とする $\sin$ 関数だから，

$$\omega T = 2\pi \tag{14.16}$$

よって，式 (14.15) と式 (14.11) より

$$T = \frac{2\pi}{\omega} = 2\pi\sqrt{\frac{r}{g}} \tag{14.17}$$

14.2 円運動は半径と角度で考える ────────●

円運動は，後の章でも，詳しく議論する。具体的には，

● 接線方向の速度と加速度が例題中のように与えられるのは，簡単に証明できる [注2]

注2 半径 r，角度 θ で囲まれた円弧の長さを s とすると [→ 図 1.1]，$s = r\theta$。円運動なので $\dot{r} = 0$ だから，接線方向の速度は $\dot{s} = r\dot{\theta}$ となり，接線方向の加速度は $\ddot{s} = r\ddot{\theta}$ となる。半径方向の加速度の証明は，やや複雑なので本書では割愛する。インターネットで検索し，自分が納得できるもので理解すれば十分である。

●「糸」の場合には，"たるむ" 可能性が出てくるが，「棒」の場合には，その可能性がないこと

がテーマとなる。

14.3 もう１つのチェック方法：次元解析 ────────●

式 (14.17) の結果が正しいことを，大まかに確認する方法は，簡単であろう。糸の長さ r が長いほど，ゆっくり振れるから T は長くなる。r が短いと，早く振れるので，T は短くなる。このような議論を「定性的」議論と呼ぶ。

じつは，完全なチェックではないが，かなり「イイ線」まで確認する方法がある。それが次の例題。

例題 14.2 力学では，「次元解析」が有効なことがある。具体的には，力学で登場する物理量はすべて，次の３つの次元

を基礎として「組みたて」られることを使う。

$$[\text{M}] : 質量の次元$$

$$[\text{L}] : 長さ・座標の次元$$

$$[\text{T}] : 時間の次元$$

そして，「微分」とは基本的には「割り算」である（分母の
ゼロ極限をとるが）ことを想起すると

$$速度の次元 = [\text{LT}^{-1}]$$

$$加速度の次元 = [\text{LT}^{-2}]$$

運動方程式から

$$力の次元 = [\text{MLT}^{-2}]$$

である。次元解析を使って，式 (14.17) の右辺が，確かに「時
間」の次元をもっていることを示せ。

■**考え方**■　力学は，すべての物理量が [M]，[L]，[T] で構成されて
いるので，次元解析が容易である。したがって，必要だと思ったら，
使わない手はない。重力加速度 g の次元も「加速度」の次元である。

解答 14.2

$$[r/g] = [\text{L}/(\text{LT}^{-2})] = [\text{T}^2] \tag{14.18}$$

式 (14.17) の右辺の次元は [T] となり，周期の次元と一致する。

例題 14.3　上記の例題 14.1 において，一般の角度 θ に対し
て，以下の問いに答えよ。

(1)　小球が運動する過程において，張力 S は仕事をしない。
　　この理由を，仕事の定義に従って，簡潔に答えよ。

(2)　式 (14.3) の両辺に速度を掛けて，時間について積分す
　　ることで，保存量が存在することを示せ。

(3)　前の問いから，小球が最も高く上がるときの $\theta_{\max}$ を，
　　$\cos\theta_{\max}$ で表せ。ただし $\theta_{\max} < \pi/2$ とする。

■**考え方**■

(1)　今の場合，主人公である「小球」は 2 次元面内で運動するので，
　　1 次元ではなく，3 次元の仕事の定義を思い出す。忘れていれ

ば，必ず第7章の図面とともに理解し，正しく記憶すること。

(2) 小球が円運動することから，「速度」は，「接線方向」であることに注意する。

$\boxed{\text{解答 14.3}}$

(1) 張力はベクトル量 $\boldsymbol{S}$ であり，仕事の定義から張力のする仕事は，

$$\int_{\boldsymbol{r_1}}^{\boldsymbol{r_2}} \boldsymbol{S} \cdot d\boldsymbol{r} \tag{14.19}$$

である。張力 $\boldsymbol{S}$ は常に半径方向，微小変位 $d\boldsymbol{r}$ は常に接線方向。つまり $\boldsymbol{S}$ と $d\boldsymbol{r}$ は直角であるため，その内積も常にゼロ。よって式 (14.19) はゼロとなる。

(2) 式 (14.3) の両辺に速度 $r\dot{\theta}$ を掛けると

$$m[r^2\dot{\theta}\ddot{\theta}] = -mgr\dot{\theta}\sin\theta \tag{14.20}$$

である。式 (14.20) を時刻 t_1 から時刻 t_2 まで積分すると

$$\int_{t_1}^{t_2} mr^2\dot{\theta}\ddot{\theta}\,dt = \int_{t_1}^{t_2} (-mgr\dot{\theta}\sin\theta)\,dt \tag{14.21}$$

また，半径 r は定数であることと合成関数の微分に留意すると

$$\frac{d}{dt}[v^2] = 2r^2\dot{\theta}\ddot{\theta} \tag{14.22}$$

であるから

$$\frac{d}{dt}\left[\frac{1}{2}mv^2\right] = mr^2\dot{\theta}\ddot{\theta} \tag{14.23}$$

となる。式 (14.21) と式 (14.23) から，式 (14.21) の左辺は

$$\int_{t_1}^{t_2} mr^2\dot{\theta}\ddot{\theta}\,dt = \frac{1}{2}mv_2^2 - \frac{1}{2}mv_1^2 \tag{14.24}$$

また

$$\frac{d}{dt}[\cos\theta] = -\dot{\theta}\sin\theta \tag{14.25}$$

であるから，式 (14.21) の右辺は

$$\int_{t_1}^{t_2} (-mgr\dot{\theta}\sin\theta)\,dt = mgr[\cos\theta_2 - \cos\theta_1] \tag{14.26}$$

となる。以上，式 (14.21)，式 (14.24)，式 (14.26) より

$$\frac{1}{2}mv_1^2 - mgr\cos\theta_1 = \frac{1}{2}mv_2^2 - mgr\cos\theta_2 \tag{14.27}$$

を得る。

式 (12.27) は，小球の「運動エネルギー」＋「重力によるポテンシャル」の和が保存することを示す。ただし，重力ポテンシャルが「ゼロ」となるのは $x=0$ であることに注意する。また，

式 (14.27) と初期条件から，保存される物理量は

$$\frac{1}{2}mv^2 - mgr\cos\theta = \frac{1}{2}mv_0^2 - mgr \tag{14.28}$$

となる。

(3) $\theta_{\max}$ のとき，小球は一瞬静止して速度 $= 0$ となるから式 (14.28) より

$$\frac{1}{2}mv_0^2 - mgr = -mgr\cos\theta_{\max} \tag{14.29}$$

よって，

$$\cos\theta_{\max} = 1 - \frac{1}{2}\frac{v_0^2}{gr} \tag{14.30}$$

■簡単チェック■

$v_0 = 0$ のとき，$\cos\theta_{\max} = 1$。$\to \theta_{\max} = 0$。OK！

14.4 重力は保存力である ●

上記の例題で，「重力によるポテンシャル」と述べた。つまり，「重力のする仕事」は「保存力」である。このことを証明しておこう。

> **例題 14.4**　質量 m の質点に働く重力は，ベクトルの成分表示を用いて $(0, mg)$ と書ける。重力が質点に対して，座標 $\boldsymbol{r}_1 = (x_1, y_1)$ から座標 $\boldsymbol{r}_2 = (x_2, y_2)$ まで仕事をした。このとき，重力のした仕事は，途中の経路によらず，$mgy_2 - mgy_1$ であることを示せ。この経路における微小変位を $d\boldsymbol{r} = (dx, dy)$ とせよ。

■**考え方**■　力がベクトル量であるときの，仕事の定義に忠実に考える。問題の設定で「座標表示」となっているので，例題 7.3 が参考になる。

解答 14.4　重力が微小変位 $d\boldsymbol{r} = (dx, dy)$ の間にする仕事を，始点 $\boldsymbol{r}_1$ から終点 $\boldsymbol{r}_2$ まで積分すればよいので

$$\int_{\boldsymbol{r}_1}^{\boldsymbol{r}_2} (0, mg) \cdot (dx, dy) = \int_{x_1}^{x_2} 0 \cdot dx + \int_{y_1}^{y_2} mg\, dy \tag{14.31}$$

である。このことは，x 方向への移動は，全く仕事に寄与しないことを示している。また，例えば y 値が途中で y_i，y_{i+1} を経由したと

すると

$$\int_{y_1}^{y_2} mg\,dy = \int_{y_1}^{y_i} mg\,dy + \int_{y_i}^{y_{i+1}} mg\,dy + \int_{y_{i+1}}^{y_{i+2}} mg\,dy \quad (14.32)$$

と書けるが，この式の右辺は

$$(mgy_i - mgy_1) + (mgy_{i+1} - mgy_i) + (mgy_2 - mgy_{i+1}) = mgy_2 - mgy_1$$
$$(14.33)$$

となり，y 座標の途中経路にもよらないことがわかる。よって重力のする仕事は「経路によらず」$mgy_2 - mgy_1$ であり，保存力であることが証明された。

14.5 バネによる振動に重力が加わるとき ────●

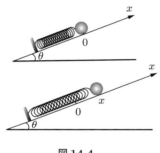

図 14.4

> **例題 14.5** 図 14.4 のように，下端を固定されたバネが角度 θ の斜面に置かれており，バネの上端には質量 m の質点が取り付けられている。質点は，斜面に沿って 1 次元運動するように設定されている。初め，質点は重力とバネからの力が，つりあって静止している。このときの質点の位置を $x = 0$ とし，斜面に沿って上向きを x 軸正とする。次に，質点を $x = L$ の位置まで引き上げ，静かに放した。この後の運動を考える。以下の問いに答えよ。バネ定数を k とし，斜面と質点の間の摩擦は無視できる。
>
> (1) 質点が x にあるときに，質点に働く外力をすべて図示せよ。必要な物理量は明確に定義せよ。
>
> (2) 質点の運動方程式を書け。
>
> (3) 初期条件のもとに，運動方程式を解け。
>
> (4) 運動方程式の両辺に速度 $\dot{x}$ を掛け，保存量が存在することを示せ。

■**考え方**■　バネから受ける力は，x の正負によらず $-kx$ と書ける（例題 5.1）が，この x は「自然長が原点」であることに留意する。したがって，この設定で質点が x にあるとき，質点がバネから受ける力は，バネが自然長であるときの小球の位置を x_0 として，$-k(x - x_0)$ となる。実際，$x > x_0$ では引力，$x = x_0$ はゼロ，$x < x_0$ では斥力となる。

解答 14.5

(1) バネが自然長となる質点の位置を $x = x_0$, 斜面からの垂直抗力を N として図 14.5 の通り。

(2) 斜面方向の運動方程式は

$$m\ddot{x} = -mg\sin\theta - k(x - x_0) \tag{14.34}$$

斜面に垂直方向の運動方程式は

$$0 = N - mg\cos\theta \tag{14.35}$$

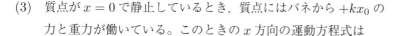

図 14.5

(3) 質点が $x = 0$ で静止しているとき, 質点にはバネから $+kx_0$ の力と重力が働いている。このときの x 方向の運動方程式は

$$0 = kx_0 - mg\sin\theta \tag{14.36}$$

式 (14.34) と式 (14.36) から, 任意の時刻 t での x 方向の運動方程式は

$$m\ddot{x}(t) = -kx(t) \tag{14.37}$$

この一般解は

$$x(t) = A\sin(\omega t + \phi) \tag{14.38}$$

と書ける。合成関数の微分から

$$\dot{x}(t) = \omega A\cos(\omega t + \phi) \tag{14.39}$$

$$\ddot{x}(t) = -\omega^2 A\sin(\omega t + \phi) \tag{14.40}$$

となる。式 (14.37), 式 (14.38), 式 (14.40) より,

$$\omega^2 = \frac{k}{m} \tag{14.41}$$

を得る。初期条件は

$$x(0) = L \tag{14.42}$$

$t = 0$ で静かに放したので

$$\dot{x}(0) = 0 \tag{14.43}$$

式 (14.38), 式 (14.39), 式 (14.42), 式 (14.43) から [注3]

注3 A と ϕ が未知数である。

$$A = L \tag{14.44}$$

$$\phi = \frac{\pi}{2} \tag{14.45}$$

を得る。式 (14.38), 式 (14.44), 式 (14.45) から

$$x(t) = L\cos(\omega t) \tag{14.46}$$

(4) 運動方程式は，例題 5.1 と全く同じである。よって $\frac{1}{2}mv^2 + \frac{1}{2}kx^2$ が保存量である。今の場合，初期条件を使うと

$$\frac{1}{2}mv^2 + \frac{1}{2}kx^2 = \frac{1}{2}kL^2 \tag{14.47}$$

となる。

▮教訓▮

　受験参考書では，この種の問題に対して，よく「つりあいの位置を原点にとれ」と書かれている。しかし，ほとんどの学生は「自分で納得したことがない」ようである。そもそもバネから受ける力を自然長 x_0 からのものであることをキチンと考慮して「運動方程式」を立てたりしていない。

　本書では，徹頭徹尾，「主人公」「外力」「運動方程式」の王道を貫いている。このように基本に忠実な姿勢の方が，スッキリと理解できるのである。

▭ コーヒーブレイク　その 9：フックの「法則」？

　第 2 章で，フックの法則は，正しくは「法則ではない」と述べた。その理由は極めて明確で，バネからの力が $-kx$ と書けるのは，あくまで「近似」だからである。換言すれば，バネを強く伸ばして x が大きくなったときには，$-kx$ とは書けずに，一般には x^2 の項が入ってくる。

　じつは，このようなことは物理のみならず，工学でも広く一般に知られている。そして「最初の近似」が $-kx$ に代表される「線形近似」と呼ばれるものである。だから，「フックの法則」などではなく，「バネに限らず，ごく一般の近似式である」と認識しておこう。

　ちなみにバネの振動で線形近似からズレる場合には，一般に「非調和性」と呼ぶことを，頭の隅においておこう。

▭ コーヒーブレイク　その 10：月はなぜ地球に落ちてこない？

　誤解のないよう念のために明言しておくが，ニュートンは万有引力を正しく記述・表現している。第 4 章で述べた「宇宙にぽっかり」というイメージである。さらに，ニュートンは他の科学者から，こうも質問されたらしい。「月を地球が（万有引力で）引っ張っているのなら，なぜ，月は地球に落ちてこないのだ？」これに対しても，極めて秀逸な解答をしている。もちろん，「遠心力」なんて 1 ミリも言及していない。

▮ニュートンの答え▮
月は地球に向かって **落ちている** さ。
ただ，**遠ざかりながら** 落ちているんだよ。

円運動も慣性系で考える
慣性系では遠心力など存在しない

15.1 「回転するバケツの水」も慣性系で ————————●

水を入れたバケツを回すとき，回転速度（＝角速度！）が速いと，水は落ちてこない。この状況は，往々にして「遠心力」として説明される。しかし，**バケツを回す人は『慣性系』なので，遠心力を持ち出すのは間違いである。**

慣性系では，遠心力など存在しない。

これを，例題を使って具体的に考えてみよう。

例題 15.1　質量 m の水の入ったバケツを，鉛直面内で半径 r の円運動をさせる。回転の角速度は一定値 ω である。バケツの質量，空気抵抗は無視でき，角速度 ω は，水が落ちてこないように設定されているとし，慣性系で考えよ。

(1)　バケツが鉛直下方からの角度 θ にあるとき，水に働く外力を答えよ。必要な物理量は各自で定義せよ。

(2)　水について，半径方向の運動方程式を書け。

(3)　水について，接線方向の運動方程式を書け。

(4)　バケツが真上にきても水が落ちてこないために，角速度 ω に課される条件を求めよ。途中の経過も簡潔に記せ。

■**考え方**■　まずは，本書で一貫している姿勢を再確認。つまり

主人公 → 外力 → 運動方程式

である。今の場合，「主人公」はバケツの中の「水」である → 水に働く力を図示する → 運動方程式の流れで考える。回転運動では，半径方向と接線方向で考える。円運動する質点の速度と加速度は，正しく理解して使えるようにしておくこと。質点の運動のみならず，今後，大きさをもった物体の運動を考える際に不可欠となる。極めて重要なので，前の章の該当箇所を再掲する。

$$角速度\ \omega \equiv \dot{\theta}$$
$$角加速度\ \beta \equiv \ddot{\theta} = \dot{\omega}$$

注 1　"接しているところに力あり" であった。初出は例題 3.1 である。

水がバケツの底と接していれば，垂直抗力 > 0 である注1。逆に垂直抗力がゼロになれば，水はバケツから落ちる。

半径 r，角度 θ で記述される**円運動**をしている質点において

接線方向の速度 $= r\dot{\theta}$ 　（角度 θ が増える向きを正）

接線方向の加速度 $= r\ddot{\theta}$ 　（角度 θ が増える向きを正）

半径方向の加速度 $= r(\dot{\theta})^2$ 　（中心向きを正）

注 2　授業や試験でこの質問をすると，"遠心力が働いているから" と答える学生が必ずいるのに驚く。かくも "遠心力" の拡大解釈と誤用が蔓延している。誠に由々しき事態である。本書において徹頭徹尾「慣性系で運動方程式を！」と述べているのは，このような事態を少しでも改善したいと考えているためである。

が成り立つ。なお，半径方向の速度 $\dot{r} = 0$ である。なぜか？注2 理由は，**円運動**しているので，半径 r は一定だからである注3。

注 3　第 2 章の最後にある「ワンポイント」を確認せよ。

解答 15.1

(1)　水がバケツの底から受ける垂直抗力を N，バケツの側面から受ける力を R_f, R_r とする。R_f はバケツの "前側面" から受ける力注4，R_r はバケツの "後側面" から受ける力注5 である。これに加え，鉛直下向きに重力 mg を受ける。

注 4　"f" は front。

注 5　"r" は rear。

(2)
$$mr\omega^2 = N - mg\cos\theta \tag{15.1}$$

(3)　角速度は一定であるから，角加速度はゼロである。したがって
$$0 = R_f - R_r - mg\sin\theta \tag{15.2}$$

(4)　水がバケツから落下しないためには，水がバケツから受ける垂直抗力 $N > 0$ であればよい。また，数式 (15.1) より，N は $\theta = \pi$ のとき注6 に最小となる。したがって

注 6　バケツが真上にきたとき。

$$N = mr\omega^2 - mg > 0 \tag{15.3}$$

となる。これを ω について解いて
$$\omega > \sqrt{\frac{g}{r}} \tag{15.4}$$

注 7　式 (15.4) より，回転半径 r が長いほど，角速度 ω は小さくてもよい。遊園地の乗り物が，十分な回転半径をとっていることも，これで理解されよう。

となる注7。

式 (15.4) からわかること

- 質量に無関係
- 回転半径が長いほど，落下しづらくなる

類題 15.1 式 (15.1) より，垂直抗力 N を縦軸に，鉛直下方からの角度 θ を横軸として，グラフを書け。同様に，式 (15.2) より，水がバケツの側面から受ける力 $R_f - R_r$ を縦軸としたグラフを書け。

類題 15.2 式 (15.4) において，$\sqrt{g/r}$ が「振動数の次元」をもつことを示せ。

例題 15.1 は，「一定の角速度で制御可能な装置を用いて回転させる^{注8}」という設定であった。今度は，「人間サマは初めに初速度を与えるだけで，後は自然に任せる」という運動を考える。

注8 筆者は授業ではよく "自然に任せる" のではなく，"人間サマが制御する" と表現する。

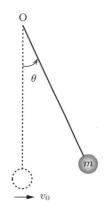

図 15.1

15.2 「振動」から「回転」へ：「糸」の場合 ●

例題 15.2 図 15.1 のように，軽くて伸縮しない長さ r の「糸」がある。この先端に取り付けられた質量 m の質点に，水平右向きに初速度 v_0 を与えると，質点は鉛直面内で運動する。初速度 v_0 が小さい場合には，鉛直下方からの角度 θ は $\pi/2$ 以下となり，質点は振動するのであった（例題 14.1）。初速度を大きくすると，$\theta > \pi/2$ となる。この場合を考える。必要に応じて，例題 14.1 および例題 14.3 の結果を使ってよい。

(1) $\theta > \pi/2$ のとき，質点に働く重力の接線方向成分および半径方向成分を答えよ。

(2) 質点について，半径方向の運動方程式を書け。

(3) 質点について，接線方向の運動方程式を書け。

(4) $\pi/2 < \theta < \pi$ のとき，図 15.2 のように，角度 θ_c のとき「糸」が "たるみ"，放物運動に移行する。$\cos\theta_c$ を求めよ。

(5) 初速度が十分大きい場合には，「糸」は "たるむ" ことなく，質点が最高点 $\theta = \pi$ に達してから，回転運動する。これを実現するための初速度に課される条件を求めよ。

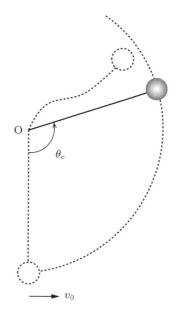

図 15.2

■**考え方**■ 本質的には，「バケツの水」（例題 15.1）と同様である。

主人公 → 外力 → 運動方程式

今の場合，

「質点 m」が「主人公」

→「質点 m」に働く「外力」を図示する

→「質点 m」の「運動方程式」

と考える。当然，回転運動なので，半径方向と接線方向で考える。また，「糸が質点に仕事をしない」ので「質点のエネルギーは保存する」ことにも注意しよう。

■注意！■

角度 θ_c では，「**張力＝ゼロ**」だが「**速度 ≠ ゼロ**」である。

解答 15.2

注9 必ず自分の手を動かして図を描き，自分で納得すること。

注10 ちょうど，質点がバネから受ける力も x の正負によらず $-kx$ となること（例題 5.1）と同様である。

(1) 接線方向は $-mg\sin\theta$，半径方向は $-mg\cos\theta$ である[注9]。$\theta = \pi/2$ の前後で変わらない[注10]。

(2) 質点が「糸」から受ける張力を S とすると

$$m[r\dot{\theta}^2] = S - mg\cos\theta \tag{15.5}$$

となる。

(3)
$$m[r\ddot{\theta}] = -mg\sin\theta \tag{15.6}$$

(4) 角度 θ_c では，張力がゼロとなるから，式 (15.5) より

$$m[r(\dot{\theta}_c)^2] = -mg\cos\theta_c \tag{15.7}$$

また，$0 < \theta < \theta_c$ では，質点の運動方向は接線方向，質点に働く張力は半径方向であるから，張力は質点に仕事をしない。よって，エネルギー保存則が成り立つ。重力によるポテンシャルの原点を $\theta = \pi/2$ とすると，式 (14.28) より

$$\frac{1}{2}mv_0^2 - mgr = \frac{1}{2}mv_c^2 - mgr\cos\theta_c \tag{15.8}$$

である。ここで式 (15.7) の両辺に r を掛け，

$$v_c = r\dot{\theta}_c \tag{15.9}$$

を使うと，

$$mv_c^2 = -mgr\cos\theta_c \tag{15.10}$$

となる。式 (15.8) と式 (15.10) より

$$\cos\theta_c = -\frac{1}{3}\left[\frac{v_0^2}{gr} - 2\right] \tag{15.11}$$

となる。

(5) $\theta_c = \pi$，すなわち

$$\cos\theta_c = -1 \tag{15.12}$$

のとき，質点は"たるむ"ことなく最高点に達する。よって，
$\theta_c = \pi$ を満たす初速度よりも大きい初速度が，求める条件で
ある。式 (15.11) と式 (15.12) より

$$v_0 > \sqrt{5gr} \tag{15.13}$$

となる。

15.3 「振動」から「回転」へ：「棒」の場合 ●

> **例題 15.3**　例題 15.2 では，「糸」に初速度を与えて質点を
> 回転させた。今度は「糸」ではなく，「棒」を使う（図 15.3）。
> 「糸」の場合と同様に，先端に取り付けられた質量 m の質点
> に，水平右向きに初速度 v_0 を与え，質点を鉛直面内で運動
> させる。質点が最上点（$\theta = \pi$）を越えて回転するために，
> 初速度 v_0 に課される条件を求めたい。以下の問いに答えよ。
> 必要に応じて，例題 14.1，例題 14.3 および例題 15.2 の結果
> を使ってよい。
>
> (1)　「糸」の場合には，張力が負の値になることはありえな
> いが，「棒」の場合には許される。この物理的意味を，
> 言葉で簡潔に述べよ。
>
> (2)　式 (15.5) を用いて，上記 (1) のことを証明せよ。
>
> (3)　質点が最上点（$\theta = \pi$）を越えて回転するために，初速
> 度 v_0 に課される条件を求めよ。

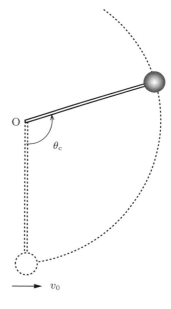

図 15.3

■**考え方**■　まずは大前提を再度，確認する。

主人公 → 外力 → 運動方程式

次に $0 < \theta \leq \theta_c$ では，「糸」と全く同様に外力が働くため，運動方
程式も全く同じである。まず，このことに気付くことが出発点であ
る。また，体操選手が鉄棒で"大車輪"をしている状況を想像して
みる。**「選手が鉄棒の真上で一瞬，静止するとき，選手が鉄棒から
どんな力を受けているか」**を考えれば，容易に (1) が理解できるだ
ろう。これに気付けば，(2) および (3) は，数学的変形だけである。

$\boxed{\text{解答 15.3}}$

(1) 質点が棒から受ける力が，半径方向で「外向き」になることを意味する。

(2) $\theta \le \theta_\mathrm{c}$ のときの速度を v とすると，

$$v = r\dot{\theta} \tag{15.14}$$

である。式 (15.5) と式 (15.14) から

$$S = \frac{mv^2}{r} + mg\cos\theta \tag{15.15}$$

となる。エネルギーが保存するから，式 (15.8) と同様に

$$\frac{1}{2}mv_0^2 - mgr = \frac{1}{2}mv^2 - mgr\cos\theta \tag{15.16}$$

が成り立つ。式 (15.15) と式 (15.16) から v を消去すると

$$S = \frac{mv_0^2}{r} + mg(3\cos\theta - 2) \tag{15.17}$$

である。$\theta > \theta_\mathrm{c}$ では

$$\cos\theta < \cos\theta_\mathrm{c} \tag{15.18}$$

なので[注11]，式 (15.17) と式 (15.18) から

$$S < \frac{mv_0^2}{r} + mg(3\cos\theta_\mathrm{c} - 2) \tag{15.19}$$

である。式 (15.19) の右辺に式 (15.11) を代入すると

$$\frac{mv_0^2}{r} + mg(3\cos\theta_\mathrm{c} - 2) = 0 \tag{15.20}$$

となるので，式 (15.19) と式 (15.20) より

$$S < 0 \tag{15.21}$$

を得る。

(3) エネルギーは保存するので，質点が最上点 $\theta = \pi$ においても式 (15.16) が成り立つ。よって

$$\frac{1}{2}mv_0^2 - mgr = \frac{1}{2}mv^2 + mgr \tag{15.22}$$

最上点を越えて回転するためには，式 (15.22) の右辺の運動エネルギーが 0 より大きければよい。したがって

$$\frac{1}{2}mv^2 = \frac{1}{2}mv_0^2 - 2mgr > 0 \tag{15.23}$$

式 (15.23) より

$$v_0 > \sqrt{4gr} \tag{15.24}$$

を得る。

注11 $\cos\theta$ は，$0 < \theta_\mathrm{c} < \theta < \pi$ において，単調減少である。

> **例題 15.4**　v_0 に対する条件は，「糸」の場合（例題 15.2）の結果である式 (15.13) の値が，「棒」の場合（例題 15.3）の結果である式 (15.23) よりも大きい。この理由を，数式を用いずに言葉で簡潔に答えよ。

■**考え方**■　上記の例題を解く過程で，なんとなく認識したのではなかろうか。それを「明確に言葉だけで述べる」ことで，理解が確かなものになる。

解答 15.4　　「糸」の場合には，鉛直下方からの角度 θ が $\pi/2$ を超えたときに「糸」がたるむ。これを避けるためには，$\theta = \pi$ に達するまで常に質点に働く張力が「中心向き」でなければならない。他方，「棒」の場合には，質点に働く張力が半径方向「外向き」であってもよい[注12]。このため，「糸」の方が「棒」の場合よりも大きな初速度を与える必要がある。

注 12　実際には，棒は質点を"押して"いて"引っ張って"はいないから，「張力」とは言い難いが。

16

"運動量保存"の舞台とは?
「スケートリンク」上の物理

16.1 「スケートリンクの2人」

例題 16.1 スケートリンクの上で2人が静かに向かい合って立っている。この2人がお互いを押し合ったら,どうなるか? 経験的に2人は反対方向に動き出す。この現象は,スケートリンク以外では不可能で,スケートリンクだからこそ,可能になる。これは,スケートリンク上での特徴的な「事実」による。この「事実」を言葉で簡潔に述べよ。

■**考え方**■ スケートの経験がなくても,スケートリンクの上では"スルスル"滑ることは知っているだろう。これを「物理的に理解」し,「言語化」する練習である。

解答 16.1 スケートリンクの上では,水平方向の摩擦がほとんど働かないという事実。

16.2 まずは"王道"で考える

ほとんどの教科書・演習書では,運動方程式に一切触れずに運動量保存の説明をし,問題の解説をしている。これに対し,本書では一貫して,"王道"で考えることを推奨してきた。つまり

主人公 → 外力 → 運動方程式

である。次の例題も,この"王道"に従って考えてみよう。

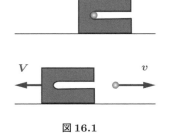

図 16.1

例題 16.2 図 16.1 のように質量 M の「大砲」の内部に,質量 m の「弾丸」が込められている。「大砲」は,摩擦を無視できる水平面上に置かれており,「弾丸」は水平方向に発射

できるように設計されている。この「大砲」から「弾丸」を発射したときに，「大砲」は，地上から見て水平左向きに速さ V で後退した。これらの情報から，「弾丸」が「大砲」の先端を出たときの速さ v を求めることができる。発射の過程で「弾丸」が受ける力を，水平成分を x 座標，鉛直成分を y 座標として $(f, 0)$ と表記すると，「大砲」が受ける力は $(-f, 0)$ となる。「弾丸」および「大砲」の水平方向の位置は，右向きを「正」として，以下の問いに答えよ。

(1) 「弾丸」の位置を $(x, 0)$ として，運動方程式を立てよ。

(2) 「大砲」の位置を $(X, 0)$ として，運動方程式を立てよ。

(3) 「弾丸」と「大砲」を一体とみなす。このとき，「弾丸＋大砲」の運動量は保存し，その値はゼロであることを示せ。

(4) 「弾丸」の速度を求めよ。

(5) 「弾丸」および「大砲」の鉛直方向の運動方程式を立てよ。必要な物理量は各自で明確に定義せよ。

(6) 「弾丸」および「大砲」の鉛直方向の運動量を答えよ。

■**考え方**■　誘導に沿って素直に書き下していけばよい。

解答 16.2

(1)
$$m\ddot{x} = f \tag{16.1}$$

(2)
$$M\ddot{X} = -f \tag{16.2}$$

(3) 式 (16.1) と式 (16.2) の辺々を加えると
$$m\ddot{x} + M\ddot{X} = 0 \tag{16.3}$$
となる。ここで，
$$\frac{d}{dt}[m\dot{x} + M\dot{X}] = m\ddot{x} + M\ddot{X} \tag{16.4}$$
であるから，式 (16.3) と式 (16.4) とから
$$\frac{d}{dt}[m\dot{x} + M\dot{X}] = 0 \tag{16.5}$$
となる。これより
$$m\dot{x} + M\dot{X} = \text{一定} \tag{16.6}$$
を得る。時刻 $t = 0$ では，「弾丸」も「大砲」も静止している

ので，「弾丸 ＋ 大砲」の運動量はゼロである。よって，

$$m\dot{x} + M\dot{X} = 0 \tag{16.7}$$

となる。

(4) 水平方向の位置は，右向きを「正」と指定されているので，その時間微分である速度も，右向きが「正」となる。このことから

$$\dot{x} = v \tag{16.8}$$

$$\dot{X} = -V \tag{16.9}$$

である。式 (16.8) と式 (16.9) を，式 (16.7) に代入して

$$v = \frac{M}{m}V \tag{16.10}$$

を得る。

(5) 「弾丸」が受ける鉛直方向の力を N，「大砲」が受ける鉛直方向の力を R とすると，両者の鉛直方向の加速度はゼロだから

$$0 = N - mg \tag{16.11}$$

$$0 = R - Mg \tag{16.12}$$

となる。

(6) 「弾丸」も「大砲」も水平方向にのみ運動するので，この過程における鉛直方向の速度はともにゼロである。したがって，鉛直方向の運動量もともにゼロである。

■注意■ 　例題 16.2 において

(1) 「弾丸」が「大砲」から出ていくのは，瞬間的でなくてよい。
(2) 力 f は時々刻々，変化してもよい。
(3) 力 f に，「弾丸」と「大砲」との間に摩擦力が働いてもよい。

例題 16.3 　上記の「注意」の各項目の理由を述べよ。

■考え方■ 　運動量保存を取り扱う事例では，「撃力」が仮定されることが多い。しかしながら，常に「撃力」の仮定が必要であるとは限らない。この点は，いきなり「運動量保存」で始めるのでは把握しづらい。やはり"王道"に沿って考えることが，本質の把握には重要である。

解答 16.3

(1) 「大砲」から「弾丸」を発射するには，「火薬を爆発させる」以外にも，例えば「縮めたバネを伸ばす」ように，有限の時間を要する方法でも可能であるから。

(2) 運動方程式における「力」は，極めて一般的に，時間的に変化する法則であるから。

(3) 運動方程式の力 f は，両者の間の水平方向の摩擦力を含んでいても成り立つから。

16.3 運動エネルギーは，どこから？ ───────●

例題 16.4 例題 16.2 において，発射前の運動エネルギーはゼロだが，発射後の運動エネルギーは $\frac{1}{2}MV^2 + \frac{1}{2}mv^2$ である。したがって，発射の前後において，運動エネルギーは，保存していない。また，発射直後では，大砲も弾丸も，地表からの高さは同じであるので，重力によるポテンシャルはともにゼロである。したがって（運動エネルギー）＋（ポテンシャル）すなわち力学的エネルギーは，保存していない。では，発射後の運動エネルギーは，何によって与えられたのか？ 言葉で簡潔に答えよ。

▌**考え方**▐ 例題 16.3 の過程で，ほとんど自明であろう。

解答 16.4 発射の瞬間の爆発のエネルギー。もしくは大砲と弾丸の間にバネがあれば，縮んだバネに蓄えられたエネルギー[注1]。

注1 「弾性エネルギー」と呼ばれる。例題 14.5 を参照。

16.4 木片に弾丸を打ち込む ───────●

「大砲」から「弾丸」を発射する事例に対して，今度は「木片」に「弾丸」を打ち込む事例を考えよう。

例題 16.5 図 16.2 のように，なめらかな水平面に置かれた「木片」に，速さ v_0 で弾丸を打ち込んだところ，「弾丸」は「木片」を長さ l だけ入り進んだのちに，一体となって速度 V で等速運動となった。「木片」の移動距離は L であり，「弾丸」

の質量は m，「木片」の質量は M である。また，「弾丸」が「木片」から受ける力 $-f$ は，水平方向にのみ働き，その**大きさは時々刻々に変化する**ものとして，以下の問いに答えよ。

　必要なら，「弾丸」が「木片」に接触した位置を原点として水平右向きに x 座標を設定し，「弾丸」の位置を x，「木片」の位置を X とせよ。また，「弾丸」が「木片」に接触し始めた時刻を $t = 0$，一体となって動き始めたときの時刻 $t = t'$ とせよ。

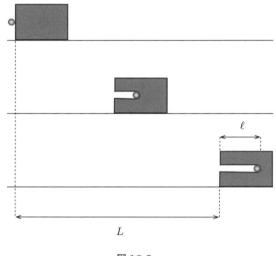

図 16.2

(1) 「弾丸」についての運動方程式を書け。水平方向のみでよい。

(2) 「木片」についての運動方程式を書け。水平方向のみでよい。

(3) 「弾丸」と「木片」を一体とみなしたとき，運動量が保存することを示せ。

(4) 「弾丸」の初期条件を，2つの数式で書け。

(5) 「木片」の初期条件を，2つの数式で書け。

(6) 速度 V を求めよ。

■**考え方**■　基本的には，例題 16.2 と同様である。ほとんどの類書では，運動方程式を飛ばして，いきなり運動量保存から議論を始めているが，やはり“王道”で考え，現象の本質をしっかりと把握しよう。

解答 16.5

(1)
$$m\ddot{x} = -f \qquad (16.13)$$

(2)
$$M\ddot{X} = f \qquad (16.14)$$

(3) 式 (16.13) と式 (16.14) を両辺を足し合わせると

$$m\ddot{x} + M\ddot{X} = 0 \qquad (16.15)$$

例題 16.2 の解答と同じ議論から

$$\frac{d}{dt}[m\dot{x} + M\dot{X}] = 0 \qquad (16.16)$$

$$m\dot{x} + M\dot{X} = 一定 \qquad (16.17)$$

を得る。

(4)
$$x(0) = 0 \qquad (16.18)$$

$$\dot{x}(0) = v_0 \qquad (16.19)$$

(5)
$$X(0) = 0 \qquad (16.20)$$

$$\dot{X}(0) = 0 \qquad (16.21)$$

(6) 式 (16.17) は，任意の時刻 t に対して成り立つので

$$m\dot{x}(0) + M\dot{X}(0) = m\dot{x}(t') + M\dot{X}(t') \qquad (16.22)$$

が成り立つ。題意より

$$\dot{x}(t') = \dot{X}(t') = V \qquad (16.23)$$

である。式 (16.19)，式 (16.21)，式 (16.23) を，式 (16.22) に代入して

$$mv_0 = (m + M)V \qquad (16.24)$$

となるから，求める V は

$$V = \frac{m}{m + M}v_0 \qquad (16.25)$$

となる。

■注目！■

式 (16.25) に，L も ℓ も入っていない。

■実験しているつもりになると■

L や ℓ を計測しなくても，**速度 V は求まってしまう**のである。

さらに言えば，もしも「弾丸」の速度 v_0 を制御できるのであれば，測定しなくても質量のみで V がわかってしまう [注2] のである。

注2　現実的には，この例題のような実験によって速度 V を測定し，式 (16.25) から，非常に速い弾丸の速度 v_0 を求める。

16.5 「力積」を忘れない ─────────────────────●

さて，第 13 章で議論したように，「運動量を変化させるのは力積」であった。そこで，例題 16.5 を，「力積」を使って再考してみよう。

> **例題 16.6** 例題 16.5 と同じ設定で，時刻 $t = 0$ と時刻 $t = t'$ で考える。以下の問いに答えよ。
>
> (1) 「弾丸」についての力積と運動量の関係式を書け。
>
> (2) 「木片」についての力積と運動量の関係式を書け。
>
> (3) (1) および (2) で解答した等式を用いて，運動量が保存することを示せ。
>
> (4) L および l を求めるには，どんな情報が必要か。言葉で簡潔に述べよ。

■**考え方**■ 第 13 章で議論した「運動量の before after」＝「力積」を，素直に数式に書き下すだけである。

解答 16.6

(1)
$$mV - mv_0 = \int_0^{t'} [-f(t)] \, dt \qquad (16.26)$$

(2)
$$MV - 0 = \int_0^{t'} f(t) \, dt \qquad (16.27)$$

注3 $f(t)$ が時々刻々，変化しても，任意の瞬間に作用・反作用の法則が成り立っている事実を確認せよ。

注4 大学入試問題では，力 f が「定数」と仮定されていることがほとんどである。しかし，じつはこの条件はキツすぎる。例えば $f(t) = f_0 - f_1 t$ (ここで，f_0, f_1 は時間によらない定数) のように与えられていれば，容易に運動方程式 (16.23) および (16.24) を時間 t で積分できる。

(3) 式 (16.26) と式 (16.27) の両辺を加えると，右辺の和がゼロ注3 となる。mv_0 を移項すると，式 (16.24) を得る。

(4) 力 $f(t)$ の時間依存性注4 が与えられれば，運動方程式 (16.23) および (16.24) を時間 t で積分して，L および ℓ が t' を使って求められる。

もちろん，例題 16.2 も，「力積」を使って議論することができる。

> **例題 16.7** 例題 16.2 と同じ設定において，「大砲」の左奥にあった「弾丸」が，時刻 $t = 0$ において「大砲」内の移動を開始し，時刻 $t = t'$ で「大砲」の前方から速さ v で飛び出すとともに，「大砲」の速さは V であった。「弾丸」が「大砲」内を移動する長さを l として，以下の問いに答えよ。
>
> (1) 「弾丸」および「大砲」についての力積と運動量の関係

式を書き，運動量が保存することを示せ。

(2) ℓ を求めるには，どんな情報が必要か。言葉で簡潔に述べよ。

■**考え方**■　例題 16.5 の復習である。図を描けば，$x(t')$ および $X(t')$ と l の関係がわかる。

解答 16.7

(1) 「弾丸」については

$$mv - 0 = \int_0^{t'} f(t)\,dt \qquad (16.28)$$

「大砲」については[注5]

$$-MV - 0 = \int_0^{t'} [-f(t)]\,dt \qquad (16.29)$$

式 (16.28) と式 (16.29) の右辺の和がゼロであることから，両者の辺々を加えると

$$mv - MV = 0 \qquad (16.30)$$

となる。

(2) 力 $f(t)$ の時間依存性が与えられていれば，運動方程式を時間 t で積分できる。初期条件は，「弾丸」が $x(0) = \dot{x}(0) = 0$，「大砲」が $X(0) = \dot{X}(0) = 0$ である。これから $x(t')$ および $X(t')$ が時間 t' の関数として得られる。ℓ は，$\ell = x(t') - X(t')$ として求まる。

16.6 運動量保存と円運動 ●

例題 16.8　図 16.3 のように，水平面と円筒面 ABC（半径は R）からなる「構造物」がある。「構造物」の質量は M で，摩擦のない水平面に置かれている。初め，「構造物」の直線部分において，質量 m の質点 m に対してのみ，水平右向きに初速度 v_0 を与えた。質点 m と構造物の間にも摩擦はないので，質点 m が点 A に達するまでは，「構造物」は静止したままである。しかし，質点 m が点 A に達した瞬間から，「構造物」も右向きに動き始め，質点が点 B に達する前に最高点

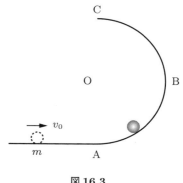

図 16.3

Hに達し，円筒面を下り始めた。この運動について，下記の問いに答えよ。質点mが点Aに達した瞬間の時刻を$t = 0$とし，質点mが円筒面にあるときに鉛直下方となす角度をθとする。ただし，質点mが円筒面を駆け上がっても，構造物は水平方向にのみ運動するものとせよ。

(1) 質点mが点Aに達した瞬間に，質点に働く垂直抗力はmgではなくなる。この理由を言葉で簡潔に述べよ。

(2) 質点mが時刻$t > 0$にあるとき，質点に働く外力および構造物に働く外力を答えよ。必要な物理量は各自で明確に定義せよ。

(3) 「構造物」の点Aの位置を原点として，水平右向きにx座標，鉛直上向きにy座標とすると，時刻$t > 0$での「構造物」の座標は$(X, 0)$，質点mの座標は(x, y)となる。質点mおよび「構造物」の運動方程式を書け。

(4) 質点mが「構造物」の円筒面にあるとき，X, x, y, θの間に成り立つ関係式を答えよ。

(5) この運動方程式の解を得ることはできない。その理由を簡潔に言葉で述べよ。

■**考え方**■　ほとんどすべての教科書・演習書では，いきなり保存則から始まっている。しかし，本書は徹頭徹尾，"王道"で始める。

■**"王道"**■
主人公 → 外力 → 運動方程式

この場合の「主人公」は，「質点m」と「構造物」の2つである。また外力のcount upの方法を確認しよう[注6]。

■**外力を確実にcount upする方法**■
接するところに力あり。
接しないで働くのは重力と電気力。

特に(1)においては，

垂直抗力 ≠ 重力

を強く認識して欲しい[注7]。(4)では，キチンと図を描くことがカギになる。

注6　第3章の例題3.1

注7　第3章の例題3.1

解答 16.8

(1) 点 A で質点 m が円運動するように，質点 m に重力 mg より大きい垂直抗力が働くから。

(2) 質点 m に働く外力は，円筒面からの垂直抗力 N と重力 mg である。「構造物」に働く外力は，質点 m に働く垂直抗力の反作用（大きさは N），水平面からの垂直抗力 R，重力 Mg である。

(3) 質点 m の運動方程式は

$$m\ddot{x} = -N\sin\theta \tag{16.31}$$

$$m\ddot{y} = N\cos\theta - mg \tag{16.32}$$

であり，「構造物」の運動方程式は，

$$M\ddot{X} = N\sin\theta \tag{16.33}$$

である。y 方向には加速しないから

$$0 = R - N\cos\theta - Mg \tag{16.34}$$

となる。

(4) $0 < \theta < \pi/2$ のとき，「構造物」の点 O と質点 m の位置関係から

$$\frac{x - X}{R - y} = \tan\theta \tag{16.35}$$

(5) 未知数は x，y，X，N，R，θ の 6 個である。他方，等式は，(3) の運動方程式の 4 つと (4) の拘束条件 1 つの計 5 つであり，解を確定するには等式が 1 つ不足しているから[注8]。

> **▌発想の転換▌**
> 時々刻々の運動を追跡できなくても，悲観する必要はない。
> "入口" と "出口" だけなら，保存則から容易に求められる。

ここでいう，"入口" とは，例題 16.8 においては質点が点 A にある状態，"出口" とは質点が最高点 H に達した状態のことである[注9]。もちろん，同じ設定であっても，"入口"（「始状態」）と "出口"（「終状態」）は変わってくる[注10]。

> **例題 16.9**　例題 16.8 において，質点 m の最高点 H なら求めることができる。このために，質点 m と「構造物」を一体として「質点＋構造物」を主人公として考える。例題 16.8

注8　正確に言えば，「解析的に解くことができない」ということ。このような場合でも，数値計算では求めることができる。また，もしも θ が定数なら（もっとも，この仮定は現実に反しているが），未知数が 5 つ，等式も 5 つとなり，解は一意に求まる。例題 12.1 がその例である。

注9　厳密な表現を使えば，"入口" とは「始状態」，"出口" とは「終状態」と呼ばれる。

注10　例題 16.8 と同じ設定でも，例題 27.1 における「終状態」は，質点が最高点 H に達した後に，再び「構造物」の点 A に戻ってくる状態のことである。

の結果を援用してもよい。ただし，慣性系で考えよ。

(1) x 方向の運動量が保存することを示せ。

(2) y 方向の運動量は**保存しない**ことを示せ。

(3) 慣性系から見ると，最高点 H では，質点 m は静止しておらず，「構造物」と同じ速度をもっている。この速度は，x 方向右向きである理由を，言葉を使って簡潔に述べよ。

(4) 最高点 H での速度 V_x を求めよ。

(5) 「質点＋構造物」の力学的エネルギーが保存する理由を，言葉で簡潔に述べよ。

(6) 力学的エネルギー保存の式を答えよ。

(7) 最高点 H の高さ h を求めよ。

■**考え方**■　(1) はこれまで何度も出てきた。他方，鉛直方向の運動量は保存しなしことを，(2) で実感しよう。(3) では，慣性系から見ると「最高点 H で**質点は静止していない**」[注11] ということに気付けるかどうか。

注11

解答 16.9

(1)　式 (16.31) と式 (16.33) の辺々をたすと

$$m\ddot{x} + M\ddot{X} = 0 \tag{16.36}$$

となる。これより

$$\frac{d}{dt}[m\dot{x} + M\dot{X}] = 0 \tag{16.37}$$

となるから，

$$m\dot{x} + M\dot{X} = 一定 \tag{16.38}$$

となる。

(2)　式 (16.32) と式 (16.34) の辺々をたすと

$$m\ddot{y} = R - Mg - mg \tag{16.39}$$

となる。左辺は，「質点＋構造物」の y 方向の運動量[注12] の時間微分である。しかし，右辺の値 $R - Mg - mg$ は，一般に時間の関数であり，ゼロではない[注13]。このことは，「質点＋構造物」の y 方向の運動量は保存しないことを示す。

注11　「構造物」に乗ってはいけない。

注12　「構造物」の y 座標は常にゼロであることに注意。

注13　質点 m が円筒面を"駆け上がる"ときには $\ddot{y} < 0$ であり，最高点 H から円筒面を"駆け降りる"ときには $\ddot{y} > 0$ である。

(3) もしも最高点 H での質点の速度に，y 方向上向きの成分があれば，まだ最高点に達していないことを示す。反対に，y 方向下向きの成分があれば，最高点はすでに"過ぎ去っている"ことを示す。よって，最高点 H で質点の速度の y 方向成分はゼロであり，x 方向成分のみが存在する。また，「質点＋構造物」の運動量の x 方向成分は，「x 方向右向き」であり，これは (1) より保存するから。

(4) 「質点＋構造物」の運動量の x 方向成分が保存するから

$$mv_0 = (m + M)V_x \tag{16.40}$$

となる。すなわち

$$V_x = \frac{m}{m + M}v_0 \tag{16.41}$$

となる。

(5) 質点と「構造物」の間にも，「構造物」と水平面との間にも，摩擦力がないから。

(6) 質点 m の重力ポテンシャルの原点を，$y = 0$ として

$$\frac{1}{2}mv_0^2 = \frac{1}{2}mV_x^2 + \frac{1}{2}MV_x^2 + mgh \tag{16.42}$$

(7) 式 (16.41) と式 (16.42) から

$$h = \frac{M}{m + M}\frac{v_0^2}{g} \tag{16.43}$$

となる。

例題 16.10　式 (16.43) において，$M \to \infty$ の場合について論ぜよ。

■**考え方**■　「特別で自明な場合に OK であるか？」は，第 3 章から繰り返し述べてきた。習慣化しよう。

解答 16.10　まず，$M \to \infty$ の場合には，「構造物」が固定されている状況を意味する。他方，式 (16.43) において，

$$\frac{M}{m + M} = \frac{1}{(m/M) + 1} \tag{16.44}$$

であるから，$M \to \infty$ のとき $m/M \to 0$ となるから

$$h \to \frac{v_0^2}{g} \tag{16.45}$$

となる。これは，明らかに固定された円筒面に初速度 v_0 を与えた質点が達する最高点である。同時に，鉛直上向きに初速度 v_0 で投げ上

げた質点が達する最高点と同じである。このようになるのは，質点が円筒面から受ける垂直抗力 N が，質点に対して仕事をしないためである。

> **類題 16.1** 例題 16.9 において，x 方向の運動量が保存することを，「力積」を使って示せ。

ベクトルの掛け算には2通りある
「内積」と「外積」

17.1 スカラー量とベクトル量 ●

　この章以降は，これまで扱ってきた「質点」についての理解を基礎として，対象を**質点**から**質点系・剛体**に展開するものである[注1]。根底にある考え方は，「質点」の場合と同じである。ただし，その際には，数学的な準備が不可欠となる。具体的にはベクトルの掛け算である。その前に，念のため，下記を確認しておこう。

> ▐重要▐
> 「スカラー量」と「ベクトル量」を峻別する。

　物理では，「スカラー量」と「ベクトル量」とを明確に区別することが重要である。**ベクトル量**とは，大きさのみならず，「**方向・向きを有する物理量**」と理解しておけばよい[注2]。本書では「ベクトル量」を A のように「太文字」で表す[注3]。対して「スカラー量」は「方向も向きももたず，大きさのみ[注4]」を有する物理量である。ベクトル A の「大きさ」は，当然のことながらスカラー量であり，通常は A と書かれる[注5]。

17.2 「内積」は「スカラー量」である ●

　さて，ベクトル A とベクトル B の掛け算には，2通りの定義がある。「内積」と「外積」である。2つのベクトルを掛けて**スカラー量**を得る掛け算が「内積」である。掛け算の結果がスカラー量になるので，「内積」は**スカラー積**とも呼ばれる。内積は，高校で習った通り，$A \cdot B$ と書く。

例題 17.1

(1)　内積 $A \cdot B$ の**定義**を述べよ。

(2)　両者のベクトルが，ある3次元の直交座標系で $A =$

注1　「質点」とは，大きさの無視できる"粒子"のこと。通常，「1個」を対象とする。他方，「質点系」とは，**2個以上の質点**からなり，通常は，各々の**質点の間の距離は変化しない**対象を指す。「**剛体**」とは，大きさを無視できない質量をもった物体を指す。ただし，運動によって**変形しないこと**が前提となっている。

注2　「方向」とは矢印のない線分。「向き」とは，指定された線分における矢印。したがって，「東西方向」も正しいし，「東向き」も正しい。しかし「東西向き」も「東方向」も適切な表現ではない。

注3　高校では $\vec{A}$ のように文字の上に矢印を付けることが多いが，大学のテキストや研究論文では「太文字」で記載することが多い。

注4　ただし，「正」だけではなく，「ゼロ」や「負」になる場合もある。

注5　$|A| = A$

(A_x, A_y, A_z), $\boldsymbol{B} = (B_x, B_y, B_z)$ と書けるとする。このときの x 軸, y 軸, z 軸の単位ベクトル $\boldsymbol{i}$, $\boldsymbol{j}$, $\boldsymbol{k}$ を使うと, $\boldsymbol{A}$, $\boldsymbol{B}$ は, どのように書けるか。

(3) $\boldsymbol{A} \cdot \boldsymbol{B} = A_x B_x + A_y B_y + A_z B_z$ となることを証明せよ。

■考え方■

(1) 「内積」というと, すぐにベクトルの成分を使った表記を想起するかもしれない。しかし, これは内積の**定義ではない**。ベクトルの積は, 内積でも外積（次の例題で扱う）でも, **成分表示によらずに定義される**。そして, もし, **成分表示が必要な場合**には, この例題のように**単位ベクトルで展開し, 定義に従って計算する**のである。

(2) $\boldsymbol{A} = (A_x, 0, 0) + (0, A_y, 0) + (0, 0, A_z)$ に気付けば, 後は簡単。頻繁に使うので, これは記憶しておくことを推奨する。

(3) ベクトルの積においては, 内積であれ外積であれ, 分配則が成り立つ。分配則は, 既知としてよい。そしてもっと重要なことは, **単位ベクトルの内積は, その定義から直ちに得られること**である。

解答 17.1

(1) 両者のベクトルのなす角を θ として, $\boldsymbol{A} \cdot \boldsymbol{B} \equiv |\boldsymbol{A}||\boldsymbol{B}| \cos \theta$ と定義される[注6]。図は左の通り。

注6 $\equiv$ は, 右辺によって左辺が定義される, ということを示す。

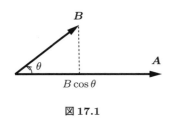

図 17.1

(2) $\boldsymbol{A} = (A_x, 0, 0) + (0, A_y, 0) + (0, 0, A_z)$
$= A_x(1, 0, 0) + A_y(0, 1, 0) + A_z(0, 0, 1)$
$= A_x \boldsymbol{i} + A_y \boldsymbol{j} + A_z \boldsymbol{k}$

(3) $(A_x \boldsymbol{i} + A_y \boldsymbol{j} + A_z \boldsymbol{k}) \cdot (B_x \boldsymbol{i} + B_y \boldsymbol{j} + B_z \boldsymbol{k})$
$= (A_x B_x)(\boldsymbol{i} \cdot \boldsymbol{i}) + (A_y B_y)(\boldsymbol{j} \cdot \boldsymbol{j}) + (A_z B_z)(\boldsymbol{k} \cdot \boldsymbol{k})$
$\quad + (A_x B_y)(\boldsymbol{i} \cdot \boldsymbol{j}) + (A_x B_z)(\boldsymbol{i} \cdot \boldsymbol{k})$
$\quad + (A_y B_x)(\boldsymbol{j} \cdot \boldsymbol{i}) + (A_y B_z)(\boldsymbol{j} \cdot \boldsymbol{k})$
$\quad + (A_z B_x)(\boldsymbol{k} \cdot \boldsymbol{i}) + (A_z B_y)(\boldsymbol{k} \cdot \boldsymbol{j})$

ここで, $\boldsymbol{i}$ と $\boldsymbol{j}$, $\boldsymbol{j}$ と $\boldsymbol{k}$, $\boldsymbol{k}$ と $\boldsymbol{j}$ は, **直交**するので, **内積の定義から**明らかに $\boldsymbol{i} \cdot \boldsymbol{j} = \boldsymbol{j} \cdot \boldsymbol{k} = \boldsymbol{k} \cdot \boldsymbol{i} = 0$ となる。

他方, 同じ単位ベクトル同士の内積は, 大きさが 1, かつ両者の角度が 0 なので, $\boldsymbol{i} \cdot \boldsymbol{i} = \boldsymbol{j} \cdot \boldsymbol{j} = \boldsymbol{k} \cdot \boldsymbol{k} = 1$。以上より,

$$\boldsymbol{A} \cdot \boldsymbol{B} = A_x B_x + A_y B_y + A_z B_z$$

を得る。

> - 内積はスカラー量である。だから，スカラー積とも呼ぶ。
> - 内積の定義：$\boldsymbol{A} \cdot \boldsymbol{B} \equiv |\boldsymbol{A}||\boldsymbol{B}| \cos\theta$
> - 単位ベクトルでの展開：$\boldsymbol{A} = A_x \boldsymbol{i} + A_y \boldsymbol{j} + A_z \boldsymbol{k}$
> - 内積の定義より
> $$\boldsymbol{i} \cdot \boldsymbol{i} = \boldsymbol{j} \cdot \boldsymbol{j} = \boldsymbol{k} \cdot \boldsymbol{k} = 1$$
> $$\boldsymbol{i} \cdot \boldsymbol{j} = \boldsymbol{j} \cdot \boldsymbol{k} = \boldsymbol{k} \cdot \boldsymbol{i} = 0$$

17.3 「外積」は「ベクトル量」である

「内積」に対して「外積」は，「ベクトル量」である。このことから，「外積」は「ベクトル積」とも呼ばれる。「外積」は通常，$\boldsymbol{A} \times \boldsymbol{B}$ と書かれる。

例題 17.2

(1) $\boldsymbol{A} \times \boldsymbol{B}$ の**定義**を，図を使って述べよ。ただし，「外積」は「ベクトル量」であるから，**方向と向き**も明記すること。

(2) 外積の定義から，$\boldsymbol{B} \times \boldsymbol{A} = -\boldsymbol{A} \times \boldsymbol{B}$ となる理由を，図を使って簡潔に答えよ。

(3) 両者のベクトルが，ある3次元の直交座標系で $\boldsymbol{A} = (A_x, A_y, A_z)$，$\boldsymbol{B} = (B_x, B_y, B_z)$ と書けるとする。このとき，$\boldsymbol{A} \times \boldsymbol{B}$ の x 成分，y 成分，z 成分を求めよ。

▌考え方▐

- 「外積」の概念は，大学1年次に物理でも数学でも導入される。にもかかわらず，学部2年生，3年生になっても「内積」と混同している学生が非常に多い[注7]。ここで，「外積」と「内積」との混乱を，完全に解消しておこう。本章で「内積」と「外積」を例題として並べたのは，そのためである。

- 「外積」はもとより，**すべての定義と法則は，自分で図を描きながら，人に説明できるようにする**。これが，正しく理解して記憶するための確実な方法である。

(1) 「外積」は「ベクトル量」である。したがって，**最初にするべき鉄則がある**。それは「方向・向き」を明らかにすることであ

注7　その最大の理由は，「外積」が「ベクトル量」であることを明確に認識していないからだと推察される。

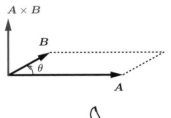

図 17.2

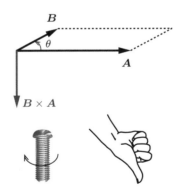

図 17.3

る。大きさを考えるのは，あくまでその次である[注8]。

(2) 「外積」の定義を正しく理解していれば，$A \times B$ も $B \times A$ も**方向は同じだが向きは反対**であることはほとんど自明であろう。

(3) まず，A と B を単位ベクトルで展開する[注9]。次に，分配法則を用いる。ここで注意すべきは，$j \times i = -i \times j$ である。

$\boxed{\text{解答 17.2}}$

(1) $A \times B$ はベクトル量である。その**方向**は，A と B の両者に垂直である[注10]。**向き**は A から B に右ねじを回したときに，その右ねじが進む向きである（「右ねじ」がわかりづらければ，次の表現で理解できれば OK である[注11]。「右手の 4 本指（人差し指から小指）の"握り"の向き」を，「A が B に一致する向き」に一致させる。そのとき，右手親指の向きが，$A \times B$ の向きである」）。**大きさ**は，A と B が作る平行四辺形の面積である。すなわち，$|A \times B| = AB \sin\theta$ である（図 14.2 参照）。

(2) 図 17.3 を参照。

(3) $A \times B = (A_x i + A_y j + A_z k) \times (B_x i + B_y j + B_z k)$
ここで，$j \times i = -i \times j$ などに注意して分配法則を使うと，

$i \times j$ の係数（＝外積の z 成分）は $A_x B_y - A_y B_x$

$j \times k$ の係数（＝外積の x 成分）は $A_y B_z - A_z B_y$

$k \times i$ の係数（＝外積の y 成分）は $A_z B_x - A_x B_z$

となる。他方，定義から，**自分自身との外積はすべてゼロ**である[注12]。

$$i \times i = j \times j = k \times k = 0$$

以上から

$$A \times B = (A_y B_z - A_z B_y,\ A_z B_x - A_x B_z,\ A_x B_y - A_y B_x)$$

となる。

- 外積はベクトル量である。だから，ベクトル積とも呼ぶ。
- 外積の表記：$A \times B$
- 外積の「方向」：A と B の両方に垂直
- 外積の「向き」：A から B に右ねじを回して進む向き
- 外積の「大きさ」：A と B でできる平行四辺形の面積：
$$|A \times B| = AB \sin\theta$$

- 単位ベクトルの外積

$$i \times i = j \times j = k \times k = 0$$
$$i \times j = j \times k = k \times i = 1$$

例題 17.3　「内積」と「外積」を定義する図面では，いずれも A と B の始点が一致していた。では，2 つのベクトルの積は，始点が一致していないと定義できないのか？　それとも，始点が"離れて"いても，内積および外積は定義できるのか？

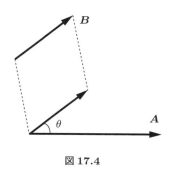

図 17.4

■**考え方**■　高校でベクトルという概念に触れたときのことを想起すれば，容易かつ明快に解答できるはずである。

解答 17.3　2 つのベクトルの積は，始点が"離れて"いても定義できる。「任意のベクトルは，平行移動しても，すべて等価である」ことを使う。A もしくは B を平行移動して，両者の始点を一致させればよい。

コーヒーブレイク　その 11：「外積がわからない」という声

　学部の 1 年生で習う内容であるにもかかわらず，学部の 4 年生や大学院生となっても，「外積がわからない」という声を耳にすることが少なくない。そういう学生に「何が，どのように，わからないのか？」と根気強く聞いてみると，どうやら**「わからない」のではなくて「受け入れたくないだけ」**ということのようである。そして，その根底には，（ベクトル同士の掛け算の結果としてスカラーになる「内積」の概念が深く，強く浸透している。このために）「ベクトル」になる「外積」という概念を**受け入れることを心理的に拒否している**のである。「外積」の「定義」は，「定義」だから，本章で詳しく述べたことがすべてであり，**それ以上でもそれ以下でもない。「定義」に従って，素直に受け入れる。**これに尽きる。まず，妙な先入観を捨てること。そうすることで，新しく広い世界観を獲得することができる[注13]。

注 13　余談だが，有名な Hey Jude という歌の歌詞を思い出す。"So, let it out and let it in." すなわち「まず，解き放て。取り込むのは，それからだ」余談だが，Jude というは Julian の愛称。Paul McCartney が，John Lennon の息子である Julian Lennon に向けた曲とされる。

18

運動方程式の変形：その3
「外積」を使えば「回転の運動方程式」

18.1 力学の「根幹」は，やはり「運動方程式」————●

これまで，力学の"基礎の基礎"を繰り返し，徹底的に述べた。読み進める前に，以下を確認して欲しい。

- 力学の法則は4つ（エネルギー保存も運動量保存も法則ではない）。
- 運動方程式が力学の根幹。

▌運動方程式の変形▐
- その1：「**仕事**」が「**運動エネルギー**」を**変化**させる。
- その2：「**力積**」が「**運動量**」を**変化**させる。

本章では，「運動方程式の変形：その3」を議論する。

例題18.1 任意の時刻 t において，質量 m の質点 m が位置 $\boldsymbol{r}$ にあり，外力 $\boldsymbol{f}$ を受けている。このときの運動方程式は，

$$m\ddot{\boldsymbol{r}} = \boldsymbol{f} \tag{18.1}$$

となる（運動の第2法則）。式 (18.1) の両辺に，**前から**位置 $\boldsymbol{r}$ との外積をとると

$$\boldsymbol{r} \times m\ddot{\boldsymbol{r}} = \boldsymbol{r} \times \boldsymbol{f} \tag{18.2}$$

となる。また，ここで質点 m の運動量 $\boldsymbol{p} \equiv m\dot{\boldsymbol{r}}$ に注意すると，

$$\boldsymbol{r} \times m\ddot{\boldsymbol{r}} = \boldsymbol{r} \times \dot{\boldsymbol{p}} \tag{18.3}$$

となる。このとき，式 (18.4) が成り立つことを示せ。ベクトルの外積に対する時間微分は，内積と同様であることを既知としてよい。

$$\frac{d}{dt}(\boldsymbol{r} \times \boldsymbol{p}) = \boldsymbol{r} \times \boldsymbol{f} \tag{18.4}$$

■**考え方**■ 「自分自身との外積はゼロである」ことに留意すれば，容易である。

解答 18.1

$$\frac{d}{dt}(\boldsymbol{r} \times \boldsymbol{p}) = \dot{\boldsymbol{r}} \times \boldsymbol{p} + \boldsymbol{r} \times \dot{\boldsymbol{p}} \tag{18.5}$$

ここで，定義から自分自身との外積はゼロであることに留意すると

$$\dot{\boldsymbol{r}} \times \boldsymbol{p} = \dot{\boldsymbol{r}} \times m\dot{\boldsymbol{r}} = 0 \tag{18.6}$$

となる。以上，式 (18.2)，(18.3)，(18.5)，(18.6) より，式 (18.4) を得る。

運動方程式 (18.1) を，運動量 $\boldsymbol{p}$ を使って書くと

$$\frac{d}{dt}(\boldsymbol{p}) = \boldsymbol{f} \tag{18.7}$$

前から $\boldsymbol{r} \times$ を施すと，例題 18.1 より式 (18.4)

$$\frac{d}{dt}(\boldsymbol{r} \times \boldsymbol{p}) = \boldsymbol{r} \times \boldsymbol{f}$$

を得る。ここで，

$$\boldsymbol{r} \times \boldsymbol{p} \, \text{を，「角運動量」}$$

$$\boldsymbol{r} \times \boldsymbol{f} \, \text{を，「トルク」}$$

と呼ぶ。それぞれ，「運動量」と「力」の「拡張概念」である。ここで "拡張" の意味は，「$\boldsymbol{r}\times$」である。

「**角**」運動量 $\boldsymbol{r} \times \boldsymbol{p}$ ＝「$\boldsymbol{r}\times$」運動量 $\boldsymbol{p}$

「**角**」力 $\boldsymbol{r} \times \boldsymbol{f}$ ＝「$\boldsymbol{r}\times$」力 $\boldsymbol{f}$ ＝トルク

「角運動量」と「トルク」を理解するためのワンポイント

- 「角運動量」＝「角」「運動量」＝「$\boldsymbol{r}\times$」「運動量 $\boldsymbol{p}$」[注1]
- 「トルク」は，高校の物理では「力のモーメント」と呼ばれたものである。
- 「トルク」も「力のモーメント」も，初めはしっくりこないかもしれない。慣れないうちは，「角運動量」の名称と合わせて

「角（かく）」×「力（ちから）」＝「$\boldsymbol{r}\times$」「力 $\boldsymbol{f}$」＝「トルク」

と読み替えてもよいだろう[注2]。

注1　「角」が付けば「位置との外積をとる」＝「$\boldsymbol{r}\times$」と理解する。

注2　これは，筆者自身が高校生の頃，一番しっくりくる理解の仕方であった。余談だが「角力」と書くと「すもう」の意味となる。上の注も参照。

例題 18.2　運動方程式 (18.7) および式 (18.4) の物理的意味を，言葉で簡潔に答えよ。

解答 18.2

式 (18.7)：運動量 p を時間変化させるのは力 f である。

式 (18.4)：角運動量 $r \times p$ を時間変化させるのはトルク $r \times f$ である。

━━ワンポイント━━

式 (18.4) を，今後は「回転の運動方程式」と呼ぶ。

例題 18.3　質点 m（質量 m）の位置 r と運動量 p が，同一平面内にあるとする。このとき角運動量 $r \times p$ の**方向**は，紙面に垂直である。しかしながら，**向き**は，紙面の「手前から背面に向かう」場合と，紙面の「背面から手前に向かう」場合とがありうる。この 2 つの場合を，図で示せ。

解答 18.3

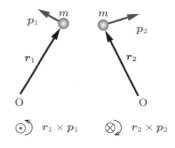

図 18.1 [注3]

注3　図 18.1 において，$r_1 \times p_1$ と記載の左側の図は，「紙面裏側から紙面手前への向き」を示す。$r_2 \times p_2$ と記載の右側の図は，「紙面手前から紙面裏側への向き」を示す。

例題 18.4　質点 m（質量 m）の位置 r と，この質点に働く力 f が，同一平面内にあるとする。このとき，この質点に働くトルク $r \times f$ の**方向**は，紙面に垂直である。しかしながら，**向き**は，紙面の「手前から背面に向かう」場合と，紙面の「背面から手前に向かう」場合とがありうる。この 2 つの場合を，図で示せ。

解答 18.4

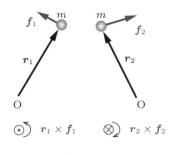

図 18.2

例題 18.5　質点 m（質量 m）に働く力 $\boldsymbol{f}$ と，質点の運動量 $\boldsymbol{p}$ とは，方向と向きが同じであるか？　それとも，一般には方向も向きも異なるのか？　理由とともに簡潔に答えよ。

■**考え方**■　回転の運動方程式**以前**の，「質点の力学」での理解を確認する問題である。しかしながら，回転の運動方程式を扱う段階になると，意外と誤解する学生が多いのも事実である。落ち着いて，よく考えてみよう。

解答 18.5　運動方程式 (18.7) は，「運動量 $\boldsymbol{p}$ の**時間変化**が力 $\boldsymbol{f}$ と同じ方向・向きであること」を述べているが，運動量 $\boldsymbol{p}$ そのものについては，何も述べていない。「**一般には，運動量 $\boldsymbol{p}$ と力 $\boldsymbol{f}$ とは，方向が異なる**」。典型的な事例が円運動である。円運動する質点では，運動量 $\boldsymbol{p}$ は**接線方向**であるが，力 $\boldsymbol{f}$ は**半径方向で中心向き**である[注4]。

注4　第14章を参照。

　次章からは，具体的な例題を解く過程で，本章で述べた「回転の運動方程式」の具体例を考えてゆく。適宜，これまでの関連項目を参照しながら読み進めて欲しい。

19

1個の小球による回転運動
「回転の運動方程式」に慣れる：その1

この章からは，前章までに導入した「回転の運動方程式」を積極的に使い，慣れてゆく。初めは，第14章で取り上げた「振り子」の問題である。

19.1 「小球」の「円運動」と考える方法

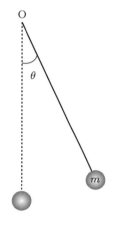

図 19.1

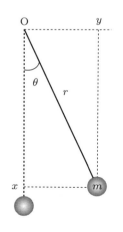

図 19.2

例題 19.1 図 19.1 のように，軽くて伸縮しない長さ r の糸の先に質量 m の小球が取り付けられ，他端を点 O で支えられた振り子がある。振り子は，点 O まわりに鉛直面内で摩擦なく動ける。初め，鉛直下方で静止していた小球に，右向きに大きさ v_0 の初速度を与えた。こののちの運動を考える。以下の問いに答えよ。この例題では，まず第14章での解き方を復習する。

(1) 任意の時刻 t において，小球に及ぼす外力をすべて図示せよ。必要な物理量は，各自で明確に定義せよ。

小球の位置は，点 O から鉛直下方に x 軸正を，点 O から水平右向きに y 軸正として表せるが，点 O からの長さは変わらないことから，糸の長さ r と鉛直下方からの角度 θ を用い，図 19.2 のように

$$x = r\cos\theta \tag{19.1}$$
$$y = r\sin\theta \tag{19.2}$$

と書ける。

(2) この「極座標表示」を用いて，小球の「接線方向」および「半径方向」の運動方程式を書け。

■**考え方**■ まずは，第14章の簡単な確認から。「主人公」「外力」

「運動方程式」で考えるのが大原則。そして，「主人公」は小球である。

> **円運動を取り扱う際の重要事項**
>
> 半径 r，角度 θ で記述される円運動をしている小球には，
>
> $$接線方向の速度 = r\dot{\theta} \quad （角度 \theta が増える向きを正）$$
> $$接線方向の加速度 = r\ddot{\theta} \quad （角度 \theta が増える向きを正）$$
> $$半径方向の加速度 = r(\dot{\theta})^2 \quad （中心向きを正）$$

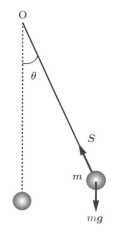

図 19.3

解答 19.1

(1) 小球に接しているのは「糸」だけ。よって，小球は糸から「張力」を受ける。この張力を S とする。これ以外で「小球」に働く力は，重力 mg のみ。よって図 19.3 のようになる。

(2) 接線方向の運動方程式は

$$m[r\ddot{\theta}] = -mg\sin\theta \tag{19.3}$$

となる。また，半径方向の運動方程式は，点 O に向かう向きを正として

$$m[r(\dot{\theta})^2] = S - mg\cos\theta \tag{19.4}$$

となる。

19.2 「小球」と「糸」を一体と考える方法 ●

　今度は，同じ問題を「回転の運動方程式」を使って考える。この場合，「主人公」を「小球」としてもよいが，今後の展開のためにも「小球」＋「糸」を「主人公」と考えるようにすることを強くお勧めする[注1]。

注1　回転する対象が小球のような「質点」ではなく，質量が連続的に分布している「棒」になった場合への展開がスムーズになるからである。具体的には，のちの章で取り扱う。

> **例題 19.2**　例題 19.1 を「回転の運動方程式」を使って考える。
>
> (1) 「小球」に働く外力を図示せよ。必要な物理量は，各自で定義し明記せよ。
>
> (2) 「糸」に働く外力を図示せよ。必要な物理量は，各自で定義し明記せよ。
>
> 　次に，「小球」と「糸」を「一体」とみなし，「小球＋糸」

と書く。

(3) 「小球＋糸」に働く「外力」を図示せよ。

(4) 「小球＋糸」に働く「トルク」を図示せよ。また，その「大きさ」を答えよ。

(5) 任意の時刻 t における「小球の」位置 r と運動量 p を図示せよ。$|\boldsymbol{r}| = r$，$|\boldsymbol{p}| = p$ として，運動量の大きさ p を，r と θ を用いて答えよ。

(6) 「小球＋糸」の角運動量は，「小球の」角運動量と同じである。その理由を答えよ。

(7) 「小球＋糸」の角運動量の「大きさ」を答えよ。

(8) 以上の結果を使って，「小球＋糸」の回転の運動方程式を，r と θ を用いて求めよ。ただし，角運動量の方向と向きを「正」として，スカラー量で記述せよ。

■再度，確認！■

(1) 第 14 章で強調した通り，

- **「主人公」「外力」「運動方程式」** である。
  正しく外力を明記するには
- **「何が」「何に」及ぼす「力」か？** をクリアにする。
- **「接するところに力あり。接しないで働くのは重力と電磁気力」**。

(2) ■**「質点」の場合とは異なる注意事項**■

「糸」に働く外力を考える場合，

- **「小球が」「糸を」引く力，だけではない。**
- 糸は点 O で支えられているからこそ，糸が小球とともに落下しないのである。

(3) 「小球」と「糸」を"一体"とみなす場合，「小球」が「糸」に及ぼす力と「糸」が「小球」に及ぼす力とは，「大きさが同じで向きが反対」なので"相殺"される[注2]。両者は，「小球＋糸」を「主人公」とすれば「外力」ではなく「内力」となる[注3]。

(4) 「トルク」の定義 $\boldsymbol{r} \times \boldsymbol{p}$ を今一度，確認して正しく記憶する[注4]。

■**注意**■

点 O から受ける力によるトルクは，どうなるか？

注2 これまでに何度も述べてきた通り，「つりあい」の関係ではない。「作用・反作用」の関係である。

注3 これまで 1 つの質点だけを「主人公」としてきたので，「外力」の意味が明確ではなかったかもしれない。「2 つ以上の物体を一体とみなす」ことで初めて，「内力」という概念が必要となり，結果的に「外力」の意味が明確になる。

注4 慣れるまでは，「角」×「運動量」に準じて「角」×「力」と認識するとよい。

(5) 接線方向の速度 v の極座標表示（＝ x 座標，y 座標ではなく，原点 O からの距離 r と "原軸" からの角度 θ を用いて位置を表すこと）は，必ず正しく記憶する。例題 19.1 の囲みを参照。

(6) 例題 19.1 に明記されている通り，「糸」は「軽い」ことに注意する[注5]。

注5 力学で「軽い」とは「質量が無視できる」の意味であった。

(7) 「回転の運動方程式」は，「ベクトル量」についての等式である。

> **方程式がベクトル量であるとき**
> - まず，「方向」と「向き」を明らかにする。
> - 「方向」が定まれば，どちらかの「向き」を「正」として「大きさ」を考える。

解答 19.2

(1) 小球に接しているのは「糸」のみ。「糸」が「小球」に及ぼす張力 S は，「糸」に沿って「小球」から点 O に向かう向き。地球上では質量 m の物体に働く重力は，鉛直下向きで mg である。よって図 19.4 のようになる。

(2) 「糸」が接しているのは，「小球」と「点 O」である。「小球」が「糸」を引く力を T とすれば，これは「糸」が「小球」を引く力 S の「反作用」である。また，「点 O」が「糸」を引く力を N と書く。「糸」に働く力は図 19.5 のようになる[注6]。

(3) 「小球＋糸」を一体と考えると，力 S と力 T とは「作用・反作用」の関係にある。両者は「大きさ」は同じだが「向き」が反対なので，その「合力＝0」となる。よって，図 19.6 左の通り「小球＋糸」にとっての「外力」は，点 O が及ぼす力 N と重力 mg である。力 N は，糸の質量が無視できるので，「糸」

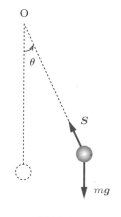

図 19.4

注6 力 N の方向は，正しくは「糸」と同じ方向である。理由は，「糸」の質量が無視できることから理解できる。ただし，筆者は N の方向が異なっていても，"答案" としては減点しないことにしている。「N の方向」よりも大切なことは，「点 O が糸に力を及ぼしている」ということである。

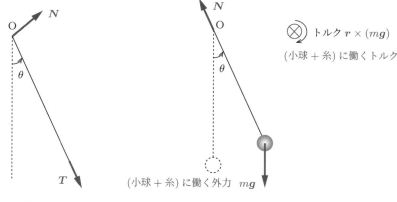

トルク $r \times (mg)$

(小球＋糸) に働くトルク

図 19.5

(小球＋糸) に働く外力 mg

図 19.6

と同じ方向である。

(4) 「小球＋糸」は，点 O を中心に回転運動をする。したがって，トルクを定義する際の原点は，点 O である。図 19.6 右の通り，力 N によるトルクは，ゼロ。重力によるトルクは，まず，「方向・向き」は「紙面に垂直で手前から裏面向き」。「大きさ」は定義 $r \times mg$ より，両者の大きさ r と mg の積に「両者のなす角度の sin」を掛ける。その角度は，図より θ であるから，$mgr \sin \theta$ となる。

(5) 図 19.7 の通り。$v = r\dot{\theta}$ であるから，$p = mr\dot{\theta}$。

(6) 「糸」の質量は無視できるので，「糸」の点 O まわりの角運動量はゼロ。よって，「小球＋糸」の点 O まわりの角運動量は，「小球」のそれと同じである。

(7) 上記 (5), (6) より，「小球＋糸」の角運動量の「大きさ」は $mr^2\dot{\theta}$ となる。

(8) ベクトル量としては，角運動量もトルクも紙面に垂直である。他方，両者の「回転の向き」は図 19.8 のように，「角運動量」は「反時計まわり」，「トルク」は「時計まわり」である。よって，スカラー量としての回転の運動方程式は，「角運動量」が増加する「反時計まわり」を「正」として

$$\frac{d}{dt}[mr^2\dot{\theta}] = -mgr \sin \theta \tag{19.5}$$

を得る。

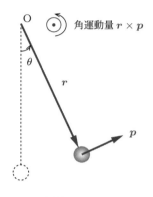

図 19.7

角運動量 $r \times p$

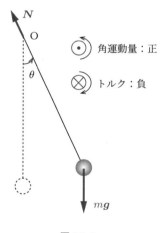

図 19.8

角運動量：正

トルク：負

■確認■

　式 (19.5) の両辺を r で除すると，例題 14.1 の結果である式 (14.3) と一致する。

19.3　回転の向きに留意してスカラー量で考える ──●

　回転の運動方程式は，基本的には「ベクトル量」の等式である。しかし，「ベクトル量」と言えども，「角運動量」と「トルク」の「方向」を正しく認識していれば，**もっと直感的に**かつ**回転**のイメージに沿った取り扱いが可能となる。

例題 19.3 例題 19.2 を「回転の向き」の「正負」について
の「スカラー量」で取り扱うことを考える。

(1) 回転の角運動量は，原点 O からの"腕の長さ"と「接
線方向の運動量」の「大きさ」を掛けるだけでよい。こ
の理由を簡潔に述べよ。

これより，回転の角運動量の「大きさ」は，回転角を θ と
して，$mr^2\dot{\theta}$ となる。「回転の向き」は「$\dot{\theta} > 0$」すなわち「回
転角 θ が増加する向き」を「正」とする。角運動量の時間微
分は $mr^2\ddot{\theta}$ となるから，回転の運動方程式は

$$mr^2\ddot{\theta} = \pm fr\sin\theta \tag{19.6}$$

となる。ここで f は力の「大きさ」，r は点 O からの"腕の
長さ"である。

(2) 式 (19.6) の右辺は，力 $\boldsymbol{f}$ の点 O まわりの「トルク」で
ある。「トルク」の「向き」と式 (19.6) の右辺の「$\pm$」
は，どのように考えればよいか。

■考え方■

(1) 図 19.7 を参照。小球の位置 $\boldsymbol{r}$ と小球の運動量 $\boldsymbol{p}$ との角度を正
しく認識していれば自明である。

(2) 図 19.8 を参照にする。特に，両方の図の右の挿入図の意味が
わかれば容易である。

解答 19.3

(1) 回転運動の場合，小球の位置 $\boldsymbol{r}$ は**常に**「半径方向」であり，小
球の運動量 $\boldsymbol{p}$ は**常に**「接線方向」であるから，両者は**常に**直交
する。よって，$\boldsymbol{r}$ と $\boldsymbol{p}$ の「外積」の「大きさ」は，両者の「大
きさ」を掛けるだけでよい。

(2) 図 19.8 にあるように，角運動量の回転の向きと同じ向きに回
転を生じようとするトルクは「正」，その反対が「負」である。

19.4 「慣性モーメント」：「質量」の拡張概念 ————————●

質量 m の質点の回転軸からの "腕の長さ" が r のとき，mr^2 を
慣性モーメントと定義する。ここで "腕の長さ" とは，質点から
回転軸に下ろした**垂線の長さ**である。また，式 (3.6) からわかる
ように，慣性モーメントは "回転の慣性" を表す。

「回転の慣性」とは，回転速度（今の例では $\dot{\theta}$）の変化（$= \ddot{\theta}$）を
"容易に起こさせまい" という "能力" を定量化したもの[注7] である。

■**まとめ**■
1 個の質点による回転運動

$$I\ddot{\theta} = \pm\, fr\sin\theta \tag{19.7}$$

ここで，I は「慣性モーメント」と呼ばれ，次式で定義される。

$$I \equiv mr^2 \tag{19.8}$$

次章では，2 個の小球による回転運動を考える。その次の章では，
質点ではなく，「棒」のように質量が一様に分布している場合を考え
る。この基礎となるのが，式 (19.7) と式 (19.8) である。

20

メトロノームの物理
「回転の運動方程式」に慣れる：その2

20.1 2個の小球による回転運動

例題 20.1 図 20.1 のように，軽くて伸縮しない長さ $R+r$ の棒の下端に質量 M の小球 M が，上端に質量 m の小球 m が取り付けられている。棒は，下端から長さ R にある点 O を中心に摩擦なく鉛直面内で回転できる。初め，鉛直下方で静止していた小球 M に，時刻 $t=0$ において右向きに大きさ v_0 の初速度を与えた。こののちの運動を考える。小球 M は常に回転軸 O よりも下方にあるとし，任意の時刻 t における角度を θ とする。

(1) 任意の時刻 t において，小球 M および小球 m に働く外力を図示せよ。必要な物理量は，各自で明確に定義せよ。

(2) 任意の時刻 t において，棒に働く外力は 3 つある。そのうちの 1 つは，棒が回転軸 O から受ける力 $\boldsymbol{N}$ である。図 20.2 において，力 $\boldsymbol{N}$ の方向は間違っている。間違っている理由と，正しい方向を答えよ。

(3) 以下，この「2 つの小球＋棒」を「一体」と考え，「メトロノーム」と呼ぶ。「メトロノーム」に働く外力を図示せよ。この場合，「小球」と「棒」の間に働く力は「内力」となることに留意せよ。

　小球 M の運動量を $\boldsymbol{P}$，小球 m の運動量を $\boldsymbol{p}$ とする。また，回転軸 O を始点とした小球 M の位置を $\boldsymbol{R}$，小球 m の位置を $\boldsymbol{r}$ とする。

(4) 角度 θ が増大する回転の向き（反時計まわり）を，回転の「正」の向きとする。運動量 $\boldsymbol{P}$ および $\boldsymbol{p}$ の向きを答

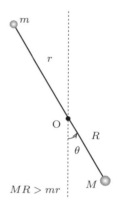

図 20.1

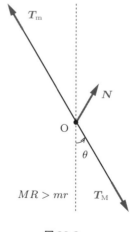

図 20.2

えよ．

(5) 小球 M の運動量 $\boldsymbol{P}$ の「大きさ」を，M，R，θ を用いて答えよ．同様に，小球 m の運動量 $\boldsymbol{p}$ の「大きさ」を，m，r，θ を用いて答えよ．

(6) 小球 M および小球 m の角運動量を，それぞれ $\boldsymbol{L}$，$\boldsymbol{l}$ とする．両者の「ベクトル」の方向は，ともに紙面に垂直で紙面の裏から手前の向きである．これは，「回転の向き」としては「反時計まわり」か「時計まわり」か，答えよ．

(7) 「棒」の質量は無視できるので，その角運動量も無視できる．したがって，「メトロノームの角運動量 ＝ 小球 M の角運動量 ＋ 小球 m の角運動量」である．「メトロノーム」の角運動量の「大きさ」を答えよ．「回転の向き」は，(6) より自明である．

(8) 「メトロノーム」に働く「トルク」のうち，回転軸 O から受ける力 $\boldsymbol{N}$ によるトルクは無視できる．この理由を簡潔に答えよ．

(9) 小球 M に働くトルク $\boldsymbol{N}_{\mathrm{M}}$ および小球 m に働くトルク $\boldsymbol{N}_{\mathrm{m}}$ の「大きさ」を答えよ．

(10) トルク $\boldsymbol{N}_{\mathrm{M}}$ およびトルク $\boldsymbol{N}_{\mathrm{m}}$ の「方向」はともに紙面に垂直である．では，「向き」は紙面の手前から裏か，裏から手前か．

(11) 上記 (7)，(9)，(10) より，「反時計まわり」を回転の「正」の向きとして，回転の運動方程式をスカラー量で答えよ．

(12) 上記 (11) の結果から，角度 θ の加速度 $\ddot{\theta}$ を，それ以外の文字で表せ．$\ddot{\theta}$ は**角加速度**と呼ばれる．

(13) 上記 (12) において，$|\theta| \ll 1$ の条件を課すと，角振動数 ω の単振動となることを示せ．

(14) R を一定に保ち，r を長くすると，角振動数 ω は大きくなるか，小さくなるか．

■**考え方**■　問題文が長いが，気にせず，1 つ 1 つ，順序よく考えていけばよい．その際，必要に応じて例題 14.1 と例題 14.2 を参照す

ることを強くお勧めする。これらは密接に関係しているのはもちろ
ん，**本書の今後の考え方の基盤となる**からである。

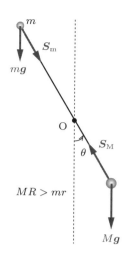

図 20.3

解答 20.1

(1) 小球に働く外力は図 20.3 の通り。図中の S_m は，棒が小球 m
を引く力，S_M は，棒が小球 M を引く力である。小球 m およ
び小球 M に働く重力は，それぞれ $m\boldsymbol{g}$，$M\boldsymbol{g}$ である。ここに，
ベクトル $\boldsymbol{g}$ は，鉛直下方向きであることを明記した重力加速度
である。

棒に働く外力は図 20.2 の通り。図中の $\boldsymbol{T}_\mathrm{m}$ は，小球 m が棒を
引く力で，$\boldsymbol{S}_\mathrm{m}$ の反作用である。図中の $\boldsymbol{T}_\mathrm{M}$ は，小球 M が棒
を引く力で，$\boldsymbol{S}_\mathrm{M}$ の反作用である。さらに，棒は回転軸 O から
力 $\boldsymbol{N}$ を受けている[注1]。

(2) 棒の質量は無視できる。したがって，棒に働く外力のベクトル
和は，棒の運動状態によらず必ずゼロとなる。そのため，力 $\boldsymbol{N}$
は，必ず棒と同じ方向にある。

(3) 図 20.4 の通り。

(4) 運動量 $\boldsymbol{P}$ も $\boldsymbol{p}$ も「反時計まわり」なので「正」である。

(5) 小球 M の接線方向の速度は，半径が R であるから，$R\dot{\theta}$ であ
る。同様に，小球 m の速度は，半径が r であるから，$r\dot{\theta}$ であ
る[注2]。よって $|\boldsymbol{P}| = MR\dot{\theta}$，$|\boldsymbol{p}| = mr\dot{\theta}$。

(6) 反時計まわり[注3]。

(7) 回転軸 O を始点とする小球 M の位置を $\boldsymbol{R}$ とすると，$\boldsymbol{R}$ と $\boldsymbol{P}$
は垂直[注4]である。よって，両者の外積の大きさは，両者のベ
クトルの大きさの積となり，$RP = R(MR\dot{\theta}) = MR^2\dot{\theta}$ とな
る。同様に，小球 m の角運動量は $mr^2\dot{\theta}$ となる。

(8) 力 $\boldsymbol{N}$ の回転軸 O からの距離はゼロ。よって，$\boldsymbol{N}$ の回転軸ま
わりのトルクもゼロである。

(9) トルクの定義から $\boldsymbol{N}_\mathrm{M} = \boldsymbol{R} \times M\boldsymbol{g}$。この「大きさ」$|\boldsymbol{N}_\mathrm{M}| =$
$RMg\sin\theta$。同様に，$|\boldsymbol{N}_\mathrm{m}| = rmg\sin\theta$。

(10) トルクの定義 $\boldsymbol{N}_\mathrm{M} = \boldsymbol{R} \times M\boldsymbol{g}$ から，この「向き」は紙面の
「手前から裏」向き。他方，$\boldsymbol{N}_\mathrm{m} = \boldsymbol{r} \times m\boldsymbol{g}$ から，この「向き」
は紙面の「裏から手前」向き。

(11) 「角運動量」は，小球 M も小球 m もともに「反時計まわり」。
他方，「トルク」は，小球 M に対しては「時計まわり」だが，
小球 m に対しては「反時計まわり」である。回転の向きを考

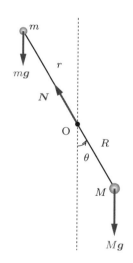

図 20.4

注1 この力は見逃しがちである。この例
でも前章の例でも，結果には影響しない
が，保存量を考えるときには決定的に重
要となる。後の例題で扱う。

注2 両者ともに，**半径方向の速度はゼロ**
である。この理由には，即答して欲しい。
例えば，小球 m の半径方向の速度は $\dot{r}$ だ
が，これは「r の時間変化を示している」
ことに気付けば自明であろう。

注3 「外積」の定義：「右ねじ」もしくは
「親指を立てた右手」を確認せよ。

注4 確認！ $\boldsymbol{R}$ は半径方向，$\boldsymbol{P}$ は接線方
向である。

慮した「回転の運動方程式」では,「角運動量が増加する向き」を「正」とする。よって,「小球 M のトルク」のみが「負」となり,他は「正」となる。したがって,回転の運動方程式は

$$\frac{d}{dt}[MR^2\dot{\theta} + mr^2\dot{\theta}] = -(MgR - mgr)\sin\theta \qquad (20.1)$$

となる。

(12) 式 (20.1) を変形すると

$$(MR^2 + mr^2)\ddot{\theta} = -(MR - mr)g\sin\theta \qquad (20.2)$$

よって,

$$\ddot{\theta} = -\frac{MgR - mgr}{MR^2 + mr^2}\sin\theta \qquad (20.3)$$

となる。

(13) $|\theta| \ll 1$ では,$\sin\theta \simeq \theta$。よって,

$$\ddot{\theta} = -\frac{(MR - mr)g}{MR^2 + mr^2}\theta \qquad (20.4)$$

となる。

これは,角振動数を ω とする単振動である。

$$\omega^2 = \frac{MR - mr}{MR^2 + mr^2}g \qquad (20.5)$$

(14) 式 (20.5) において,R を固定して r を長くすると,分母は大きくなり,分子は小さくなる。よって,角振動数は小さくなる。すなわち,「ゆっくり」振動する。

例題 20.2 式 (20.5) において,左辺は $\omega^2 \geq 0$ である。したがって,$MR - mr \geq 0$ が満たされねばならない。この不等式の物理的意味を,簡潔に述べよ。

■**考え方**■ 図 20.1 を見たとき,「小球 m が回転軸 O よりもかなり上の方にある($r \geq R$)ので,小球 m と小球 M の上下が逆転するのでは?」と思ったかもしれない。しかし,「そんなことは起こらない」という仮定が,例題 20.1 に明記されている。もし,「本例題のようなメトロノーム[注5]を見たことがある」または「その構造をなんとなく知っている」という読者なら気付くかもしれない。

注5 電子音がなるメトロノームではなく,機械的に動作するメトロノームである。

| **解答 20.2** | 例題 20.1 には「小球 M は常に回転軸 O よりも下方にある」と仮定されている。これは,小球 M を「時計まわりに」回転させるトルクの大きさ $MgR\sin\theta$ が,小球 m を「反時計まわりに」

回転させるトルクの大きさ $mgr\sin\theta$ より大きい場合に実現される。この条件は，すなわち $MR - mr \geq 0$ である。

20.2 メトロノームは2個の「質点系」である ───●

本章の例題におけるメトロノームは，「2個の小球が，軽くて変形しない棒で繋がれている」ものである。これを2個の「質点系」と呼ぶ。そして，「メトロノームとは，2個の質点系が，固定された軸（これを固定軸と呼ぶ）のまわりの回転運動をするものである」と考える[注6]。

次章の準備として，回転運動の考え方を整理しておこう。

注6　第19章の例は，「1個の質点の固定軸まわりの回転運動」である。

■ まとめ ■

質点2個からなる系の回転運動

$$I\ddot{\theta} = \text{トルクの和} \tag{20.6}$$

ここで，I は「慣性モーメント」と呼ばれ，次式で定義される。

$$I \equiv MR^2 + mr^2 \tag{20.7}$$

トルクの和 [式 (20.6) の右辺] は

$$\text{トルクの和} = -(MR - mr)g\sin\theta \tag{20.8}$$

次章では，これまでの議論を一般化して「N 個の質点からなる系」の「固定軸まわりの回転運動」を考える。

21

質点 N 個の系の回転運動
「回転の運動方程式」に慣れる：その3

21.1 「質点 N 個」に拡張する

第4章では，「質点2個の系（メトロノーム）」の回転運動を考えた。この章では，これを質点 N 個の系に拡張する。

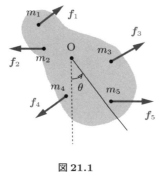

図 21.1

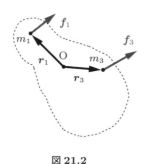

図 21.2

例題 21.1 図 21.1 のように，N 個の質点が，軽くて変形しない「板」に固定されている（以後，これを「N 質点系」と呼ぶ。図 21.1 では，簡単のため，5番目までのみを記載している）。「N 質点系」は，点 O を中心にして鉛直面内で，摩擦なく回転できる。質点には番号が付されており，i 番目の質点 m_i の質量を m_i，点 O からの位置を $\boldsymbol{r}_i$ とする（$i = 1$, 2, 3, $\cdots$, N。図 21.2 では，簡単のため，$i = 1$, 3 のみを記載している）。質点 m_i には，外力 $\boldsymbol{f}_i$ が働いており，$\boldsymbol{f}_i$ には，重力も含まれている。初め，「N 質点系」の回転角はゼロで，鉛直下方（図 21.1 の点線）で静止していたが，反時計まわりに初速度を与えたところ，任意の時刻 t では角度 θ となった。この「N 質点系」の点 O まわりの回転運動を考える。

(1) 「質点 m_i」には，外力 $\boldsymbol{f}_i$ 以外に働いている力がある（重力は $\boldsymbol{f}_i$ に含まている）。この力によって，「質点 m_i」の点 O からの位置が変化せず，したがって任意の質点同士の位置も変化しない。この力はどんな力か。言葉で簡潔に答えよ。

(2) 上記 (1) の力は，「N 質点系」の運動を考える際には，「無視できる」のではなく，「**無視しなけらばならない**」。その理由を簡潔に述べよ。

(3) 「N 質点系」（「質点 m_i」ではない）には，外力 $\boldsymbol{f}_i$ 以

外に働く力が1つだけある（この力は，あえて図には記載していない）。この力の「作用点」と「方向」を答えよ。

　図21.3に示すように，「質点 m_i」の位置 r_i と，外力 f_i との間の角度を ϕ_i とする（図には，見やすくするため $i = 1$, 3のみを記載している）。

(4)　任意の時刻 t において，「N 質点系」に働くトルクの和を答えよ。

(5)　「N 質点系」の点 O まわりの慣性モーメント I を答えよ。

(6)　「N 質点系」の点 O まわりの回転の運動方程式を書け。回転の向きのどちらが「正」であるかも明記せよ。

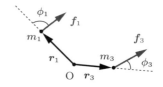

図21.3

■**考え方**■　メトロノームの例を参照しながら考える。注意すべきは，外力による**トルクを考える際の角度**である。外力 f_i による**トルクを考える際の「角度」は，θ ではない**。角度 θ は，図21.1からわかるように，「N 質点系」の回転運動を記述する角度である。

解答 21.1

(1)　「板」が「質点 m_i」を固定する力である。

(2)　上記 (1) の力を「作用」とすると，「反作用」として「質点 m_i」が「板」に及ぼす力がある。この両者は，「質点」と「板」を一体とみなす「N 質点系」では「内力」であり，「外力」ではない。よって，**回転の運動方程式には記載してはならない**。

(3)　点 O が「N 質点系」に及ぼす力[注1]である。この力の「作用点」は，点 O である（図21.1には，あえて明記していない）。また，力の「方向」は，図21.1の実線と同じ方向である。「N 質点系」は，点 O まわりに「摩擦なく回転できる」と仮定されているからである。

(4)　図21.3に示すように，外力 f_i が，位置 r_i となす角度は θ ではなく，ϕ_i である（なお，図21.3では，簡単のため，m_1 と m_3 のみを記載している）。このトルクの大きさは $r_i f_i \sin \phi_i$ である。その「正負」は，i によって異なるので，一般に $\pm r_i f_i \sin \phi_i$ と書けばよい。よってトルクの「大きさ」の和は，次のように

注1　この力がなければ，「N 質点系」は落下してしまう。

書く。

$$\sum_{i=1}^{N} \pm f_i r_i \sin \phi_i \tag{21.1}$$

注2　角度 ϕ_i は，「トルク」を考える際には不可欠な物理量であるが，「慣性モーメント」とは無関係である。

(5)　質点 m_i の点 O からの長さは，r_i である。定義から[注2]

$$I \equiv \sum_{i=1}^{N} m_i r_i^2 \tag{21.2}$$

(6)　「N 質点系」の回転角は θ なので，上記 (4)，(5) から回転の運動方程式は

$$I\ddot{\theta} = \sum_{i=1}^{N} \pm f_i r_i \sin \phi_i \tag{21.3}$$

第3章，第20章にならって，まとめて整理しておこう。

■まとめ■

「N 質点系」の回転運動

$$I\ddot{\theta} = \text{トルクの和} \tag{21.4}$$

$$I \equiv \sum_{i=1}^{N} m_i r_i^2 \tag{21.5}$$

$$\text{トルクの和} = \sum_{i=1}^{N} \pm f_i r_i \sin \phi_i \tag{21.6}$$

ここで，本例題で初めて遭遇した教訓を明記しておこう。

■本例題での教訓■

- 質点系の回転角を θ，外力 $\boldsymbol{f}_i$ と位置 $\boldsymbol{r}_i$ のなす角を ϕ_i とする。このとき

$$\theta \neq \phi_i \tag{21.7}$$

- そもそも θ は，質点「系」に「唯一」存在する角度である。
- 他方，ϕ_i は，質点系に「N 個」存在する角度である。

一般の状況で式 (21.7) は理解できた。では，なぜそれ以前（質点1個の振り子やメトロノームの例）では，留意しなくてよかったのであろうか。

例題 21.2 式 (21.7) は，一般的な状況を取り扱った例題 21.1 で初めて遭遇した。これに対し，それ以前の例では，$\phi_1 = \phi_2 = \theta$ としてよかった。この理由を簡潔に答えよ。

■考え方■ メトロノームの例題での図を確認すれば，理由はわかるであろう。

解答 21.2 メトロノームの例でも，小球 1 個の例でも，質点に働く外力はすべて，重力 $m_i\boldsymbol{g}$ のみであった。重力はすべて鉛直方向下向きである。他方，小球はすべて一直線上にあるから，すべての小球の位置 $\boldsymbol{r}_i$ と重力 $m_i\boldsymbol{g}$ のなす角度は同じであり，同時に質点系の回転を特徴付ける角度 θ と同じになるからである。

例題 21.3 図 21.4 のように，軽くて変形しない長さ $4a$ の棒に，質量 m の小球が等間隔 a で固定されており，それぞれの位置は $\boldsymbol{a}_i (i = 1, 2, 3, 4)$ である。この「棒 + 4 個の小球」は，点 O にある回転軸まわりで摩擦なく鉛直面内で回転できる。「棒 + 4 個の小球」の回転の運動方程式を考える。

(1) 「棒 + 4 個の小球」に働く外力をすべて図示せよ。

(2) 「棒 + 4 個の小球」に働くトルクの「大きさ」と「回転の向き」（「時計まわり」か「反時計まわり」か）を答えよ。

(3) 「棒 + 4 個の小球」の「慣性モーメント」を答えよ。

(4) 以上より，「棒 + 4 個の小球」の回転の運動方程式を答えよ。

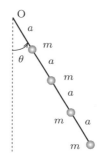

図 21.4

■考え方■ 例題 21.2 を認識しつつ，本例題の「棒 + 4 個の小球」では「小球の位置 $\boldsymbol{a}_i$ と，小球に働く重力 $m\boldsymbol{g}$ のなす角度は，質点系の回転角 θ と同じである」ことを確認する。

解答 21.3

(1) 図 21.5 の通り。力 N は，「棒 + 4 個の小球」が，回転軸から受ける力である。「棒 + 4 個の小球」は，摩擦なく回転できるから，力 N は棒と同じ方向である。

(2) 位置 $\boldsymbol{a}_i$ にある小球 m_i には，すべて同じ重力 $m\boldsymbol{g}$ が働くので，ベクトル $\boldsymbol{a}_i$ とベクトル $m\boldsymbol{g}$ とがなす角度は，すべて角度 θ で

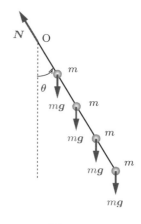

図 21.5

ある。よって，

トルクの大きさ $= (mg)(a + 2a + 3a + 4a) \sin\theta = 10mga \sin\theta$

となる。トルクが引き起こす回転の向きは，すべて「時計まわり」である。

(3) 定義から，慣性モーメント

$$I = ma^2 + m(2a)^2 + m(3a)^2 + m(4a)^2 = 30ma^2$$

である。

(4) 上記 (2)，(3) に式 (21.4)，式 (21.5)，式 (21.6) から [注3]

$$(30ma^2)\ddot{\theta} = -10mga \sin\theta$$

である。すなわち

$$\ddot{\theta} = -\frac{g}{3a} \sin\theta$$

となる。

注3　角度 θ が増加する向きが，回転の「正」の向きであることから，トルクは「負」となる。

図 21.6

注4　英語で guess work と呼ぶ。

例題 21.4　例題 21.3 において，図 21.6 のように，質量 $4m$ の小球 1 個が，下端（回転軸からの長さ $4a$）にある場合，この運動は例題 21.3 に比べて速くなるか遅くなるか。

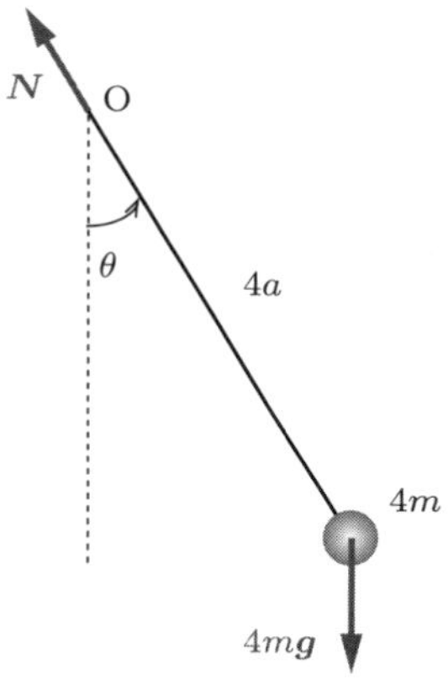

■**考え方**■　まず，「計算する前に，直感的にどうなるか」見当を付ける [注4]。その後に，キチンと計算して，自分の直感が正しいかどうか，確認する習慣を付けることをお勧めする。積極的に「自分の頭で」考えられるようになり，物理が楽しくなる。

解答 21.4　質点すべてが下端にある場合，

$$I = (4m)(4a)^2$$

である。トルクは

$$-(4mg)(4a) \sin\theta$$

となる。よって，回転の運動方程式は

$$(4m)(4a)^2\ddot{\theta} = -(4mg)(4a) \sin\theta$$

である。すなわち

$$\ddot{\theta} = -\frac{g}{4a} \sin\theta$$

となる。これは，例題 21.3 の場合に比べて，振動が「ゆっくり」であることを示す。

22

棒の回転運動
「質点系」から「剛体」へ：積分に慣れる

22.1 「質点系」と「剛体」の違い：離散から連続へ ━━●

これまでは，「質点系」すなわち「質点の集団」の回転運動を考えてきた。しかし，現実には，前章で学んだ「質点系」よりも，「棒」や「円板」や「球」などといった「剛体」が圧倒的に多い。その物理的に重要な相違点は，「質点系」では「質量の分布が**離散的**である」のに対し，「剛体」では「質量の分布が**連続的**である」という点である。このため，「質点系」に対して使えた「質点に対する**足し合わせ**」の方法は，「剛体」に対しては使えない。そこで登場するのが，高校時代から馴染みのある数学的手法，**「積分」**である。

22.2 棒に働くトルク ━━━━━━━━━━●

> **例題 22.1** 図 22.1 のように，質量が一様に分布している棒が，点 O まわりに摩擦なく鉛直面内で回転できる。棒の長さは R，質量は M である。初め鉛直下方に静止していたこの棒に，右方向に回転の初速度を与えた。こののちの棒の運動を考える。
>
> 例題 21.3 を参考としつつも，質量が連続的に分布しているため，棒を微小な長さ dr にわけて考える。すなわち，点 O からの長さ r と $r+dr$ にある微小な領域の質量を dm とする。簡単のため，単位長さあたりの質量を λ とする。
>
> この例題では，点 O まわりの慣性モーメントを I として，棒に働くトルク N を考える。
>
> (1) 棒に働く外力は，図 22.2 のようになることを答えよ。特に力 S は，「何が」棒に及ぼす力か，なぜ図の方向を向いているのか答えよ。

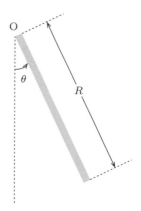

図 22.1

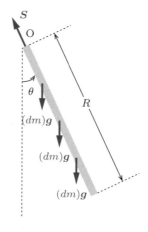

図 22.2

(2) 棒全体に働くトルク N と，棒の微小な領域に働くトルクの大きさ dN の関係式を書け。

(3) dN を，点 O からの長さ r と $r + dr$ にある微小な領域の質量 dm を使って答えよ。

(4) dm の領域の微小な長さは dr である。dm を，dr と λ を使って答えよ。

(5) dN を dr を使って答えよ。

(6) 上記 (2)，(5) より，棒全体に働くトルクの大きさ N を積分で求めよ。

▌考え方▐

- (1) では，「例題 21.3 での個々の質量 m の質点が，連続的に分布している dm に変わった」と考えれば，先に進める。

- 慣れないうちは，(2) でつまずくかもしれない。おそらく多くの読者は，「積分範囲は変数で指定しなければならない」と考えていたのであろう。しかし，**物理で扱う数学は，もっと自由だ**と考えて欲しい。つまり (2) では，**積分範囲を言葉で表記してよい**のだ。今後も，積分におけるこのような表記は何度も出てくる。

- (3) でも，次のように迷った読者も多いのではないだろうか。「質量 dm の微小領域の点 O からの長さは，r とするべきか？それとも $r + dr$ とするべきか？」

    微小領域の点 O からの長さは，r としてよい。

今後のために，以上 2 点をまとめておく。

▌極めて重要▐

- 物理量を，微小領域に分割し，その積分として求める場合，積分範囲は言葉で表記してよい。
- **「微小領域内では，対象の物理量は一定」**と考える。

解答 22.1

(1) 棒の質量は連続的に分布しているので，微小な長さ dr の微小質量 dm には，鉛直下方に重力 $(dm)\boldsymbol{g}$ が加わる。

力 $\boldsymbol{S}$ は点 O が棒に及ぼす力である。この力がなければ，棒は下方に落下する。

(2) 微小領域に働く微小なトルク dN を「**連続的に足し合わせ**[注1] **たもの**」が, 棒全体に働くトルク N である。よって

$$N = \int_{棒全体} dN \tag{22.1}$$

である。

注 1　「連続的に足し合わせること」を「**積分する**」というのであった。

(3) 微小領域 dr の点 O からの長さは, r である。また, $\boldsymbol{r}$ と $(dm)\boldsymbol{g}$ のなす角は, 棒が鉛直下方となす角 θ と同じである。よって

$$dN = r(dm)g\sin\theta \tag{22.2}$$

である。

(4)
$$dm = \lambda\, dr \tag{22.3}$$

(5) 式 (22.2) と式 (22.3) より

$$dN = \lambda gr\sin\theta\, dr \tag{22.4}$$

となる。

(6) 式 (22.1) と式 (22.4) を使う[注2]。

$$N = \int_{棒全体} dN = \int_0^R \lambda gr\sin\theta\, dr = \lambda g\sin\theta \int_0^R r\, dr \tag{22.5}$$

ここで

$$M = \lambda R \tag{22.6}$$

であるから

$$N = \frac{1}{2}MgR\sin\theta \tag{22.7}$$

である。

注 2　式 (22.1) では「棒全体」と記載した積分範囲は, 式 (22.5) では「点 O からの長さ r での積分」と明記される。

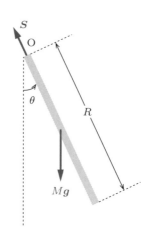

図 22.3

■**考察**■　式 (6.7) は

$$N = Mg\left(\frac{R}{2}\right)\sin\theta \tag{22.8}$$

と変形できる。この事実は, 図 22.3 のように考えると明らかであろう。

一般に, 次の事実を定理として証明なしに使ってよい[注3]。

注 3　証明するよりも, この物理的意味をしっかり把握することが大切である。第 4 章での議論, すなわち「地表での重力が mg となる説明」のプロセスに類似している。確認しておくことをお勧めする。

■**定理**■

　重力によるトルクは, **すべての質量が棒の中心に集約している**と考える。

22.3 棒の慣性モーメント ───────────────●

> **例題 22.2** 例題 22.1 における，点 O まわりの慣性モーメント I を考える。図 22.4 を参照し，以下の問いに答えよ。
>
> (1) 棒全体の慣性モーメント I を，長さ dr の微小領域の慣性モーメント dI で表した等式で書け。
>
> (2) dI を dm で表せ。
>
> (3) dI を dr で表せ。
>
> (4) 棒全体の慣性モーメント I を求めよ。

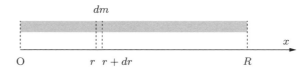

図 22.4

■**考え方**■ 例題 22.1 を参照しながら取り組めばよい。

「**連続分布の和は積分**」に慣れること。

[解答 22.2]

(1)
$$I = \int_{棒全体} dI \tag{22.9}$$

注4 dr 内の物理量の変化は無視するのであった。例題 22.1 の「考え方」を参照。

(2) 点 O からの長さが r と $r+dr$ の領域の質量 dm[注4] の微小な慣性モーメントが dI であるから

$$dI = r^2(dm) \tag{22.10}$$

である。

(3) 式 (22.3) と式 (22.10) より

$$dI = \lambda r^2 dr \tag{22.11}$$

である。

(4) 式 (22.9) と式 (22.11) から，例題 22.1 と同様に，積分変数は r であり，式 (22.6) に留意すると

$$I = \int_{棒全体} dI = \int_0^R \lambda r^2 dr = \frac{1}{3}MR^2 \tag{22.12}$$

である。

22.4 そして，回転の運動方程式 ━━━━━━━━━●

> **例題 22.3** 例題 22.2 で得られた慣性モーメントの値を使っ
> て，例題 22.1 の棒の運動を考える。
> (1) 棒の回転の運動方程式を書け。
> (2) 角度 θ が微小角であるときの近似式を使うと，単振動
>   の式になる。このときの角振動数 ω を求めよ。
> (3) 上記 (2) の結果を，長さ R の先端に質点 M がある振
>   り子の角振動数 ω_0 と比較し，物理的意味を簡潔に述
>   べよ。

■考え方■

- 素直に誘導に従えばよい。最後の (3) のように**結果の物理的
  意味を考える**ことは，この例題に限らず非常に重要である。

- 「回転の運動方程式」の表式は，キチンと覚えて使えるよう
  にしておくこと。

解答 22.3

(1) 回転の運動方程式

$$I\ddot{\theta} = \text{トルクの和} \tag{22.13}$$

において，慣性モーメント「I」は式 (22.12)，「トルクの和」の
「大きさ」は式 (22.8) である。「トルクの和」は「時計まわり」
であり，角度 θ の増加する向き「反時計まわり」とは逆である
から負号を付けて

$$\left(\frac{1}{3}MR^2\right)\ddot{\theta} = -Mg\left(\frac{R}{2}\right)\sin\theta \tag{22.14}$$

である。

(2) 上記 (1) の結果に近似式 $\sin\theta \simeq \theta$ を用いて

$$\omega^2 = \frac{3g}{2R} \tag{22.15}$$

である。

(3) 一方，第 19 章の結果から

$$\omega_0^2 = \frac{g}{R} \tag{22.16}$$

これより，全質量が先端に集約されている（第 19 章）方が，本
例題の棒のように一様に分布しているよりも「ゆっくり」振動
することがわかる。

これはちょうど，例題 21.3 と例題 21.4 の比較と同様である。

22.5 慣性モーメントに注意 ────────────●

例題 22.4 図 22.5 は，いずれも質量 m_1，m_2，m_3 の 3 つの質点が，軽くて変形しない棒に取り付けられていることを示している。回転軸まわりの慣性モーメントに対して，「りき　まなぶ君」は，次のように答えた。これらは正しいか，間違っているか。間違っていれば理由を述べ，訂正せよ。

■**りき　まなぶ君の答案**■

(a)

$$I_\mathrm{a} = m_1 r_1^2 + m_2 r_2^2 + m_3 r_3^2 \qquad (22.17)$$

(b) 質点 $\mathrm{m_2}$ のみ，回転軸に対して反対の位置にあるので，

$$I_\mathrm{b} = m_1 r_1^2 - m_2 r_2^2 + m_3 r_3^2 \qquad (22.18)$$

(c) 質点 $\mathrm{m_3}$ のみ，回転軸に対して反対の位置にあるので

$$I_\mathrm{c} = m_1 r_1^2 + m_2 r_2^2 - m_3 r_3^2 \qquad (22.19)$$

■**考え方**■　式 (21.5) で確認！　「**慣性モーメント**」の「**各項**」には，いずれにも「**正負**」の区別はなく，常に正である。この点，トルクの式 (21.6) とは異なる [注5]。

注5　そもそも，「慣性モーメント」という概念が，どのように出てきたか，を確認すること。「角運動量」（本来はベクトル量）を考える際に，（質点系であれ剛体であれ）「共通の回転角があること」に起因していた。

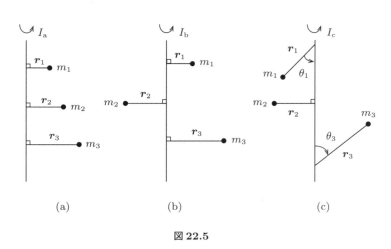

(a)　　　　　　　(b)　　　　　　　(c)

図 22.5

解答 22.4

(a) 正しい。

(b) 間違っている。式 (21.5) が定義であるから，各項はすべて「正」である。よって，式 (22.17) と同じ。

(c) 間違っている。式 (21.5) の r は**回転軸からの距離**であり，質点を取り付けている**「棒の長さ」ではない**[注6]。よって，

$$I_c = m_1(r_1 \sin\theta_1)^2 + m_2 r_2^2 + m_3(r_3 \sin\theta_3)^2 \qquad (22.20)$$

である。

注6 r_2 は回転軸と直角なので，$\sin\theta_2 = 1$ である。

22.6 角運動量もトルクもベクトル！ ——————●

しばらくは，式 (21.4)，式 (21.5)，式 (21.6) を使って回転運動を考えてきた。この場合，回転の向き（「時計まわり」か「反時計まわり」か）に応じて「正負のみ」を考慮した上で，「スカラー量」として考えてきた。しかし，「慣性モーメント[注7]」は，「角運動量」から出てきた概念であり，「トルク」と同様，本来はベクトル量である。「ベクトル量としての向き（紙面に垂直で，「手前から裏側」か「裏側から手前」か）」と「回転の向き」（「時計まわり」か「反時計まわり」か）との対応関係は，図 22.6 の通りであった。また，「回転の向き」の「正」は，「回転角が増加する向き」とすることも，合わせて確認しておこう。

注7 例題 22.4 で見たように「常に正」。

図 22.6

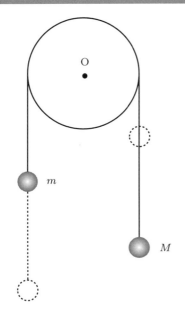

図 23.1

糸が質量のある滑車を回すとき 両端の張力は異なる

23

滑車の問題に出会うと，まるで"条件反射"のように「両端の張力は等しい」と考える学生が非常に多い。しかし，そう考えてよいのは，じつはいくつかの仮定がある場合に限定されると認識して欲しい。このことを理解するためにも，本章では「そうではない」ケースを取り上げる。

23.1 質量のある滑車を回す力は何か？

例題 23.1 図 23.1 のように，点 O を中心に鉛直面内で摩擦なく回転できる半径 R，質量 M_0 の滑車がある。滑車には，軽くて伸縮しない長さ L の糸がかけられており，その両端には質量 M および質量 m の小球が取り付けられている（$M > m$）。静止していた 2 つの小球を静かに離したところ，小球は動き出し，滑車は回転を始めた。滑車の質量は一様であるとする。

この質点系を，図 23.2 のように 3 つにわけ，それぞれに働く張力は図の通りとする。

(1) 図 23.2 に記載されていない力が 2 つある。それらを答えよ。

(2) 張力の大きさについて，以下の関係が成り立つ。各々について，その理由を答えよ。

$$S_1 = S_2, \ T_1 = T_2 \tag{23.1}$$

$$S_2 = S_3, \ T_2 = T_3 \tag{23.2}$$

$$S_3 = S_4, \ T_3 = T_4 \tag{23.3}$$

(3) もし，糸と滑車の間の摩擦がないならば，S_1 と T_1 の大小関係はどうなるか。理由を明記して答えよ。

(4) 糸と滑車の間の摩擦がないとき，滑車は回らない。その理由を簡潔に答えよ。

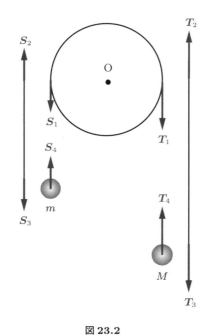

図 23.2

質量のある滑車を回すのは，糸と滑車の間に生じる摩擦力である。今の場合，静止摩擦力のみであると仮定する。

(5) このとき，$T_1 - S_1$ と等しい力は何か。

■考え方■

- 滑車の問題であれ，質点系であれ，剛体であれ，力学では何よりも初めに「主人公に働く外力を count up すること」である。そして，その"レシピ"は「接するところに力あり」であった[注1]。

- 取り扱う問題が複雑になるにつれ，この"大原則"を忘れたり，おろそかにする学生が多い。誘導に従って実直に考えることが大切である。

解答 23.1

(1) 1つは，滑車が点 O から受ける抗力（N とする）である。点 O が作用点で，鉛直上向きである。

もう1つは，滑車に働く重力（$M_0 g$）である。滑車の質量は一様なので，重力はその重心すなわち中心が作用点で，鉛直下向きである。

(2) 式 (23.1) は「作用・反作用の法則」。式 (23.2) は，糸の質量が無視できるため。式 (23.3) も「作用・反作用の法則」。

(3) 滑車の上半分と接触している糸について，運動方程式を考える。まず，この部分の質量はゼロである（糸の質量は無視できる）。次に糸が滑車の上半部と接している部分では，滑車から受ける接線方向の力（摩擦力）はゼロと仮定されている。よって運動方程式は[注2]

$$0 = T_1 - S_1$$

である。したがって，$S_1 = T_1$ となる。

(4) 糸が滑車に対して滑るから。

(5) 糸と滑車の上半分との間に働く静止摩擦力である。

■要確認！■
力学の問題を考える順序
「主人公」 → 「外力」 → 「運動方程式」

23.2 滑車は回転，小球は直線運動 ————————————●

これまでは，原則「質点系」を「1体」とみなしてきたが，今回，
滑車と小球で運動状況が異なる。このため，3者を別々に運動方程
式を立てるべきであろう。

例題 23.2　例題 23.1 の設定において，滑車と小球の運動を
考える。張力 $S_1 = S_2 = S_3 = S_4$, $T_1 = T_2 = T_3 = T_4$ で
あるから，それぞれを S, T とする。また座標軸を，質量 m
の小球 m → 左の糸 → 滑車の上半分 → 右の糸 → 質量 M の
小球 M の下方まで，と設定し，小球 m および小球 M の座
標をそれぞれ x, X とする。滑車の点 O まわりの慣性モー
メントは I である。

(1)　小球 m および小球 M の運動方程式を書け。

(2)　滑車に対して，点 O から受ける抗力 N と，滑車の重力
$M_0 g$ の，点 O まわりのトルクを答えよ。

(3)　滑車の点 O まわりの回転の運動方程式を書け。滑車の
回転角は θ とせよ。

(4)　上記 (1) および (3) の方程式において，未知数をすべて
列挙し，これだけでは運動は確定しないことを簡潔に
述べよ。

(5)　「糸は伸縮しない」という条件を数式で表現せよ。

(6)　「糸と滑車の間には，静止摩擦力のみが働く」と仮定さ
れている。このことは，「糸は滑車に対して滑らない」
ことを意味する。これを等式で表現せよ。

(7)　上記 (1), (3), (5), (6) から，この運動の未知数をすべて
求めよ。ただし，初期条件として $x(0) = 0$, $X(0) = L$,
$\theta(0) = 0$ とせよ。

■**考え方**■

- (2) と (3) が，「剛体」の力学としての問題。それ以外は，「質
  点の力学」である第 17 章までの復習である。

- 「質点系・剛体」になっても，「質点」の力学の視点を忘れ
  ずに。

- (7) では，「未知数」を明確にして，その「連立方程式を解く」
  という意識をもとう。

(1) 小球 m については,

$$m\ddot{x} = S - mg \qquad (23.4)$$

が成り立ち, 小球 M については,

$$M\ddot{X} = Mg - T \qquad (23.5)$$

が成り立つ.

(2) 抗力 N も, 重力 $M_0 g$ も, 点 O まわりのトルクはゼロである (始点 O との距離がゼロだから).

(3) 滑車の点 O まわりの慣性モーメントは I. 張力 T および S による点 O まわりのトルクは, θ が増加する時計まわりを「正」として, TR, $-SR$ であるから,

$$I\ddot{\theta} = TR - SR \qquad (23.6)$$

が回転の運動方程式となる.

(4) 未知数は, x, X, θ, S, T の 5 個. 他方, 方程式は 3 つ. 未知数の個数が方程式の個数より大きいので, このままでは解けない.

(5) 小球の位置を表す座標軸は, 小球 m から小球 M の向きだから, 小球 M と小球 m の間の糸の長さは $X - x$ である. これを時間で微分したものがゼロであれば, 伸縮しないことを示す[注3]ので

注3 第2章を参照.

$$\dot{X} - \dot{x} = 0 \qquad (23.7)$$

となる.

(6) 小球 m が dx だけ上がるとき, 同じ dx だけ糸は滑車に "巻き上げ" られる. このとき, 滑車は $d\theta$ だけ回る. 滑車の半径は R なので,

$$dx = R\, d\theta \qquad (23.8)$$

である. これが同じ時間 dt の間に起きるので,

$$\frac{dx}{dt} = R\frac{d\theta}{dt} \qquad (23.9)$$

である. これと式 (23.7) より,

$$\dot{x} = R\dot{\theta} \qquad (23.10)$$

が成り立つ.

(7) 式 (23.4), 式 (23.5), 式 (23.6), 式 (23.7), 式 (23.10) は, $\ddot{x}$, $\ddot{X}$, S, T, $\ddot{\theta}$ を未知数とする連立方程式である。方程式と未知数の個数はともに 5 つであるから, 解は一意に定まる。これを解くと,

$$\ddot{x} = \ddot{X} = \frac{M - m}{M + m + (I/R^2)} g \tag{23.11}$$

$$\ddot{\theta} = \frac{M - m}{M + m + (I/R^2)} \frac{g}{R} \tag{23.12}$$

$$S = \frac{2M + (I/R^2)}{M + m + (I/R^2)} mg \tag{23.13}$$

$$T = \frac{2m + (I/R^2)}{M + m + (I/R^2)} Mg \tag{23.14}$$

である。式 (23.11) と初期条件より

$$x = \frac{1}{2} \frac{M - m}{M + m + (I/R^2)} g t^2 \tag{23.15}$$

$$X = \frac{1}{2} \frac{M - m}{M + m + (I/R^2)} g t^2 + L \tag{23.16}$$

である。式 (23.12) と初期条件より

$$\theta = \frac{1}{2} \frac{M - m}{M + m + (I/R^2)} \frac{g}{R} t^2 \tag{23.17}$$

である。

第 3 章から述べてきた通り, 得られた結果をチェックする習慣を付けよう。まず, 確実にチェックすべきは $t = 0$ での小球の位置であるが, 式 (23.15), 式 (23.16) から, ともに OK。

23.3 どのように結果をチェックするか？ ────●

▌要確認！▐

- 「自明な値」を入れたらどうなるか？
- 「特別な値」を入れたらどうなるか？
- 「次元」は大丈夫か？

例題 23.3 例題 23.2 の結果について, 下記の問いに答えよ。

(1) $S > mg$ でなければならない[注4]。これを式 (23.13) が満たしていることを答えよ。

(2) $Mg > T$ でなければならない[注5]。これを式 (23.14) が

注4 小球 m が上昇するためには, 糸が上に引く力が重力より大きいことが必要。

注5 小球 M が下降するためには, 糸が上に引く力よりも重力が大きいことが必要。

満たしていることを答えよ。

(3) $M \to m$ のとき，このシステムはどのような運動をすると考えられるか。そして，それは得られた結果において，$M \to m$ としたときと整合しているか。

解答 23.3

(1) 式 (23.13) の mg の係数 $\dfrac{2M + (I/R^2)}{M + m + I/R^2}$ の分子は $2M + (I/R^2) = M + M + (I/R^2)$ である。ここで $M > m$ より $2M + (I/R^2) > M + m + (I/R^2)$。よって，$\dfrac{S}{mg} = \dfrac{2M + (I/R^2)}{M + m + (I/R^2)} > 1$ となるので満たしている。

(2) 式 (23.14) の Mg の係数 $\dfrac{2m + (I/R^2)}{M + m + (I/R^2)}$ の分子は $2m + (I/R^2) = m + m + (I/R^2)$ である。ここで $M > m$ より $2m + (I/R^2) < M + m + (I/R^2)$。よって，$\dfrac{T}{Mg} = \dfrac{2m + (I/R^2)}{M + m + (I/R^2)} < 1$ となるので満たしている。

(3) $M \to m$ とすると，式 (23.15) より $x \to 0$，式 (23.16) より $X \to L$，式 (23.17) より $\theta \to 0$。よって，この系が運動しないことを意味しており，$M \to m$ と整合している。

また，式 (23.13)，式 (23.14) において $M \to m$ とすると，$S \to mg$，$T \to Mg$。この結果も，この系が運動しない状況と整合している。

23.4 円板の慣性モーメント

前章の 22.3 節にならって，円板の慣性モーメントを計算しておこう。この計算は，力学に限らず，電磁気学でも遭遇する基本的で重要な概念と手法を含んでいる。

例題 23.4 例題 23.1 の滑車を構成していた円板の慣性モーメントを求めたい。円板が中心 O まわりに回転対称性があることを使って，xy 座標ではなく極座標を使う。円板は 2 次元なので，「2 次元極座標」を使う。これは，図 23.3 のよう

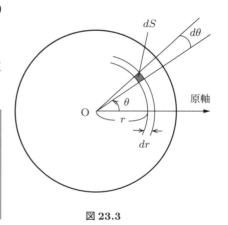

図 23.3

に，原点からの距離 r と，原点を通る半直線（本書では「原軸」と呼ぶ）からの角度 θ で円板上の位置を指定するものである。

(1) $r \sim r + dr$，$\theta \sim \theta + d\theta$ で囲まれた領域（灰色の部分）の微小な面積を dS，その点 O まわりの慣性モーメントを dI とする。求めたい慣性モーメント I と dI の関係式を書け。

(2) 微小な領域の質量を dm として，dI と dm の関係式を書け。

(3) 円板の単位面積あたりの質量を σ とする。dm を dS を使って表せ。

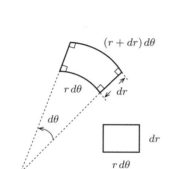

図 23.4

微小領域は，図 23.4 に示す通り，"内" 円弧 $r\,d\theta$ と "外" 円弧 $(r+dr)\,d\theta$ に挟まれ，微小な "厚さ" dr を有している。この微小領域は，$dr \to 0$ および $d\theta \to 0$ の極限では（挿入図にあるように），長方形とみなしてよい。

(4) dS を，$d\theta$ と dr を用いて答えよ。

(5) 以上から，求める慣性モーメント I を，変数 r と変数 θ の積分とし表記せよ。積分範囲も明記すること。

(6) 上記 (5) の積分を実行して，慣性モーメント I を求めよ。

■**考え方**■　基本的には，誘導に従って解けばよい。もし，わからなくなったら，例題 22.2 を参照しながら取り組めばよい。

解答 23.4

(1)
$$I = \int_{\text{円板全体}} dI \tag{23.18}$$

(2)
$$dI = r^2\,dm \tag{23.19}$$

(3)
$$dm = \sigma\,dS \tag{23.20}$$

(4)
$$dS = r\,d\theta\,dr \tag{23.21}$$

(5) 式 (23.18)，式 (23.19)，式 (23.20) より
$$I = \int_{\text{円板全体}} r^2 \sigma\,dS \tag{23.22}$$

ここで，式 (23.21) より，「円板全体」の積分は，角度 θ と半径 r が積分変数である。円板の半径が R だから $0 < r < R$，

$0 < \theta < 2\pi$。よって

$$I = \sigma \int_0^R r^3 \, dr \int_0^{2\pi} d\theta \qquad (23.23)$$

である。

(6) 円板全体の質量は M_0 だから

$$\sigma = \frac{M_0}{\pi R^2} \qquad (23.24)$$

である。式 (23.23) と式 (23.24) より

$$I = \frac{1}{2} M_0 R^2 \qquad (23.25)$$

となる。

23.5 慣性モーメントは「覚える」より「求める」——●

ほとんどのテキストでは，かなり多くの事例について慣性モーメントを計算している。だが，あえて本書では慣性モーメントの計算に注力しない。その理由として，以下が挙げられる。

- 例えば式 (23.25) を，式 (23.13) から式 (23.17) に代入してみればわかる。I/R^2 が $M_0/2$ に置き換わるだけだ。これは筆者の主観だが，I/R^2 とあれば「回転運動する滑車の物理量だ」と容易に認識できる。

- 式 (23.13) から式 (23.17) のように，**できるだけ I として考えていき，必要なら最後に具体的な表記** [注6] **を代入する**ことをお勧めする [注7]。

- 覚えなくても，「棒」と「円板」の例のように，積分で求めればよい。生半可に記憶していると，例えば「棒」の場合には回転軸が「端っこ」なのか，「中心」なのか，間違えてしまい，適切ではない慣性モーメントを扱ってしまいがちである。

[注6] 例えば式 (23.25) のような表記。

[注7] これは，次の事情に似ている。「物理量が具体的な数値で与えられていても，できるだけ文字で計算してゆき，最後に数値を代入する方が，初めから数値で計算するより，遥かに見通しがよく計算も正確にできる」。

> **コーヒーブレイク：その 12**
> **UFO は空飛ぶ円盤ではない！**

　滑車を，鉛直面内で回転する「円板」としたことから，「円盤」にまつわる世間の誤解について言及しておこう。多くの人が「UFO ＝ 空飛ぶ円盤 ＝ 宇宙人の乗り物」と短絡的に理解しているようだ。これは，完全な間違いである。そもそも

$$\text{UFO = Unidentified Flying Object}$$

である。つまり，「正体不明の飛行物体」のことなのだ。したがって，空を見上げて，変な動きをしている発光体が見えたとしよう。これを「あっ，

UFO だ！」と言うのは，全く正しい。しかし，「どんな宇宙人が乗ってるのかな？」と考えたら，それは完全に間違いなのである。

コーヒーブレイク：その 13

地球外生命体は確実に存在する。

一方，地球で遭遇する可能性は極めて低い。

宇宙は，日常の感覚では計り知れないほどに，広大なのだ。

　我々の銀河系には，約 2000 億もの恒星が存在するとされている。そして，最近の研究では，我々のような銀河は，宇宙に 2 兆個（！）もあるとされている。つまり，2000 億 × 2 兆個もの恒星が存在している。そんなに膨大な恒星の数からすると，知的生命体が存在しないと考えることこそ，不自然であろう。だから，多くの科学者は，「宇宙に知的生命体が存在する」と考えている[注8]。

　しかし，一方で，「宇宙人に遭遇して円盤を操縦した」と主張する人に対しては，多くの科学者は極めて冷ややかだ。

　つまり，知的生命体が「存在すること」と「地球で遭遇すること」とは，全く別次元の話なのだ。その理由は，おわかりだろうか？

　まず，宇宙の星々の間の距離は，我々が地上で生活している感覚からは，想像できないほど，とてつもなく離れているのだ。例えば，地球から太陽まででも，光の速度で進んで 8 分ほどかかる。そして，現在，最も生命の存在する可能性が高いとされる「K2-18b」と呼ばれる惑星でも，地球から「120 光年」離れている。つまり，そこに生命が存在して，なおかつ，高度な科学技術を有しているとしても，地球までは光速で片道 120 年かかる，ということだ。光速での移動は不可能だから，実際には，120 年の数倍はかかるだろう。そこまでして，"彼ら"が地球にやってくるメリットはあるのだろうか？　少なくとも筆者は，甚だ疑問に感じてしまう。

コーヒーブレイク：その 14

剛体と相対性理論

　筆者が大学に入学したばかりの頃，著名な教授から非常に興味深い話をお聞きした。それは「剛体という仮説は，相対性理論[注9]に矛盾する」ということ。理由は単純明快だ。「円板を回転させることを考える。この円板の半径が非常に大きいならば，円板の中心から遠く離れたところでは，接線方向の速度が光速度を超えてしまう！」なるほど！　このお話しは，今でも強烈に印象に残っている。その理由は，当時は自分でもよくわからなかった。今から思えば，おそらく直感的に，こう感じていたのだろう。「仮説を立てるのは人間サマの自由だが，根本的な物理法則に矛盾する場合がある。常に適用限界を考慮しておく必要がある」と。

注 8　「SETI＝Search for Extra Terrestrial Intelligence」と呼ばれる「地球外知的生命体の探索」で検索してみると，多くの興味深い情報が得られる。

注 9　この場合は特殊相対論のこと。その重要な帰結の 1 つが「この宇宙では，光速度を超えて運動するものは存在しない」というもの。

24 角運動量は回転運動に限らない 直進する質点の角運動量

24.1 小球が棒に衝突するとき：「非弾性」衝突 ───●

例題 24.1 図 24.1 のように，上端の点 O のまわりに摩擦なく鉛直面内で回転できる質量 M の棒がある。この棒に，質量 m の物体が水平に衝突し，棒と一体となって点 O まわりに回転を始めた。物体が棒に衝突した場所は，点 O から距離 r だけ下方の位置である。また，物体が棒に衝突する直前の速度は v_0 であった。以下の問いに答えよ。棒の点 O まわりの慣性モーメントは I である。

(1) 衝突は瞬間的であるため，衝突の際に生じる力は「撃力」と呼ばれ，重力は無視できる。衝突の瞬間に物体が受ける力と棒が受ける力をすべて図示せよ。

(2) 衝突の前後において，以下の物理量は保存するか。理由とともに答えよ。

　(i) 「物体＋棒」の**エネルギー**

　(ii) 「物体＋棒」の**運動量**

　(iii) 「物体＋棒」の点 O まわりの**角運動量**

一般に，回転角が θ であるとき，その時間微分 $\dot{\theta}$ を「角速度」と呼ぶ。多くの場合 $\dot{\theta}$ は，ω と表記される。

(3) 衝突直後における「物体＋棒」の点 O まわりの角速度 ω_0 を求めよ。必要ならば，下記を証明なしに使ってよい。

- 一般に慣性モーメント I の系の角速度が ω であるとき，この系の運動エネルギーは $\frac{1}{2}I\omega^2$，角運動量は $I\omega$ である。

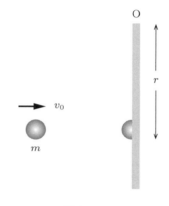

図 24.1

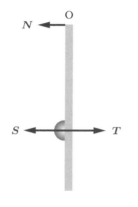

図 24.2

注 1 撃力がない場合には，棒が点 O から
受ける力は，これまでの例題の通り，棒
と同じ方向である。撃力では衝突の瞬間
の非常に大きな力を考えるので，棒と同
じ方向の力も無視する。これは，衝突の
瞬間には，棒の重力も物体の重力も無視
するのと同じである。

注 2 小球の運動量は水平方向・右向き。
点 O からの位置ベクトル r は鉛直方向・
下向き。両者は直角であるから。

注 3 慣性モーメントの定義を確認しよう。
「$m_i r_i^2$ の和」であった。今の場合，「棒」
についての"和"の結果が I だと考えれ
ば，容易に理解できる。

■**考え方**■

- 「撃力」を取り上げるのは，この例題が初めてであり，少し戸惑うかもしれない。初めてこの例題に取り組む際には，自力で解くことにはこだわらず，少し考えてわからなければ，解答を正しく理解することを心がけよう。

- これまで，何度となく「**点 O から受ける力**」を強調してきた。その重要性は，この例題で明らかになる。

解答 24.1

(1) 図 24.2 の通り。物体は水平方向に衝突するので，物体が棒に与える撃力 T も水平方向・右向きである。棒は，力 T の他に，点 O からも水平方向に [注 1] 力 N を受ける。物体は，衝突の瞬間に棒から力 S を受ける。力 T は，力 S の反作用であるため，大きさは同じである。

(2) (i)　「物体＋棒」の**エネルギー**：保存しない。

理由：衝突の際に，物体が変形して棒に付着する。衝突の直前の運動エネルギーの一部が，この変形に使われるから。

(ii)　「物体＋棒」の**運動量**：保存しない。

理由：力 S と力 T とは，作用・反作用の関係にある。このため，衝突の瞬間に働く力が，もし力 S と力 T だけならば，運動量は保存する。しかしながら，今の場合，これ以外に点 O から受ける撃力 N が存在する。これが衝突の際の力積となるから。

(iii)　「物体＋棒」の点 O まわりの**角運動量**：保存する。

理由：撃力 N の点 O まわりのトルクはゼロである。また，撃力 S と撃力 T とは，大きさが同じであるため，「物体＋棒」にとっては「内力」となり，そのトルクもゼロとなるから。

(3) 「物体＋棒」の衝突の直前・直後の点 O まわりの角運動量を考える。

【衝突直前】物体の角運動量のみで，これは $mv_0 r$ である [注 2]。

【衝突直後】「物体＋棒」の点 O まわりの慣性モーメントは，$I + mr^2$ である [注 3]。角速度は ω_0，角運動量は $(I + mr^2)\omega_0$ であるから

$$mv_0 r = (I + mr^2)\omega_0 \tag{24.1}$$

となる。したがって

$$\omega_0 = \frac{mv_0 r}{I + mr^2} \tag{24.2}$$

今後の例題で重要となるので，改めて強調しておく。

例によって，あえて証明には注力しない。**まずは，使いこなして慣れることが大切**だからである。**慣れてから，おもむろに証明にチャレンジすればよい**[注4]。

注4 まず，慣れる。それから余裕ができれば，証明する。これをお勧めする。これは筆者自身の経験でもあるが，そのうち，「そういえば，どのように証明するのかな？」と「証明したい気持ち」になるときが訪れるのである。

24.2 エネルギー「保存率」：特殊な場合で確認 ———●

例題 24.2 例題 24.1 における衝突の前後で，

(1) 次式で定義されるエネルギーの保存率 α を求めよ。
$$\alpha = \frac{\text{衝突後のエネルギー}}{\text{衝突前のエネルギー}} \qquad (24.3)$$

(2) 棒の慣性モーメント I と物体の点 O まわりの慣性モーメント mr^2 の関係において

(i) $I/mr^2 \to 0$

(ii) $mr^2/I \to 0$

の場合の保存率 α を議論せよ。

▊考え方▊ 例によって，得られた結果に対し，特別な場合を考えることが大切。チェックに役立つだけではなく，物理的な意味を深く理解するためでもある。

解答 24.2

(1) 式 (24.2) を用いると
$$\alpha = \frac{1}{2} \frac{(m v_0 r)^2}{I + mr^2} \Big/ \frac{1}{2} m v_0^2 = \frac{mr^2}{I + mr^2} \qquad (24.4)$$

(2) (i) $I/mr^2 \to 0$ の場合

式 (24.4) の分子分母を mr^2 で割ると

$$\alpha = \frac{1}{(I/mr^2) + 1} \qquad (24.5)$$

となるから，$\alpha \to 1$，すなわちほとんど失われない。

ここで，$I/mr^2 \to 0$ とは，「物体にとって，棒の慣性モーメントは無視できる」ということ。すなわち，物体にとって，棒の存在はないに等しい，という状況[注5]であり，棒によって減速されない，ということである。

(ii) $mr^2/I \to 0$ の場合

式 (24.4) の分子分母を I で割ると

$$\alpha = \frac{mr^2/I}{1 + (mr^2/I)} \qquad (24.6)$$

となるから，$\alpha \to 0$，すなわちほとんどが失われる。

ここで，$mr^2/I \to 0$ とは，「物体にとって，棒の慣性モーメントは無限大である」ということ。すなわち，物体が衝突しても，棒は"びくともしない"[注6]。よって棒にくっついて，止められてしまう，という状況である。

注5 棒が軽いので，物体は棒に接着しつつも，"軽々と押し回す"というイメージ。

注6 物体が巨大な壁にぶつかって，ただ"自滅"するだけ，というイメージ。

24.3 小球が棒に衝突するとき：「弾性」衝突 ━━━━●

例題 24.1 では，「非弾性」衝突の場合を考えた。もちろん，「非弾性」衝突があれば，「弾性」衝突もある。何がどう変わるのか。

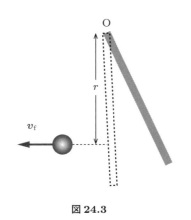

図24.3

例題 24.3 図 24.3 のように，上端の点 O のまわりに摩擦なく鉛直面内で回転できる質量 M の棒がある。この棒に，点 O から距離 r だけ下方の位置で，質量 m の物体が水平に「弾性」衝突した。衝突の瞬間には，例題 24.1 と同様の「撃力」が働き，その直後には，物体は水平方向に大きさ v_f の速度となり，棒は，反時計まわりに角速度 ω_0 となった。棒の長さは L，質量は一様であるとし，棒の点 O まわりの慣性モーメントを I として，以下の問いに答えよ。

(1) 衝突後に棒に働く外力をすべて図示せよ。

(2) 例題 24.1 と同様，衝突の直前と直後では，点 O まわりの角運動量は保存する。これを数式で書け。

(3) 衝突の直前と直後では，力学的エネルギーは保存する。

これを数式で書け。

(4) v_f と ω_0 を求めよ。ただし，図 24.3 では，v_f は「左向き」となっているが，条件によっては「右向き」となりうる場合も考慮せよ。

■**考え方**■

(1) 衝突の「瞬間」に働く力は「撃力」であるが，「直後」では撃力は消え，重力も考慮すべき"穏やかな世界"となる。

(4) 「弾性」衝突だからといって，衝突の直後の物体の速度は，必ずしも「左向き」[注7] になるわけではない。運動エネルギーには，当然のことながら (速度)^2 が入ってくるので，v_f を未知数とする 2 次方程式になる。よって，2 つの解が得られるはずであるが，それぞれの解の「物理的意味」を考えることが重要である。**「弾性衝突」の定義は，「運動エネルギーが保存する」衝突である**[注8]。つまり

> ■**注意！**■
> **「弾性衝突」の定義は「反発係数＝1」ではない！**

注7 計算の結果，v_f の値が「負」になれば，「右向き」であることである。

注8 「弾性衝突」を「反発係数＝1」としてよいのは，特別な場合に限られる。例題 24.6 で詳しく解説する。

解答 24.3

(1) 図 24.4 の通り。棒は点 O のまわりに摩擦なく回転できるので，点 O から受ける抗力は棒と同じ方向である。棒の質量分布は一様なので，重力は重心，すなわち点 O から長さ $L/2$ にすべての重力 Mg が働くとしてよい。

(2) 速度 v_f は，左向きを「正」として[注9]

$$mv_0 r = I\omega_0 - mv_f r \tag{24.7}$$

となる。

(3)

$$\frac{1}{2}mv_0^2 = \frac{1}{2}mv_f^2 + \frac{1}{2}I\omega_0^2 \tag{24.8}$$

(4) 式 (24.7) と式 (24.8) は，v_f と ω_0 を未知数とする連立方程式である。式 (24.7) から

$$\omega_0 = \frac{mr}{I}(v_0 + v_f) \tag{24.9}$$

となる。式 (24.9) を式 (24.8) に代入して，v_f で整理すると

$$(I + mr^2)v_f^2 + (2v_0 mr^2)v_f + (mr^2 - I)v_0^2 = 0 \tag{24.10}$$

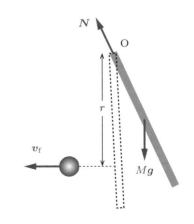

図 24.4

注9 もし計算の結果として $v_f < 0$ となれば，この場合には v_f は水平「右」向きであることを意味する。

となる。v_f について解くと

$$v_f = -\frac{mr^2 \pm I}{mr^2 + I} v_0 \tag{24.11}$$

となるから，± の − をとると

$$v_f = \frac{I - mr^2}{I + mr^2} v_0 \tag{24.12}$$

となり，± の + をとると

$$v_f = -v_0 \tag{24.13}$$

となる。式 (24.12) を式 (24.9) に代入して

$$\omega_0 = \frac{2mrv_0}{I + mr^2} \tag{24.14}$$

となる。他方，式 (24.13) を式 (24.9) に代入すると

$$\omega_0 = 0 \tag{24.15}$$

となる。後者の場合，すなわち式 (24.13) と式 (24.15) の場合は，確かにエネルギーは保存するが，衝突していないことを示しているので，本件の仮定に反する[注10]。したがって，式 (24.12) と式 (24.14) の場合を，I と mr^2 の大小で場合分けして考える。

(i)　$I > mr^2$ のとき

v_f は水平「左」向きで[注11]，大きさが式 (24.12)。ω_0 は反時計回りで大きさが式 (24.14) となる。

(ii)　$I < mr^2$ のとき

v_f は水平「右」向きで，式 (24.12) より「大きさ」は

$$v_f = \frac{mr^2 - I}{mr^2 + I} v_0 \tag{24.16}$$

である。ω_0 は，反時計回りで大きさが式 (24.14) となる（$I > mr^2$ のときと同じ）。

(iii)　$I = mr^2$ のとき

$I = mr^2$ と式 (24.12) から

$$v_f = 0 \tag{24.17}$$

となる。また，$I = mr^2$ を式 (24.14) に代入して

$$\omega_0 = \frac{v_0}{r} \tag{24.18}$$

となる。

注10　本質的に同じ状況が，例題 27.1 および例題 27.3 で現れる。いずれも「数学的な解」として得られるものの，それは物理的には“衝突していない”状況を示している。

注11　式 (24.7) で，水平「左」向きを「正」としていたから。

> **例題 24.4** 例題 24.3 の解答 (4) の 3 つの場合について,「衝突直後にどのような状況になるか」を,数式を用いずに言葉で簡潔に述べよ。

■考え方■ まずは図を描くこと！

解答 24.4

(i) 衝突直後の速度が水平「左」向きだから,小球は,棒に跳ね返される。棒は,小球の角運動量の一部を得て,反時計回りに回転を始める。

(ii) 衝突直後の速度が水平「右」向きだから,小球は棒を "蹴散らす"。これにより,衝突後の小球の角運動量は,衝突前より減少するが,残りの角運動量によって,小球の速度は「右向き」に進む。棒は,小球の角運動量の一部を得て,反時計回りに回転を始める。

(iii) 小球は,棒に衝突した直後に速度がゼロとなる[注12]。小球の角運動量は,100%,棒に与えられる。棒は,小球が衝突前にもっていた角運動量のすべてを "受け継ぎ",反時計回りに回転を始める[注13]。

> **例題 24.5** 例題 24.3 の解答 (4) の (i) の場合について,「反発係数」を求めよ。

■考え方■ 描いた図と,例題 24.3 の結果を使うだけで解答できる。

解答 24.5 (i) の場合の反発係数 e は,定義から

$$e = \frac{v_{\mathrm{f}}}{v_0} \tag{24.19}$$

であるから,式 (24.12) と $I > mr^2$ より

$$e = \frac{I - mr^2}{I + mr^2} \tag{24.20}$$

となる。明らかに,$e < 1$ である。

> **例題 24.6** 「弾性衝突」において,「反発係数 = 1」としてよい場合は,どのような場合か。言葉で簡潔に述べよ。

■考え方■ 式 (24.20) で,$e \to 1$ とするには,どうすればよいか

注 12 小球は,衝突の直後に一瞬静止して,ポタリと下方に自由落下する。

注 13 衝突によって小球は速度がゼロとなる。一方,衝突直後の棒の,中心 O から長さ r の位置での水平方向の速度は,式 (24.16) より v_0 となる。これは極めて興味深い事実である。ここではあえて筆者の見解を述べない。読者が各自,この事実の意味するところを物理的に考察してみよ。力学に対する理解が深まり,「ああ,そういうことか！」と気付くであろう。

を考える。

解答 24.6 式 (24.20) において，$I \to \infty$ であれば，$e \to 1$ である。この例題では，点 O まわりの回転を考えているため，「慣性モーメントが無限大」が解答となる。しかし，反発係数が議論されるのは，より一般的な「回転を伴わない」場合，すなわち地面や壁に衝突する場合である。この場合，衝突 "相手" が移動も変形もしないのは，「質量が無限大」と暗黙に仮定されているためである。さらに，「質量が無限大」→「慣性モーメントも無限大」となる。以上から「弾性衝突＝反発係数が 1」が正当性を保っていたのは，暗黙のうちに，衝突 "相手" の「質量が無限大」と仮定されている場合に限られる。

並進運動＋回転運動：その1
外力が作用する位置は，並進運動に無関係

これまでは，固定された軸のまわりの回転運動を取り扱ってきた。この章では，回転軸が固定されていない場合の運動を取り扱う。その際に必要となる重要な定理を以下に述べる[注1]。

注1 前章の例題の「注」でも述べた通り，「新しく遭遇した定理は，まずは慣れること。証明は，十分に慣れてからでよい」。

▌回転軸が移動する運動：大原則▐

- 「重心の並進運動」と「重心まわりの回転運動」は独立である。
- 「重心の並進運動」
  ＝「"全質量が重心に集約した"質点の運動」
- 「重心まわりの回転運動」
  ＝「"重心を固定軸"とみなした回転運動」

本章と次章では，この定理の理解を深めることが目的である。ここまで読んだだけだと，"なんだかよくわからない"と思うかもしれない。しかし，心配無用！ 具体例で考えてみると，意外と簡単なのだ。

25.1 斜面を転がり落ちる円板 ────────●

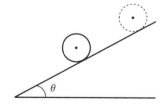

図 25.1

例題 25.1 図 25.1 のように，水平面との角度が θ の斜面上に，質量 M，半径 R の円板が置かれている（図中の点線）。この円板を，時刻 $t = 0$ において静かに離したところ，円板は倒れることなく滑らずに斜面に沿って降下した（図中の実線）。以下の問いに答えよ。円板の中心まわりの慣性モーメントは I である。円板の重心まわりの回転角は ϕ である。また，円板と斜面の静止摩擦係数は μ，動摩擦係数は μ' である。

(1) 円板に働く外力を図示せよ。

(2) 図 25.2 のように，時刻 $t = 0$ での円板の中心の位置を原点として，x 軸と y 軸を設定する。任意の時刻 t での

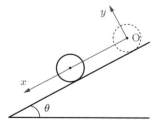

図 25.2

円板の重心の x 方向，および y 方向の運動方程式を答
えよ。必要な物理量は，各自で定義して明記せよ。

(3) 任意の時刻 t での重心まわりの回転の運動方程式を答
えよ。必要なら，上記 (2) で定義した物理量を使って
よい。

(4) 以上の運動方程式における未知数をすべて挙げよ。ま
た，これだけでは解は求まらない理由を答えよ。

(5) この円板は，「滑らずに」斜面に沿って降下する。この
条件を等式で答えよ。

(6) この円板の運動を，時刻 t の関数として求めよ。

■考え方■

- 「主人公」→「外力」→「運動方程式」
- 外力の count up ＝「接するところに力あり」
- 静止摩擦力と垂直抗力は，未知数！
- 解けない？ →「隠れた条件を探せ」

解答 25.1

(1) 円板には，斜面から受ける垂直抗力 N，斜面との間の静止摩擦
力 f，そして重力 Mg が働く。図 25.3 に示す。

(2) x 方向の運動方程式は

$$M\ddot{x} = Mg\sin\theta - f \tag{25.1}$$

となる。

y 方向の運動方程式は，斜面垂直方向には運動しないので，
$\ddot{y} = 0$ である。よって

$$0 = N - Mg\cos\theta \tag{25.2}$$

となる。

(3) 重力の作用点は円板の中心であり，垂直抗力と中心との距離は
ゼロであるから，これらの中心まわりのトルクはゼロ。トルク
として円板の回転に寄与するのは，静止摩擦力 f のみである。
静止摩擦力 $\boldsymbol{f}$ が，作用点の位置ベクトル $\boldsymbol{R}$ と垂直であるから，
トルクの大きさは fR，向きは反時計まわりである。よって，
重心まわりの回転の運動方程式は，

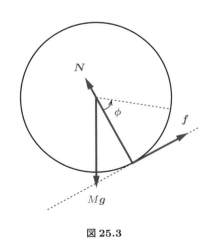

図 25.3

$$I\ddot{\phi} = fR \qquad (25.3)$$

となる。

(4) 方程式 (25.1), (25.2), (25.3) において, 未知数は

$$\ddot{x}, \ f, \ N, \ \ddot{\phi}$$

の 4 つである。他方, 方程式は 3 つ。よって, この連立方程式は解けない。

(5) 微小時間 dt の間に, 円板は $R\,d\phi$ だけ回転する。円板が滑らないとき, 円弧の長さ ＝ 中心の移動距離である。よって,

$$R\,d\phi = dx \qquad (25.4)$$

となる。この両辺を dt で割って

$$R\dot{\phi} = \dot{x} \qquad (25.5)$$

となる。さらに時間 t で微分すると

$$R\ddot{\phi} = \ddot{x} \qquad (25.6)$$

を得る。

(6) 4 つの未知数は, 4 つの式 (25.1), 式 (25.2), 式 (25.3), 式 (25.6) の連立方程式の解として一意に求められる。これを解くと,

$$\ddot{x} = \frac{MR^2}{MR^2 + I} g \sin\theta \qquad (25.7)$$

$$\ddot{\phi} = \frac{MR}{MR^2 + I} g \sin\theta \qquad (25.8)$$

$$f = \frac{I}{MR^2 + I} Mg \sin\theta \qquad (25.9)$$

を得る[注2]。初期条件は, 座標軸の定義より

$$\phi(0) = x(0) = 0 \qquad (25.10)$$

である。時刻 $t = 0$ では, 円板を静かに放したので

$$\dot{\phi}(0) = \dot{x}(0) = 0 \qquad (25.11)$$

となる。式 (25.7), 式 (25.8) を, 初期条件の式 (25.10) と式 (25.11) を使って時間 t で積分すると

$$x(t) = \frac{1}{2} \frac{MR^2}{MR^2 + I} [g \sin\theta] t^2 \qquad (25.12)$$

$$\phi(t) = \frac{1}{2} \frac{MR}{MR^2 + I} [g \sin\theta] t^2 \qquad (25.13)$$

を得る。

注2 この結果は,「加速度は時間に依存しないこと」を示している。よって, $\ddot{x}(t)$ などとは表記しない。ただし, 当然のことながら, 時間で積分すると時間の関数となるので式 (25.11), (25.12), (25.13) のように, $\dot{x}(t)$, $x(t)$ などと表記する。

25.2 円板のエネルギーと静止摩擦力 ──────────●

ここで，極めて重要な事実を指摘しておく。

> ▌**重要**▌
> 静止摩擦力は仕事をしない。

このことを，次の例題で確認したい。そのために必要な定理を提示する[注3]。

注3　例によって「新しく遭遇した定理は，まずは慣れること。証明は，十分に慣れてからでよい」。

> ▌**回転軸が移動する運動：エネルギーに関する定理**▌
> - 「系の運動エネルギー」
>   ＝「重心の並進運動のエネルギー」
>   ＋「重心まわりの回転運動のエネルギー」
> - 「重心の並進運動のエネルギー」＝ $\dfrac{1}{2}MV^2$
> - 「重心まわりの回転運動のエネルギー」＝ $\dfrac{1}{2}I\omega^2$
> - 「系の位置エネルギー」
>   ＝「重心の位置エネルギー」＝ Mgh

例題 25.2　例題 25.1 において，

(1) 時刻 t での位置エネルギー P.E. を，$x(t)$ を用いて答えよ。P.E. の原点は，$t = 0$ とする。

(2) 時刻 t での運動エネルギー K.E. を，$\phi(t)$ を用いて答えよ。

(3) 例題 25.1 で得た結果を使って，P.E. ＋ K.E. を求めよ。

(4) 上記 (3) の結果の物理的意味を簡潔に述べよ。

▌**考え方**▌　上記の「エネルギーに関する定理」に慣れるための問題である。

【解答 25.2】

(1) 「重心にすべての質量が"集約した"質点」の位置エネルギーである。重心は $x\sin\theta$ だけ降下しているから

$$\text{P.E.} = -Mgx\sin\theta \tag{25.14}$$

となる。

(2) K.E. は時刻 $t = 0$ での「重心の並進運動のエネルギー」と「重

心まわりの回転運動のエネルギー」の和であるから

$$\mathrm{K.E.} = \frac{1}{2}M\dot{x}^2 + \frac{1}{2}I\dot{\phi}^2 \tag{25.15}$$

となる。

(3) 上記 (1) と (2) から

$$\mathrm{P.E.} + \mathrm{K.E.} = -Mgx\sin\theta + \frac{1}{2}M\dot{x}^2 + \frac{1}{2}I\dot{\phi}^2 \tag{25.16}$$

ここで,

$$A = \frac{MR^2}{MR^2 + I} \tag{25.17}$$

とすると,式 (25.12) と式 (25.13) から

$$x = \frac{1}{2}A[g\sin\theta]t^2 \tag{25.18}$$

$$\dot{x} = A[g\sin\theta]t \tag{25.19}$$

$$\dot{\phi} = \frac{A}{R}[g\sin\theta]t \tag{25.20}$$

が得られる。式 (25.18),式 (25.19),式 (25.20) を式 (25.16) に代入すると

$$\mathrm{P.E.} + \mathrm{K.E.} = 0 \tag{25.21}$$

となる。

(4) 式 (25.21) は,任意の時刻 t での K.E + P.E. が常にゼロであり,これは $t = 0$ での値と同じであることを示している。他方,この間に,円板には常に静止摩擦力が働いている。したがって,これは

静止摩擦力は仕事をしない

ということを直接的に示している。

25.3 重心の「並進運動」と外力の「作用点」————●

例題 25.1 と例題 25.2 によって,この章の冒頭で述べた「大原則」の意味が,具体的に把握できたことと思う。しかし,極めて重要な注意点であるのに,ほとんどの書籍において明確に指摘されていない事実がある。それに言及しておこう。それは,重心の並進運動を考える際の**「外力」の「作用点」**である。式 (25.1) と図 25.3 を見て欲しい。重力は,重心すなわち円板の中心に作用していると考えてよい。しかし,静止摩擦力 f はどうか? その「作用点」は,接地点である。つまり,重心から離れた位置であるにもかかわらず,**重**

心に並進運動させる外力として couut up している。いや，count
up しなければならないのである。この観点を意識すると，**垂直抗力
N も同様**である。実際，式 (25.2) で明記した通り，重心の y 方向の
運動方程式に，しっかりと組み込まれている。つまり**重心の並進運
動に寄与する外力は，その作用点によらない**ということである。

　では，外力の作用点の"影響"は，どうなるのか？　それは，重
心まわりの回転運動に"影響する"のである。この章の冒頭で述べ
た「大原則」に，この点を付け加えて改めてまとめておこう。

■回転軸が移動する運動：大原則■

- **すべての外力**が 2 種類の運動の**両方に寄与**する。
- 2 種類の運動
  ＝「重心 の **並進運動**」＋「重心 まわりの **回転運動**」
  両者の運動は**独立**である。
- 「重心の**並進運動**」
  ＝「"全質量が重心に集約"した**質点 の 並進運動**」
- 「重心まわりの回転運動」
  ＝「"重心を固定軸"とみなした**剛体 の 回転運動**」

■回転軸が移動する運動：注意点■

- **並進運動**は，外力の**作用点の位置に無関係**である。
- 外力の**作用点の位置**は，**回転運動に効いてくる**。

　これまでの物理の書籍では，「重心の特性を使って，並進運動と回
転運動に分けて考えればよい」ということは強調されてきた。しか
し，それだけではスッキリと理解できないことが多いのも事実であ
る。例えば，次の例題は，良問として昔から有名であるが，"解答を
読んでも，なぜかしっくりこない"，"腑に落ちない"と思う人が多
い。実際，学生時代の筆者自身もそうであった。上で述べた「大原
則」と「注意点」の意味するところを理解し，自分のモノとするに
は格好の事例であると思っている。

例題 25.3　図 25.4 のように，一様な質量分布をもった棒
AB が，摩擦のない水平面上に静止して置かれている。この
棒の中心からの距離 a の位置に，棒に垂直方向に撃力 F_t を
加えた。撃力を与えた直後の棒の状況について，以下の問い
に答えよ。棒の質量は M で，長さは L とする。撃力 F_t は，

力 $f(t)$ と短い時間 Δt との力積である。

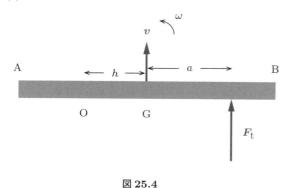

図 25.4

(1) 重心 G の座標を $(x(t), 0)$ とする。x 軸は，棒 AB に垂直で，棒が進行する向きを「正」とする。重心の並進運動の方程式を書け。

(2) 撃力を与えた直後の重心 G の速度を v とする。(1) で得られた運動方程式を，時刻 $t = 0$ から 時刻 $t = \Delta t$ まで積分することで，速度 v を求めよ。

(3) 棒が初めの位置との間になす角度を θ とする。棒の重心 G まわり慣性モーメントを I として，回転の運動方程式を書け。

(4) 撃力を与えた直後の棒の角速度を ω とする。(3) で得られた回転の運動方程式を，時刻 $t = 0$ から時刻 $t = \Delta t$ まで積分することで，角速度を ω を求めよ。

(5) 棒の各点の速度は，重心からの距離によって異なる。例えば，点 B の速度が一番大きい。瞬間的に速度がゼロとなる点 O は，重心から左に距離 h の位置である。h を求めよ。

■**考え方**■　第 16 章での力積と運動量の関係を思い出そう。思い出せないなら，参照しながら考えればよい。第 16 章では，「質点」に対してであったが，今回は「剛体」に適用する。適用の過程で，上記の「大原則」と「注意」を読み込んで，この具体例でスッキリと理解しよう。

解答 25.3

(1)　力 $f(t)$ の作用点は重心 G から距離 a だけ離れているが，**その**

距離は重心 G の並進運動には無関係である [注4] ので

$$M\ddot{x}(t) = f(t) \tag{25.22}$$

となる。

(2) 式 (25.22) を，時刻 $t = 0$ から時刻 $t = \Delta t$ まで積分し，$\dot{x}(0) = 0$ および $\dot{x}(\Delta t) = v$ に留意すると

$$Mv - 0 = \int_0^{\Delta t} f(t)\,dt \tag{25.23}$$

となる。題意より，式 (25.23) の右辺は F_t である。すなわち

$$\int_0^{\Delta t} f(t)\,dt = F_\mathrm{t} \tag{25.24}$$

であるから

$$Mv = F_\mathrm{t} \tag{25.25}$$

となり，

$$v = \frac{F_\mathrm{t}}{M} \tag{25.26}$$

を得る。

(3) 重心 G まわりの慣性モーメントが I であるので，回転の運動方程式は

$$I\ddot{\theta}(t) = af(t) \tag{25.27}$$

である。

(4) 式 (25.27) を，時刻 $t = 0$ から時刻 $t = \Delta t$ まで積分し，$\dot{\theta}(0) = 0$ および $\dot{\theta}(\Delta t) = \omega$ に留意すると

$$I\omega - 0 = \int_0^{\Delta t} af(t)\,dt \tag{25.28}$$

となる。式 (25.28) と式 (25.24) から [注5]，

$$I\omega = aF_\mathrm{t} \tag{25.29}$$

となる。したがって

$$\omega = \frac{aF_\mathrm{t}}{I} \tag{25.30}$$

を得る。

(5) 重心 G から距離 y である点の速度 $v(y)$ は

$$v(y) = v + y\omega \tag{25.31}$$

であるから [注6]，$v = 0$ となる y は

$$v + y\omega = 0 \tag{25.32}$$

に式 (25.26) と式 (25.30) を代入して

$$y = -\frac{I}{Ma} \qquad (25.33)$$

を得る。題意より

$$h = \frac{I}{Ma} \qquad (25.34)$$

となる。

類題 25.1 例題 25.3 において，v と ω の関係式を求めよ。また，この関係式の意味するところを，言葉で簡潔に述べよ。

26

並進運動＋回転運動：その2
動摩擦の場合・静止摩擦の場合

最初に，多くの読者が経験したであろう現象を例題として取り上げる。

26.1 ピンポン球にバックスピンをかけて ─────●

例題 26.1 図 26.1（次ページ参照）のように，摩擦のある水平面で，ピンポン球にバックスピン（図 26.1 で反時計まわりの角速度）ω_0 をかけるとともに，右方向に初速度 v_0 を与えた。この後の運動を考える。ピンポン球は，半径が a，質量は M，中心まわりの慣性モーメントは I である。ピンポン球と水平面の間の動摩擦係数は μ' とする。ピンポン球の接地点が，地面に対して滑っているときを考える。

(1) ピンポン球に働く外力をすべて図示せよ。必要な物理量は，各自で定義して明記せよ。

(2) 重心の水平方向の位置を x 座標で，鉛直方向の位置を y 座標とする。重心の運動方程式を書け。

(3) 重心の速度 $\dot{x}(t)$ を時間 t で表せ。

(4) ピンポン球の重心まわりの回転運動の方程式を書け。反時計まわりを「正」とせよ。

(5) ピンポン球の重心まわりの角速度 $\omega(t)$ を，時間 t で表せ。

(6) ピンポン球の接地点の速度を $u(t)$ としたとき，

$$u(t) = \dot{x} + a\omega(t) \tag{26.1}$$

と書ける理由を，簡潔に述べよ。

■考え方■

● 考える順序は「主人公」→「外力」→「運動方程式」。

● 外力の count up =「接するところに力あり」

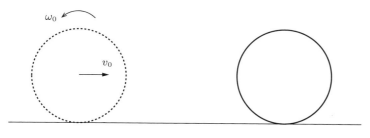

図 26.1

● 静止摩擦力と垂直抗力は，未知数！

解答 26.1

(1) ピンポン球は，接地点で水平面において，垂直抗力 N と動摩擦力 f を受けている。また，鉛直下方に重力 Mg を受けている。図 26.2 の通り。

(2) ピンポン球の中心の位置を，図 26.3 のような座標軸で記述する。今，「ピンポン球が水平面に対して滑っている状況である」と仮定されているので，摩擦力は，静止摩擦力ではなく動摩擦力 $f = \mu' N$ である。これより，x 方向の運動方程式は[注1]

$$M\ddot{x} = -\mu' N \tag{26.2}$$

となる。y 方向の運動方程式は[注2]

$$0 = N - Mg \tag{26.3}$$

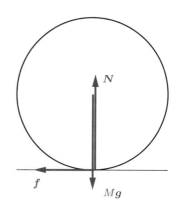

図 26.2

注1 摩擦係数は，垂直抗力によって定義されるのであり，重力とは無関係である。

注2 あくまで，y 方向の加速度がゼロの「運動方程式」である。"つりあい"ではない。

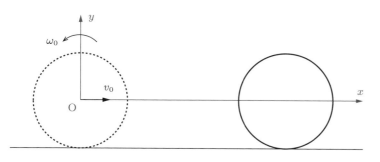

図 26.3

(3) 式 (26.2) と式 (26.3) より

$$M\ddot{x} = -\mu' Mg \tag{26.4}$$

となるので，初期条件を使って時間 t で積分すると

$$\dot{x}(t) = v_0 - \mu' g t \tag{26.5}$$

となる。

(4) ピンポン球の回転に寄与するのは，動摩擦力によるトルクのみである [注3]。$\ddot{\theta} = \dot{\omega}$ より，ω を使って表すと

$$I\dot{\omega}(t) = -\mu'Mga \qquad (26.6)$$

となる。

(5) 式 (26.6) を，初期条件 $\omega(0) = \omega_0$ を使って時間 t で積分すると

$$\omega(t) = \omega_0 - \mu'\frac{Ma}{I}gt \qquad (26.7)$$

となる。

(6) 水平面に対する重心の速度が $\dot{x}(t)$，重心に対する接地点の速度が $a\omega(t)$ である。すなわち

$$\text{水平面} \xrightarrow{\dot{x}} \text{重心} \xrightarrow{a\omega(t)} \text{接地点}$$

となることから，接地点の水平面に対する速度 $u(t)$ は，式 (26.1) となる。

26.2 ピンポン球　戻ってくる？　戻ってこない？ ─●

このような遊びを経験された読者なら，次の疑問が気になるであろう。「ピンポン球は戻ってくるのか？　戻ってこないのか？」強くバックスピンを与えて送り出したピンポン球は「戻ってくる」が，いくら速いスピードで送り出しても，バックスピンが弱いと，水平面で滑るのを"やめて"しまい，戻ってこない。このことを，物理的に考えてみよう。

例題 26.2　例題 26.1 で求めた 2 つの速度 $\dot{x}(t)$，$u(t)$ に対して，時刻 t_1，t_2 を次のように定義する。

$$\dot{x}(t_1) = 0, \quad u(t_2) = 0 \qquad (26.8)$$

(1)　次の事象が起きるのは，どのような条件か。ここで定義した時刻 t_1，t_2 を使って答えよ。

[A]　しばらくは $\dot{x}(t) > 0$ であるが，一瞬，停止したのち，継続している逆回転によって $\dot{x}(t) < 0$ となる。

[B]　しばらくは $\dot{x}(t) > 0$ であるが，やがて水平面に対して滑るのをやめてしまい，$\dot{x}(t) > 0$ のままとなる。

(2)　例題 26.1 の結果を使い，t_1，t_2 を求めよ。

(3)　以上から，[A] となる条件と [B] となる条件を求めよ。

■考え方■ 物理の法則を持ち出すまでもなく，論理的思考のみで解決できる問題である。

解答 26.2

(1) [A] $\dot{x}(t) > 0$ の状態から $\dot{x}(t) < 0$ となる過程で，一瞬 $\dot{x}(t) = 0$ となるが，このときにピンポン球の接地点が水平面に対して「滑って」いればよい。よって $t_1 < t_2$。

[B] $\dot{x}(t) > 0$ のまま，先に接地点が「滑らなく」なる。このとき，$u(t) = 0$ だが，依然 $\dot{x}(t) > 0$ である。よって $t_2 < t_1$。

(2) 式 (26.5) より

$$t_1 = \frac{v_0}{\mu' g} \tag{26.9}$$

となる。式 (26.1)，式 (26.5)，式 (26.7) より

$$u(t) = v_0 + a\omega_0 - \mu' g t\left[1 + \frac{Ma^2}{I}\right] \tag{26.10}$$

となる。これと式 (26.8) より

$$t_2 = \frac{I}{I + Ma^2}\frac{v_0 + a\omega_0}{\mu' g} \tag{26.11}$$

となる。

(3) [A] となるのは，$t_1 < t_2$ であるから

$$\frac{v_0}{\mu' g} < \frac{I}{I + Ma^2}\frac{v_0 + a\omega_0}{\mu' g} \tag{26.12}$$

すなわち

$$\frac{a\omega_0}{v_0} > \frac{Ma^2}{I} \tag{26.13}$$

となる[注4]。

[B] となるのは，$t_2 < t_1$ であるから，式 (26.13) の不等号が逆になる。

$$\frac{a\omega_0}{v_0} < \frac{Ma^2}{I} \tag{26.14}$$

> **■要確認：経験と一致しているか？■**
>
> ● 経験で知っていたこと：
>   ピンポン球が戻ってくるためには，送り出す速度 v_0 に対して，バックスピン速度 $a\omega_0$ を「ある程度」大きくしなければならない。
>
> ● 本例題で明らかになったこと：
>   「ある程度」の値とは Ma^2/I である。

注4 筆者が調べた限りでは，手元にある演習書のすべてにおいて，「ピンポン球」ではなく「円柱」と限定されている。しかし筆者には，「円柱」との仮定には，かなり不自然な印象を受ける。実際に多くの読者が経験している「ピンポン球」の方が自然であろう。また，それらの演習書では，"早々に" $I = Ma^2/2$ として，計算している。一方，本書では一貫して「一般性を失わないよう慣性モーメントは I としよう」と提案している（もちろん，式 (26.14) に「円柱の慣性モーメント」$I = Ma^2/2$ を代入すると，これらすべての演習書に "条件として" 与えられている $a\omega_0 > 2v_0$ が直ちに得られる）。これは筆者の私見だが，「戻ってくるか？ 戻ってこないか？」を，「円柱」という，やや不自然な限定をせずに，「ピンポン球」を念頭にして一般的な I を使うことこそが，この問題の醍醐味であろう。

26.3　ステップを乗り上がる？　乗り上がれない？ ──●

> **例題26.3**　図26.4のように，角速度 ω_0 で，滑ることなく
> 転がってきた半径 R の球が，時刻 $t = 0$ で高さ h（$h < R$）
> のステップに衝突した。$t > 0$ では，球はステップの接触点
> P のまわりに滑ることなく回転する。球がステップ上のテラ
> スに乗り上げる条件を求めたい。以下の問いに答えよ。球の
> 質量は M，球の中心を点 O とし，点 O まわりの慣性モーメ
> ントは I とする。
>
>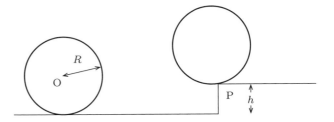
>
> **図26.4**
>
> (1)　点 P に衝突する瞬間に球に働く外力を，言葉で答えよ。
> 　　　必要な物理量は，各自で明確に定義せよ。
>
> (2)　衝突の直前と直後において，保存する物理量を答えよ。
> 　　　理由も簡潔に述べよ。
>
> (3)　衝突直後において，球の中心 O の，点 P のまわりの角
> 　　　速度 ω_1 を求めよ。
>
> (4)　$t > 0$ において，球は点 P のまわりに回転する。この
> 　　　ときに，球に働く外力をすべて答えよ。必要な物理量
> 　　　は，各自で明確に定義せよ。
>
> (5)　球が点 P のまわりに回転するときの，回転の運動方程
> 　　　式を書け。点 P まわりの球の慣性モーメントを I' と
> 　　　し，OP が水平方向となす角度を θ とする。
>
> (6)　上記 (5) から，エネルギー保存が成り立つことを示せ。
>
> (7)　球がテラスに乗り上げるには，条件が 2 つある。1 つ
> 　　　は，$\theta = \pi/2$ において $\dot{\theta} > 0$ である。これを満たすた
> 　　　めに ω_1 に課せられる条件を求めよ。
>
> (8)　もう 1 つの条件は，球が点 P を中心に回転している際
> 　　　に，点 P から受ける垂直抗力 > 0 である。これより，

ω_1 に課せられる条件を求めよ。

(9) 以上から，球がステップを乗り上がるための角速度 ω_0 を求めよ。

■ **基本の確認** ■

- 考える順序は「主人公」→「外力」→「運動方程式」。
- 外力の count up ＝「接するところに力あり」
- 静止摩擦力と垂直抗力は，未知数！

■ **考え方** ■　(1) から (3) は，例題 24.1 および例題 24.3 と同様である。(4) から (6) では，第 25 章の「回転軸が移動する運動：大原則」「回転軸が移動する運動：注意点」を再確認する。点 P に衝突する「前後」では，エネルギーは保存しないが，衝突してからは，エネルギーは保存することに注意する。このエネルギー保存を導くにあたり，「質点」の力学では運動方程式の両辺に「速度」を掛けて時間で積分したが，今回は「回転」を扱っているので「角速度」を掛けることになる。(7) は，テラスに乗り上げるために必要なエネルギーを求める。(8) は少し難しいかもしれない。角速度 ω_1 よりも，ステップの高さも考慮してみる。テラスに上がるだけのエネルギーがあったとしても，ステップが高すぎると（極端な場合，$h \to R$ なら）点 P から離れてしまうだろう。

解答 26.3

(1) 半径方向で中心向きに受ける垂直抗力 N と，接線方向に受ける静止摩擦力 f の 2 つである。球に働く重力と，球が水平面（テラスではない）から受ける垂直抗力は，無視できる。

(2) 衝突の瞬間に球が点 P から受ける力の，点 P まわりのトルクはゼロである。よって，点 P まわりの角運動量が保存する。

(3) 衝突直前の点 P まわりの角運動量は，重心の点 P まわりの角運動量 $MR\omega_0(R-h)$ と [注5] と，重心まわりの角運動量 $I\omega_0$ の和である。他方，衝突直後の，点 P のまわりの角速度は，重心の点 P まわりの角運動量 $M(R\omega_1)R$ と，重心まわりの角運動量 $I\omega_1$ との和である。これより

$$MR\omega_0(R-h) + I\omega_0 = MR^2\omega_1 + I\omega_1 \qquad (26.15)$$

注5　重心の水平右向きの速度は $R\omega_0$ なので，「重心の」運動量は $MR\omega_0$。点 P から，この運動量（ベクトル！）への垂線の "足" の長さは $(R-h)$ である。

となるから

$$\omega_1 = \frac{I + MR(R - h)}{I + MR^2} \omega_0 \qquad (26.16)$$

を得る。

(4) 点 P から受ける PO 方向の抗力 N' と，これに垂直な静止摩擦力 f'，球の中心に働く重力 Mg である。

(5) 抗力 N' と静止摩擦力 f' の点 P まわりのトルクはゼロであるから，

$$I'\ddot{\theta} = -MgR\cos\theta \qquad (26.17)$$

となる^{注6}。

(6) 式 (26.17) の両辺に $\dot{\theta}$ を掛けて，

$$\frac{d}{dt}[\sin\theta] = \dot{\theta}\cos\theta \qquad (26.18)$$

に留意すると，

$$\frac{1}{2}I'(\dot{\theta})^2 + MgR\sin\theta = 一定 \qquad (26.19)$$

となる。これは，（回転の運動エネルギー）＋（重心の重力ポテンシャル）＝一定　であることを示す。

(7) $\theta = \pi/2$ となるときの角速度を $\dot{\theta}_{\pi/2}$，角速度 ω_1 のときの角度を θ_1 と書くと，式 (26.19) より

$$\frac{1}{2}I'\omega_1^2 + MgR\sin\theta_1 = \frac{1}{2}I'(\dot{\theta}_{\pi/2})^2 + MgR \qquad (26.20)$$

となる。求める条件は，$\dot{\theta}_{\pi/2} > 0$ であるから，式 (26.20) および $\sin\theta_1 = \dfrac{R - h}{R}$ より

$$\frac{1}{2}I'\omega_1^2 - Mgh > 0 \qquad (26.21)$$

となる。よって

$$\omega_1 > \sqrt{\frac{2Mgh}{I'}} \qquad (26.22)$$

を得る。

(8) 点 P まわりの球の重心の PO 方向の運動方程式は^{注7}

$$MR(\dot{\theta})^2 = Mg\sin\theta - N' \qquad (26.23)$$

である。式 (26.19) の「一定」を $t = 0$ の値，すなわち式 (26.20) の左辺とすると

$$\frac{1}{2}I'(\dot{\theta})^2 + MgR\sin\theta = \frac{1}{2}I'\omega_1^2 + MgR\sin\theta_1 \qquad (26.24)$$

となる。式 (26.23) と式 (26.24) から $\dot{\theta}^2$ を消去して N' を求めると

$$\frac{N'}{MR} = \left[\frac{g}{R} + \frac{2MgR}{I'}\right]\sin\theta - \left[\omega_1^2 + \frac{2MgR}{I'}\sin\theta_1\right] \tag{26.25}$$

となる。テラスに乗り上がるためには，$\theta_1 < \theta < \frac{\pi}{2}$ を満たす θ に対して $N' > 0$ でなければならない。他方，式 (26.25) より，N' が最小となるのは，$\sin\theta_1$ のときである[注8]。したがって，N' の最小値 $N'_{\min}$ は

$$N'_{\min} = Mg\sin\theta_1 - MR\omega_1^2 \tag{26.26}$$

となる。式 (26.26) において $N'_{\min} > 0$ より

$$\omega_1 < \sqrt{\frac{g}{R}\sin\theta_1} \tag{26.27}$$

となり，

$$\omega_1 < \sqrt{\frac{g}{R}\frac{R-h}{R}} \tag{26.28}$$

となる。

(9) 式 (26.22) と式 (26.28) より

$$\sqrt{\frac{2Mgh}{I'}} < \omega_1 < \sqrt{\frac{g}{R}\frac{R-h}{R}} \tag{26.29}$$

となる。式 (26.16) において

$$\frac{I + MR(R-h)}{I + MR^2} = A \tag{26.30}$$

とすると，式 (26.16)，式 (26.29)，式 (26.30) より

$$\frac{1}{A}\sqrt{\frac{2Mgh}{I'}} < \omega_0 < \frac{1}{A}\sqrt{\frac{g}{R}\frac{R-h}{R}} \tag{26.31}$$

を得る。

例題 26.4 例題 26.3 において，ステップを乗り上がるための条件は，式 (26.31) として得られた。式 (26.31) を満たす ω_0 が存在するために R, h, M, α に課される条件を求めよ。球の慣性モーメントは $I = \alpha MR^2$ とせよ。

■**考え方**■ $R > h$ が必要であることは，明らかであろう。問題は，それが「十分条件であるか？」である。なお

球の慣性モーメントを $I = \alpha MR^2$ とする "ご利益" に注目！

解答 26.4 式 (26.29) および式 (29.31) から,

$$\frac{2Mgh}{I'} < \frac{g}{R}\frac{R-h}{R} \tag{26.32}$$

を満たせばよい。ここで

$$I' = I + MR^2 \tag{26.33}$$

注9 「平行軸の定理」による。注6を参照。

であり[注9], 題意より $I = \alpha MR^2$ であるから

$$I' = (\alpha + 1)MR^2 \tag{26.34}$$

となる。これを式 (26.32) に代入すると

$$\frac{2Mgh}{(\alpha+1)MR^2} < \frac{g}{R}\frac{R-h}{R} \tag{26.35}$$

となるから, 式 (26.35) を満たせばよい。ここで

$$B = \frac{g}{R}\frac{R-h}{R} - \frac{2Mgh}{(\alpha+1)MR^2} \tag{26.36}$$

とすると

$$B = \frac{g}{R^2}\Big[(R-h) - \frac{2h}{\alpha+1}\Big] \tag{26.37}$$

となるので

$$B = \frac{g}{R^2}\Big[R - \frac{\alpha+3}{\alpha+1}h\Big] > 0 \tag{26.38}$$

となる。したがって, 球がステップを乗り上がるためには半径 R とステップの高さ h に対して

$$h < \Big[1 - \frac{2}{\alpha+3}\Big]R \tag{26.39}$$

注10 計算の結果, やはり $h > R$ では不十分であることがわかった。同時に, M には無関係であることもわかった。

であればよい[注10]。

類題 26.1 例題 26.3 および例題 26.4 では, 球に限らず回転体であれば, $I = \alpha MR^2$ が成り立つ。この理由を, 次元解析を使って簡潔に述べよ。また, 球, 円板, 車輪の α が, それぞれ $2/5$, $1/2$, 1 であることを既知として, 同じ半径と質量をもった回転体のうち, 最も高いステップを乗り上げることが可能なのは, どれかを答えよ。

球の慣性モーメントを $I = \alpha MR^2$ としたことで,
円板や車輪への展開が容易になっていることに注意!

注11 球の慣性モーメントの計算は, やや複雑である。興味のある読者は, インターネットで調べよ。

円板に対しては, $\alpha = 1/2$ であることは, 例題 23.4 で求めた[注11]。

類題 26.2 車輪に対しては, α が 1 であることを示せ。

「スケートリンク上の物理」の "その後"
安易な直感は危険：物理的考察を大切に

27.1 それから，どうなる？　もとに戻る？ ──────●

第 16 章で取り上げた例題において，一通りの "答え" が得られ
たが，その時に「じゃ，それから，どうなる？」「初期状態に戻るの
か？」との疑問が湧かなかっただろうか？少なくとも筆者は，その
ような疑問をもった。そこで，第 16 章の例題の「その後」を考えて
みよう。

例題 27.1　図 27.1 のように，水平面と円筒面 ABC（半径
は R）からなる質量 M の「構造物」の直線部分において，質
量 m の質点 m に対してのみ，水平右向きに初速度 v_0 を与
えた。こののち，質点 m は「構造物」の最高点 H に達して
から，円筒面を下り始めた。ただし，質点 m が円筒面上にあ
るときでも，構造物は水平方向にのみ運動するものとせよ。
例題 16.8 で議論したように，運動方程式を解くことは困難
であるが，最高点 H での状態なら，保存則によって容易に求
められた。ここでは，その後の状態，すなわち質点 m が最
高点 H を下り始め，再び点 A に達したときの速度を考える。

(1)　小球のみに水平右向きの初速度 v_0 を与えたときの，「小
球＋構造物」の運動量と運動エネルギーを書け。

(2)　質点 m が「構造物」の点 A に戻ってきたとき，「構造
物」は静止しているか。それとも速度をもっているか。
理由とともに簡潔に言葉で述べよ。

(3)　質点 m が点 A に戻ってきたとき，その速度を $-v'$
（$v' > 0$ なら水平「左」向き，$v' < 0$ なら水平「右」向
き）とする。このとき，$-v' = -v_0$ となるか。理由と
ともに簡潔に言葉で述べよ。

(4)　質点 m が点 A に戻ってきたとき，「構造物」の速度を

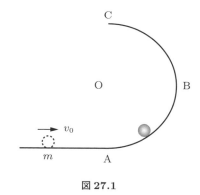

図 27.1

V' とする。「小球＋構造物」の運動量と運動エネルギー
を書け。v' は，水平左向きが「正」であることに注意
せよ。

(5) 質点 m が点 A に戻ってきたとき，両者の運動エネル
ギーの和は，初期状態の運動エネルギーと等しい。そ
の理由を，言葉で簡潔に述べ

(6) v' と V' を求めよ。

■**考え方**■　ほとんどの書籍では，最高点 H での状態までは議論し
ているものの，“その後”について明確に議論されていない。しかし
ながら，これは非常に興味深く，また力学に対する理解を深めてく
れる格好の機会である。

(2)，(3) が極めて重要で，ここを正しく解答すれば，“自動的に”最
後まで正解できる。例題 16.8 で議論したように，運動方程式を「解
く」ことは困難であるが，「外力」と「運動方程式」は，現象の本質
の理解に不可欠であることが納得できるだろう。

■**大原則**■
「主人公」→「外力」→「運動方程式」

■**重要**■
運動方程式を解けなくても，現象を正しく把握できる

解答 27.1

(1) この瞬間には「構造物」の速度は未だゼロであるから

$$運動量 = mv_0, \quad 運動エネルギー = \frac{1}{2}mv_0^2 \qquad (27.1)$$

(2) 「構造物」は水平右向きに速度をもっている。
　　理由：小球が円筒面 ABC にあるときは，“上り”であれ“下”
であれ，常に「構造物」に抗力 N を及ぼしており，N には必
ず水平右向き成分があるから。

(3) $v' = v_0$ とはならない。
　　理由：上記 (2) より，小球が初期状態でもっていた運動エネ
ルギーの一部が，「構造物」の運動エネルギーにとなるため，
$v' < v_0$ となる。

(4) 運動量 $= -mv' + MV'$, 運動エネルギー $= \dfrac{1}{2}mv'^2 + \dfrac{1}{2}MV'^2$

$$\tag{27.2}$$

(5) 質点と「構造物」の間にも，「構造物」と水平面との間にも，摩擦はないから，力学的エネルギーは保存する。また，初期状態においても，球が点 A に戻ってきたときにおいても，重力によるポテンシャル・エネルギーはゼロであるから。

(6) 運動量が保存するので

$$mv_0 = -mv' + MV' \tag{27.3}$$

となる。また，運動エネルギーも保存するので

$$\frac{1}{2}mv_0^2 = \frac{1}{2}mv'^2 + \frac{1}{2}MV'^2 \tag{27.4}$$

となる。式 (27.3) と式 (27.4) は，v' と V' を未知数する連立方程式である。これを解いて[注1]

$$v' = \frac{M-m}{M+m}v_0 \tag{27.5}$$

$$V' = \frac{2m}{M+m}v_0 \tag{27.6}$$

を得る[注2]。

例題 27.2 例題 27.1 の結果，すなわち式 (27.5) と式 (27.6) について，M と m の大小関係（$M = m$ の場合も含む）から議論せよ。

■**考え方**■ 第 3 章から何度となく強調しているように，"計算できました。一丁あがり！" は，大学生ではない。

■**物理が楽しくなる方法！**■

得られた計算結果に対して

● 計算結果は，どんな状態を表しているのか？

● その結果は，直感的に妥当か？

● 自分は受け入れられるか？

まで考える。そして，それを習慣化する。

解答 27.2

(1) 式 (27.6) は，V' についての計算結果であり，M と m の大小関係によらず，$V' > 0$ であることを示している。これは，例題 27.1 の (2) における定性的な考察と一致している。つまり，

[注1] 数学的には，$v' = v_0$, $V' = 0$ という解も得られる。しかし，これは明らかに本例題ではあり得ない。なぜなら，上記 (3) で解答した通り，物理的考察から「構造物」は水平右向きに速度をもっているからである。

[注2] 式 (27.5) から，M と m との大小関係によらず，$v' < v_0$ とわかる。設問 (3) の解答の通りである。

式 (27.6) は例題 27.1 の (2) を定量的に示したものである。

(2) 一方，式 (27.5) が示す通り，小球の速度の「向き」は，M と m の大小関係によって異なる。

$M > m$ のときは，式 (27.5) より $v' > 0$ となる。v' は，水平左向きを「正」としているので，小球が「構造物」によって"跳ね返される"ことを示している。

反対に $M < m$ のときは，式 (27.5) より $v' < 0$ となり，これは小球が「構造物」を"蹴飛ばす"ことを示している。

(3) $M = m$ の場合，式 (27.5) から $v' = 0$，式 (27.6) から $V' = v_0$ となる。これは，小球の速度は点 A でゼロとなり，「構造物」のみが水平右向きに v_0（これはもともとの小球の速度）になることを意味している。つまり，小球がもっていた運動量と運動エネルギーの両方がゼロとなり，それらを"そっくりそのまま"「構造物」に移動したことを意味している。

　このような考察で，無味乾燥だと思っていた物理が，本当は，奥深くて"味わい"があると思えてきただろうか。さらに式 (27.5) と式 (27.6) を"深掘り"してみよう。

例題 27.3　例題 27.1 の (3) で議論した通り，また式 (27.5) が示す通り，点 A に戻ってきた小球の速度は水平左向きに v_0 とはならない。しかし，「ある視点」に立つと，「点 A に戻ってきた小球の速度は v_0 なのでは？」という，素朴な直感も正当性をもってくる。この「ある視点」とは何か？式 (27.5) と式 (27.6) を用いて議論せよ。

■**考え方**■　我々は，すぐに"乗っかって"しまいがちである。

解答 27.3　　　「構造物」と一緒に移動する座標系から見た小球の速度は，水平「右」向きを「正」として $-v' - V'$ である。式 (27.5) と式 (27.6) より

$$-v' - V' = -\frac{M-m}{M+m}v_0 - \frac{2m}{M+m}v_0 = -v_0 \qquad (27.7)$$

となる。つまり，「構造物」に"乗って"いる人から見れば，初期状態と速度の大きさは同じで，向きだけが反対となっている。

例題 27.4　式 (27.5) および式 (27.6) が，特別な 2 つの場合，すなわち，$M \gg m$ と $m \gg M$ の場合について，議論せよ。

■ 考え方 ■　例題 27.1 における特別な場合とは，片方が他方より極端に大きい場合，が思い浮かぶだろう。

■ 解答 27.4

- $M \gg m$ のとき，$v' = v_0$ より，小球は水平「左」向きに跳ね返される。「構造物」は $V' = 0$ より，"びくとも" しない。「構造物」だけが「固定」されている場合に相当する。この場合でも，式 (27.7) は成り立っている。OK!

- $m \gg M$ のとき，$v' = -v_0$ となり，小球は同じ速度で水平「右」向きに動く。「構造物」は $V' = 2v_0$ より，小球によって水平右向きに "蹴飛ばされる"。この場合も，式 (27.7) が成り立っている。OK!

類題 27.1　図 27.2 のように，摩擦のない水平な床の上に質量 M の箱がある。この箱の天井の中心から，軽くて伸縮しない長さ ℓ の糸があり，この下端には質量 m の小球がある。小球は，鉛直面内で摩擦なく運動できる。初め，鉛直下方に静止していた小球にのみ水平右向きに速度 v_0 を与えた。例題 16.8 および例題 27.1，例題 27.2，例題 27.3 の考え方と解答を参考に，この後の運動を議論せよ。

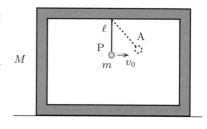

図 27.2

実際に自分で図を描き，手を動かしていると，例題 16.8 以降の流れの有効な復習になる。さらに，この問題の本質が理解できる。すなわち，これらは

質量 m の物体が質量 M の物体に
「穏やかに "衝突" する現象」である。

このことを実感するために，次の類題に取り組んで欲しい。

類題 27.2　摩擦のない平面上に，質量 M の小球 M が静止している。これに質量 m の小球 m が速度 v_0 で衝突した。2 つの小球は正面衝突し，1 次元運動をするものとする。衝突後の小球 m

および小球 M の状態を，M と m の大小関係の場合にわけて議論せよ。

　この類題の解答も，これまでの例題に記載されている。すなわち，例題 16.8 および本章で取り上げた事例の本質は，この 2 つの小球の正面衝突の問題に帰着されるのである。このように，一見，異なって見える現象の本質を見抜くことは，力学の問題を考えることに限らず，今後に大いに役立つ。

例題 27.5　例題 24.3 および例題 24.4 も，本質は類題 27.2 と同様と見ることもできる。特に，慣性モーメント $I = mr^2$ のときには $v_\mathrm{f} = 0$ となり，棒の中心からの距離 r の点の速度は v_0 となった。これをどのように理解すればよいか。

解答 27.5　軽くて変形しない棒の下端に，質量 m の小球が取り付けられていると仮定しても，$I = mr^2$ を満たす。この場合には，質量 m をもった小球 2 つの衝突となるため，棒に衝突した小球の速度はゼロとなり，棒が v_0/r の角速度で回転を始めることになる。

28 空気抵抗を受ける物体の運動
身近な物理現象

賢明な読者ならすでにお気付きだと思うが，第27章までの例題のほとんどは，高校の物理もしくは大学入試の物理でも取り上げられている。しかしながら，**力学を根底から理解するには，このようなシンプルな事例に取り組むことが極めて有効**なのである。前章までをしっかりと学習してきた読者なら，「これまで何気なく解いてきた問題なのに，**じつはとても奥深い**ことがわかった。そして，ごちゃごちゃした公式なんて不要で，**根底から理解すれば，すごくスッキリする**。こういうことだったのか！　と思うことがたくさんあった」などの感想[注1]をお持ちだとすれば，筆者としては嬉しい限りである。

さて，本章からは，いよいよ**「大学で初めて遭遇する事例」**を取り扱う[注2]。いわば「応用編」であり，本来の**「大学での力学」**が対象となる。このため，必然的に，やや高度な数学が必要となるので，読者としては初めから自力で解こうとは思わなくてよい[注3]。むしろ，**例題の設定をよく理解したら，あまり悩まずに解答をしっかりと読み込んで理解する**ことに注力して欲しい。そして，「力学としての本質も取り組み方も，前章までと全く同じである。やや高度に見える数学に惑わされることなく，物理としての本質を見失わないようにする」という意識をもって欲しい。具体的には，**例題の解説を一通り理解したら，必ず「どんな状況で，結果として何が（物理として）明らかになったのか」を考える**習慣を付けて欲しい。

28.1 粘性抵抗と慣性抵抗 ────────●

空気には，その流れの速度勾配を抑えるような粘性力が働くため，物体が空気中を運動することで，そのまわりの空気に速度勾配を与えた結果として，物体は空気から**粘性抵抗**と呼ばれる速度と逆向きの力を受ける。物体が，まわりの空気に与える速度勾配の大きさは，物体の速度に比例するので，**粘性抵抗**の大きさも，物体の速度に比

注1　実際，筆者の授業に対するアンケートとして，毎年，このような感想や「多くを覚えなくても，自分のアタマで考えることができるとわかって，毎回の授業がとても楽しかった」との声も多く寄せられている。

注2　ただし，本章の「速度に比例する空気抵抗を受ける場合」は，大学入試でも時々，取り上げられている。

注3　それゆえ，前章までの例題のように，丁寧な誘導をあえてしていない。誘導すると，例題だけでも非常に長くなるからだ。

例する。

　また，空気は，質量をもつ分子から構成されており，空気中を運動する物体がその分子と衝突することにより，物体は空気から**慣性抵抗**と呼ばれる速度と逆向きの力を受ける。単位時間に物体が衝突する分子の数，および，その質量の総和は，物体の速度に比例し，それに速度を掛けた速度の2乗に比例する運動量を，物体は単位時間に空気の分子から受ける。単位時間当たりの運動量の変化が力であるので，**慣性抵抗**の大きさは，物体の速度の2乗に比例する。

　速度が小さいときは，速度の1乗は速度の2乗よりも十分に大きいので [注4]，**粘性抵抗**が主要となる。逆に，速度が大きいときは，速度の2乗は速度の1乗よりも十分に大きいので [注5]，**慣性抵抗**が主要となる。

注4　例えば，$v = 1/100$ とすると，$v \gg v^2 = 1/10000$。

注5　例えば，$v = 100$ とすると，$v \ll v^2 = 10000$。

28.2　速度に比例する空気抵抗を受ける場合 ────●

　粘性抵抗と慣性抵抗を両方とも考慮すると，運動方程式が解析的には解けなくなる。そこで，まず最初に，速度に比例する粘性抵抗のみ受ける場合の運動を考えよう。

例題 28.1　鉛直下向きの一様な重力のもとで，速度と逆向きに速度に比例する大きさの空気抵抗を受けて運動する質量 m の小球がある。重力加速度の大きさを g，空気抵抗力の速度に対する比例係数を b とする。また，水平方向を x 軸，鉛直上向きを y 軸の正にとり，xy 平面内の運動を考える。小球は，時刻 $t = 0$ のとき，原点 O から，初速度 $\boldsymbol{v}_0 = (v_{x0}, v_{y0})$ で投げられた。その後の小球の運動を述べよ。

解答 28.1　以降の 28.3 節～28.6 節で詳しく解説する。

28.3　「主人公」は小球 ───────────────────────●

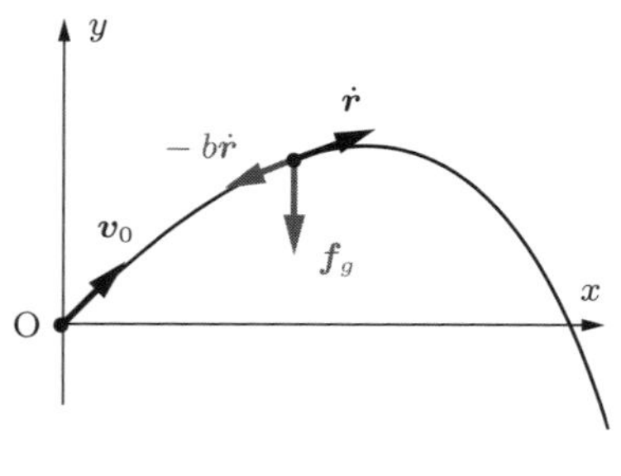

■考え方■　運動する主体は小球だから，小球が「主人公」である。

　次に，「主人公」である「小球」に働く外力を図示する。重力に加えて，空気抵抗力も働くので，図 28.1 のようになる。

　その次に，座標軸を設定して，運動方程式を立てる。

図 28.1

「主人公」→「外力」→「運動方程式」

28.4 符合に注意!!

図 28.1 に示すように,「小球」が受ける重力は,成分表示すると

$$\boldsymbol{f}_g = (0, -mg) \tag{28.1}$$

である。ここで,$-mg$ のマイナスは,鉛直上向きを y 軸の正にとったことによる。

では,「小球」が受ける空気抵抗力はどう書けるか。

「小球」が受ける空気抵抗力は,速度 $\dot{\boldsymbol{r}}$ の逆向きで,$-b\dot{\boldsymbol{r}}$

である。ここで,$-b\dot{\boldsymbol{r}}$ のマイナスは,速度の逆向きであることを表しており,重力とは異なり,座標軸のとり方によらず,常に同じ式で書かれる。

■運動方程式■ これでお膳立てが整ったので,いよいよ運動方程式を書き下す。「小球」に働く外力は,重力と空気抵抗力の合力であるので,

$$m\ddot{\boldsymbol{r}} = \boldsymbol{f}_g - b\dot{\boldsymbol{r}} \tag{28.2}$$

となる。

28.5 成分に分けて解く

速度を成分表示すると,$\dot{\boldsymbol{r}} = (\dot{x}, \dot{y})$ であるので,速度に比例する空気抵抗力は

$$-b\dot{\boldsymbol{r}} = (-b\dot{x}, -b\dot{y}) \tag{28.3}$$

と成分表示される。式 (28.1) および式 (28.3) を,式 (28.2) に代入して,運動方程式を x 成分と y 成分に分けて書くと,

$$\ddot{x} = -\frac{b}{m}\dot{x} \tag{28.4}$$

$$\ddot{y} = -\frac{b}{m}\dot{y} - g \tag{28.5}$$

となる。さらに,$\dot{x} = v_x$,$\dot{y} = v_y$ とおくと,

$$\frac{dv_x}{dt} = -\frac{b}{m}v_x \tag{28.6}$$

$$\frac{dv_y}{dt} = -\frac{b}{m}v_y - g \tag{28.7}$$

のように，v_x と v_y に対する 1 階微分方程式の形で表される。ここで，x 成分の微分方程式 (28.4)，(28.6) は，y 成分の微分方程式 (28.5)，(28.7) で，$g = 0$ を代入した，特別な場合になっていることが分かる。したがって，以下では，y 成分のみ解くことにする。その解に，$g = 0$ を代入すれば，x 成分の解は得られる。

式 (28.7) は，変数分離形と呼ばれる，微分方程式の代表的な形で，

$$\frac{dy}{dx} = f(x)g(y) \quad \rightarrow \quad \int \frac{1}{g(y)} \, dy = \int f(x) \, dx \qquad (28.8)$$

のように積分できる。そこで，式 (28.7) の右辺を，$-\dfrac{b}{m}\left(v_y - \dfrac{mg}{b}\right)$ と書き換えて，$f(t) = -\dfrac{b}{m}$，$g(v_y) = v_y - \dfrac{mg}{b}$ として，式 (28.8) を用いると，

$$\int \frac{1}{v_y - \frac{mg}{b}} \, dv_y = -\frac{b}{m} \int dt \qquad (28.9)$$

のように積分できる。両辺の積分を，それぞれ実行すると，

$$\log\left|v_y - \frac{mg}{b}\right| = -\frac{b}{m}t + c \qquad (28.10)$$

となる。ここで，c は任意の積分定数である。v_y について解くと，

$$v_y(t) = \frac{mg}{b} + Ce^{-\frac{b}{m}t} \qquad (28.11)$$

を得る [注6]。ここで，任意定数を，$C = \pm e^c$ と書きかえた。

さらに，式 (28.11) の両辺を，t で積分すると，

$$y(t) = -\frac{mg}{b}t - \frac{m}{b}Ce^{-\frac{b}{m}t} + C' \qquad (28.12)$$

を得る。式 (28.12) は，2 つの任意定数 C と C' を含む，$y(t)$ に関する 2 階微分方程式 (28.5) の一般解 [注7] である。

上述したように，y 成分の解，式 (28.11) と式 (28.12) に，$g = 0$ を代入すると，x 成分の解が得られるので，

$$v_x(t) = De^{-\frac{b}{m}t} \qquad (28.13)$$

$$x(t) = -\frac{m}{b}De^{-\frac{b}{m}t} + D' \qquad (28.14)$$

となる。ここで，D と D' は任意定数である。

28.6 初期条件で解を確定する

式 (28.11)〜(28.14) に，初期条件 $x(0) = 0$，$y(0) = 0$，$v_x(0) = v_{x0}$，$v_y(0) = v_{y0}$ を適用すると，

注6 式 (28.11) で，$t \to \infty$ とすると，$v_y \to v_{y\infty} = \dfrac{mg}{b}$ となり，$v_{y\infty}$ は終端速度と呼ばれる。この $v_{y\infty}$ は，運動方程式 (28.7) で，加速度を 0 とおいた式，すなわち，$0 = -\dfrac{b}{m}v_{y\infty} - g$ からも，ただちに得られる。しかし，任意の時刻 t における $v_y(t)$ や $y(t)$ は，運動方程式を解かなければ分からない。

注7 一般解について忘れた人は，第 5 章を参照のこと。

$$-\frac{m}{b}C + C' = 0, \quad C = v_{x0} \tag{28.15}$$

$$-\frac{m}{b}D + D' = 0, \quad -\frac{mg}{b} + D = v_{y0} \tag{28.16}$$

となり，C，C'，D，D' について解くと，

$$C = v_{x0}, \quad C' = \frac{m}{b}v_{x0}, \tag{28.17}$$

$$D = v_{y0} + \frac{mg}{b}, \quad D' = \frac{m}{b}\left(v_{y0} + \frac{mg}{b}\right) \tag{28.18}$$

と求まる。これらを，式 (28.12) と (28.14) に代入すると，

$$x = \frac{mv_{x0}}{b}\left(1 - e^{-\frac{b}{m}t}\right) \tag{28.19}$$

$$y = -\frac{mg}{b}t + \frac{m}{b}\left(v_{y0} + \frac{mg}{b}\right)\left(1 - e^{-\frac{b}{m}t}\right) \tag{28.20}$$

となり，初期条件のもとで，小球の位置が，時刻 t の関数として得られた。さらに，式 (28.19)，(28.20) から t を消去すると，

$$y = \frac{m^2 g}{b^2}\log\left(1 - \frac{bx}{mv_{y0}}\right) + \left(v_{y0} + \frac{mg}{b}\right)\frac{x}{v_{x0}} \tag{28.21}$$

となり，小球の座標 x と y の関係式が得られた。これは，速度に比例する空気抵抗を受ける場合の，小球の軌道の式である。

▌思い出そう，ワンポイント▐
「特別で自明な場合で成り立つか」を確認する。

軌道の式 (28.21) はかなり複雑であるので，特別で自明な場合として [注8]，空気抵抗がない $b = 0$ の場合に成り立つことを，確認しよう。

式 (28.21) の右辺の第 1 項で，$b = 0$ とすると，分母と $\log(\cdots)$ が，ともに 0 となる。そこで，式 (5.19) の指数関数 e^x の級数展開と同様に成り立つ，対数関数の級数展開 [注9]

$$\log(1+x) = x - \frac{x^2}{2} + \frac{x^3}{3} - \frac{x^4}{4}\cdots \tag{28.22}$$

を用いて，式 (28.21) の右辺の第 1 項を

$$\frac{m^2 g}{b^2}\left\{-\frac{bx}{mv_{y0}} - \frac{1}{2}\left(\frac{bx}{mv_{y0}}\right)^2 - \cdots\right\} \tag{28.23}$$

のように書き換えると，式 (28.23) の中括弧の中の第 1 項からの寄与 $-\frac{m^2 g}{b^2}\frac{bx}{mv_{y0}}$ と，式 (28.21) の右辺の最後の項からの寄与 $\frac{mg}{b}\frac{x}{v_{x0}}$ が打ち消すので，$b \to 0$ の極限をとると，

$$y = -\frac{1}{2}\frac{g}{v_{x0}^2}x^2 + \frac{v_{y0}}{v_{x0}}x \tag{28.24}$$

注8　第 3 章に初出，その後，頻繁に remark している。

注9　一般に，何回でも微分できる関数 $f(x)$ に対して，級数展開 $f(x) = f(0) + f'(0)x + \frac{f''(0)}{2!}x^2 + \frac{f'''(0)}{3!}x^3 + \cdots + \frac{f^{(n)}(0)}{n!}x^n + \cdots$ が成り立ち，マクローリン展開，あるいは，$x = 0$ におけるテイラー展開と呼ばれている。これに，$f(x) = \log(1+x)$ を代入すると，式 (28.22) が導かれる。また，e^x，$\sin x$，$\cos x$ に対する級数展開，式 (5.19)，式 (5.34)，式 (5.35) も，同様に導かれる。

となる。**確かに，よく知られた放物線の式が得られた。OK!**

式 (28.24) より，速さ v_0，仰角 θ，すなわち，初速度が，$v_{x0} = v_0 \cos \theta$，$v_{y0} = v_0 \sin \theta$ で，原点 O から投げた小球が，再び水平面（$y = 0$）に到達する原点からの距離，すなわち，射程は

$$\frac{2v_{x0}v_{y0}}{g} = \frac{2v_0^2}{g} \sin \theta \cos \theta = \frac{v_0^2}{g} \sin 2\theta \tag{28.25}$$

となり，$\theta = 45°$ のとき，射程が最大となる。

▐ **空気抵抗が働くと，どうなるか** ▐
空気抵抗が働くと，45° より小さな仰角で，射程が最大となる。

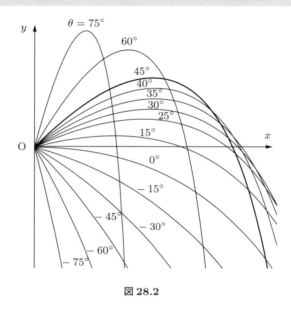

図 28.2

空気抵抗が働く $b \neq 0$ の場合に，初速 v_0 を固定し，様々な仰角 θ で投げたときの軌道の式 (28.21) を，図 28.2 に示す。もちろん，空気抵抗がない $b = 0$ の場合に比べて，同じ仰角 θ で投げると，手前に落ちる。空気抵抗が働く場合は，45° より小さな仰角で，射程が最大となることが，見てとれる [注10]。

注10 図 28.2 に描かれた中では，仰角が 35° のとき，射程が最大となっている。

28.7 速度の 2 乗に比例する空気抵抗を受ける場合 ──●

有名な，ミリカンの油滴実験 [注11] のように，非常にゆっくり運動する場合には，速度に比例する粘性抵抗が主要となるが，野球のボールを投げる場合ような速い運動では，速度の 2 乗に比例する慣性抵抗が主要となる。しかし，空気抵抗が速度の 2 乗に比例する場合は，運動方程式を，式 (28.4) と式 (28.5)，あるいは，式 (28.6) と

注11 知らなくても問題ない。インターネットで検索すれば，実験の概要は把握できる。

式 (28.7) のように，x 成分と y 成分に分けて解くことができなくなり，解析的な解が得られない。

そこで，ここでは，解析的な解を得ることができる，鉛直方向に運動する場合に，話を限ることにする。

例題 28.2　鉛直下向きの一様な重力のもとで，速度と逆向きに速度の 2 乗に比例する大きさの空気抵抗を受けて運動する質量 m の小球がある。重力加速度の大きさを g，空気抵抗力の速度の 2 乗に対する比例係数を k とする。鉛直上向きを y 軸の正にとり，鉛直方向の y 軸上の運動を考える。小球は，時刻 $t = 0$ のとき，$y = 0$ から，初速度 v_{y0} で投げられた。その後の小球の速度 v_y を，時刻 t の関数として求めよ。

解答 28.2　以降の 28.8 節〜28.10 節で詳しく解説する。

28.8　再び，符合に注意!!　————————————●

図 28.3 に示すように，重力は鉛直下向きであるので，重力の y 成分は $-mg$ となる。ここで，$-mg$ のマイナスは，鉛直上向きを y 軸の正にとったことによる。

一方，**速度に比例する粘性抵抗の場合**は，式 (28.3) のように，速度の向きにかかわらず，同じ式で表せたが，**速度の 2 乗に比例する慣性抵抗の場合**は，2 乗が常に正であるため，速度が上向きか，下向きかによって，力の向きが速度の逆向きになるように，異なる符号を付けなければならない[注 12]。すなわち，

$$\text{速度が上向き } \dot{y} = v_y > 0 \text{ のとき，} -kv_y^2 \qquad (28.26)$$

$$\text{速度が下向き } \dot{y} = v_y < 0 \text{ のとき，} kv_y^2 \qquad (28.27)$$

ここで，式 (28.26) と式 (28.27) の符号は，鉛直上向きを y 軸の正にとったことによるもので，もし，鉛直下向きを y 軸の正にとると，重力の符号も含めて，すべて逆符号になることに注意する。その場合は，以下に示す解もすべて逆符号になるが，もちろん，運動自体は同じである。

式 (28.26) と式 (28.27) に対応して，運動方程式も，以下の様に，場合分けをする必要がある。

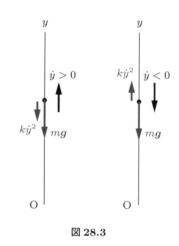

図 28.3

注 12　この事実が，数学的な取り扱いを困難なものとしている。

$$\text{速度が上向き } v_y > 0 \text{ のとき,} \quad m\frac{dv_y}{dt} = -mg - kv_y^2 \quad (28.28)$$

$$\text{速度が下向き } v_y < 0 \text{ のとき,} \quad m\frac{dv_y}{dt} = -mg + kv_y^2 \quad (28.29)$$

初速度が $v_{y0} \leq 0$ のときは,式 (28.29) のみ解けばよい。一方,初速度が $v_{y0} > 0$ のときは,最高点に到達するまでは式 (28.28),その後は式 (28.29) を解く必要がある。ここでは,まず最初に,後者の $v_{y0} > 0$ の場合を考えよう。

28.9 最高点に到達する前後で,場合分けをして解く −●

(i) 最高点に到達するまで

まず,最高点に到達するまでは,$v_y > 0$ であるので,式 (28.28) を解く。式 (28.28) を

$$\frac{dv_y}{dt} = -\frac{k}{m}\left(v_y^2 + \frac{mg}{k}\right) \quad (28.30)$$

と変形して,変数分離形の式 (28.8) を用いると,

$$\int \frac{1}{v_y^2 + (mg/k)}\, dv_y = -\frac{k}{m}\int dt \quad (28.31)$$

注13 式 (28.32) の左辺で,$x = a\tan y$ とおくと,$dx = \dfrac{a}{\cos^2 y}dy$ より,式 (28.32) の左辺は $\displaystyle\int \frac{1}{a^2(1 + \tan^2 y)}\frac{a}{\cos^2 y}dy = \frac{1}{a}\int dy = \frac{1}{a}y$ となる。$y = \tan^{-1}\dfrac{x}{a}$ であるので,式 (28.32) が示された。

のように積分できる。ここで,左辺の積分に,積分公式 [注13]

$$\int \frac{1}{x^2 + a^2}\, dx = \frac{1}{a}\tan^{-1}\frac{x}{a} \quad (28.32)$$

を用いると,式 (28.31) は,任意の積分定数を c として,

$$\sqrt{\frac{k}{mg}}\tan^{-1}\left(\sqrt{\frac{k}{mg}}v_y\right) = -\frac{k}{m}t + c \quad (28.33)$$

となり,これを v_y について解くと,

$$v_y(t) = \sqrt{\frac{mg}{k}}\tan\left(\sqrt{\frac{mg}{k}}c - \sqrt{\frac{kg}{m}}t\right) \quad (28.34)$$

を得る。さらに,三角関数の加法定理

$$\tan(\alpha - \beta) = \frac{\tan\alpha - \tan\beta}{1 + \tan\alpha\tan\beta} \quad (28.35)$$

を用いると,

$$v_y(t) = \sqrt{\frac{mg}{k}}\frac{C - \tan\left(\sqrt{kg/m}\,t\right)}{1 + C\tan\left(\sqrt{kg/m}\,t\right)} \quad (28.36)$$

となる。ここで,任意定数を,$C = \tan\left(\sqrt{\dfrac{mg}{k}}c\right)$ と置き換えた。

さらに，式 (28.36) を t で積分すると，$y(t)$ が得られるが，かなり複雑になるので，ここでは求めない。

式 (28.36) に，初期条件 $v_y(0) = v_{y0}$ を適用すると，

$$C = \sqrt{\frac{k}{mg}} v_{y0} \tag{28.37}$$

と求まる。これを，式 (28.36) に代入すると，

$$v_y(t) = \frac{v_{y0} - \sqrt{mg/k} \tan\left(\sqrt{kg/m}\, t\right)}{1 + \sqrt{k/mg}\, v_{y0} \tan\left(\sqrt{kg/m}\, t\right)} \tag{28.38}$$

となり，初期条件のもとで，小球の速度が，時刻 t の関数として得られた。ただし，式 (28.38) が使えるのは，$v_y(t) \geq 0$ となる，最高点に到達する時刻までである。最高点では，小球の速度は 0 となるので，その時刻を t_1 とすると，$v_y(t_1) = 0$ より，

$$t_1 = \sqrt{\frac{m}{kg}} \tan^{-1}\left(\sqrt{\frac{k}{mg}} v_{y0}\right) \tag{28.39}$$

と求まる。

(ii) 最高点に到達した後

最高点に到達した後は，$k \rightarrow -k$ と置き換えればよい。

最高点に到達した後，すなわち，$t > t_1$ では，$v_y < 0$ であるので，式 (28.29) を解く必要がある。しかし，式 (28.28) と式 (28.29) を比較すると，「k」が「$-k$」に置き換わっているだけであることに気付く。したがって，式 (28.29) の解は，すでに求めた式 (28.28) の解，すなわち，式 (28.38) において，$k \rightarrow -k$ と置き換えればよい。ただし，初期条件が，時刻 $t = t_1$ において，初速度 $v_{y0} = 0$ に変わることに注意する。そこで，式 (28.38) において，$k \rightarrow -k$，$t \rightarrow t - t_1$，$v_{y0} \rightarrow 0$ と置き換えて，$\sqrt{-k} = i\sqrt{k}$ に注意すると，

$$v_y(t) = i\sqrt{\frac{mg}{k}} \tan\left(i\sqrt{\frac{kg}{m}}(t - t_1)\right) \tag{28.40}$$

となる。虚数単位 i が入っているのが気になるかもしれないが，$\tan$ と $\tanh$（hyperbolic tangent）との間の関係式[注14]

$$\frac{1}{i}\tan(ix) = \tanh x \equiv \frac{e^x - e^{-x}}{e^x + e^{-x}} \tag{28.41}$$

を用いると，

$$v_y(t) = -\sqrt{\frac{mg}{k}} \tanh\left(\sqrt{\frac{kg}{m}}(t - t_1)\right) \tag{28.42}$$

注 14　第 5 章で示したオイラーの公式 $e^{i\theta} = \cos\theta + i\sin\theta$，および，$\theta$ を $-\theta$ に変えた $e^{-i\theta} = \cos\theta - i\sin\theta$ を，$\cos\theta$ と $\sin\theta$ に関する連立方程式として解くと，$\cos\theta = \dfrac{e^{i\theta} + e^{-i\theta}}{2}$，および，$\sin\theta = \dfrac{e^{i\theta} - e^{-i\theta}}{2i}$ を得る。したがって，$\tan\theta = \dfrac{\sin\theta}{\cos\theta} = \dfrac{1}{i}\dfrac{e^{i\theta} - e^{-i\theta}}{e^{i\theta} + e^{-i\theta}}$ となる。さらに，$\theta = ix$ を代入すると，$\tan(ix) = \dfrac{1}{i}\dfrac{e^{-x} - e^x}{e^{-x} + e^x} = i\tanh x$ となり，式 (28.41) が示された。

と書き換えられる。これで，$t > t_1$ における小球の速度が，時刻 t の関数として得られた。

ここで，大変興味深いことに，野球のボールを真上に投げた際に，ボールが最高点まで上がっていくとき（式 (28.38)）と，最高点から落ちてくるとき（式 (28.42)）では，じつは，異なる時間の関数にしたがっている。もちろん，それに気付いている人は，ほとんどいないが $\cdots$。

次に，初速度が $v_{y0} \le 0$ のときを考える。このときは，任意の時刻 $t > 0$ で，$v_y < 0$ であるので，式 (28.29) のみを解けばよい。

初速度が $v_{y0} \le 0$ のときも，$k \to -k$ と置き換えればよい。

式 (28.28) と式 (28.29) を比較すると，「k」が「$-k$」に置き換わっているだけであるので，式 (28.28) の解，すなわち，式 (28.38) において，$k \to -k$ と置き換え，さらに，式 (28.41) を用いると，

$$v_y(t) = \frac{v_{y0} - \sqrt{mg/k}\,\tanh\left(\sqrt{kg/m}\,t\right)}{1 - \sqrt{k/mg}\,v_{y0}\tanh\left(\sqrt{kg/m}\,t\right)} \tag{28.43}$$

を得る。

最後に，速度の 2 乗に比例する空気抵抗を受ける場合の結果をまとめる。 $v_{y0} > 0$ の場合の式 (28.38) と式 (28.42)，および，$v_{y0} \le 0$ の場合の式 (28.43) に基づいて，様々な初速度 v_{y0} に対する，速度 $v_y(t)$ の時刻 t 依存性を，図 28.4 に示す。時刻 $t \to \infty$ のとき，$v_y(t)$ が初速度 v_{y0} によらず同じ値，すなわち，終端速度 $v_{y\infty}$ に近づくことが分かる。

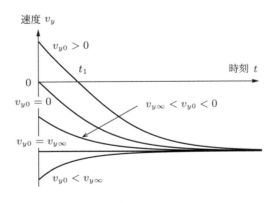

図 28.4

■ここでも思い出そう，ワンポイント■

「特別で自明な場合で成り立つか」を確認する。

実際に，時刻 $t \to \infty$ のとき，$v_y(t)$ が終端速度に近づくことを確認しよう。$v_{y0} > 0$ の場合の式 (28.42)，および，$v_{y0} \leq 0$ の場合の式 (28.43) で，$t \to \infty$ の極限をとると，tanh の定義式 (28.41) より，$x \to \infty$ で $\tanh x \to 1$ に注意すると，

$$t \to \infty \text{ のとき,} \quad v_y \to v_{y\infty} = -\sqrt{\frac{mg}{k}} \tag{28.44}$$

であることが分かる。

　もちろん，終端速度 $v_{y\infty}$ は，運動方程式 (28.29) で，加速度を 0 とおいた式，すなわち

$$0 = -mg + kv_{y\infty}^2 \tag{28.45}$$

からも，ただちに得られる。しかし，我々は，**時々刻々に変化する速度 $v_y(t)$ や，さらには位置 $y(t)$ を，知ることができた。これは運動方程式を解くことにより可能となったことに注意されたい。**

29

減衰振動・強制振動
自然界で最も多い物理現象

29.1 減衰振動

第5章のバネで振動する物体の運動は，永久に振動を続ける単振動であった。しかし，自然界でおこる振動は，通常は徐々に減衰して最後は止まってしまう。これは，第5章では無視していた，小球の床との摩擦や空気抵抗，さらには，バネの内部摩擦[注1]が実際には働くためであり，「振動」しながら「減衰」するので**減衰振動**と呼ばれる[注2]。

注1 バネを振動させると，バネが熱をもつことがある。これは，力学的なエネルギーの一部が，バネの内部摩擦によって，熱エネルギーに変わったことによる。

注2 減衰振動は，マクロな世界では"当たり前"の現象であるが，しばしばミクロな世界でも見られる現象である。近年，盛んに研究されている「量子コンピューティング」の分野では，ミクロな系でも，振動しつつも減衰する現象が"当たり前"のように観測されている。この「減衰」は，「デコヒーレンス」と呼ばれ，量子コンピューティングを実現する大きな課題となっている。興味のある読者は，インターネットで検索してみるとよい。

> **例題 29.1** 例題29.1と同様に，水平に置かれたバネの左端は固定されており，右端には質量 m の小球が取り付けられている。バネと小球は，1次元運動するように設定されている。バネが自然長であるときの小球の位置を座標の原点 $x=0$ とすると，小球が位置 x にあるときには，バネは小球に対し，自然長に戻そうとする大きさ kx の力を及ぼす。さらに小球は，速度 $\dot{x}$ の逆向きに，速度の大きさに比例する抵抗力（その比例係数を b とする）を受ける。バネが自然長である時刻 $t=0$ において，小球に対して右向きに大きさ v_0 の初速度を与えた。この後の運動を述べよ。

解答 29.1 28.2節～28.5節で順を追って解説する。

29.2 「主人公」はバネではない：あくまで小球

■考え方■ 第5章と同様に，運動する主体は小球だから，小球が「主人公」である。

次に，「主人公」である「小球」に働く「外力」を図示する。今回は，速度に比例する抵抗力も働くので，図29.1のようになる[注3]。

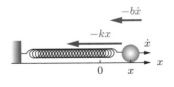

図 29.1

注3 ここでは，図が複雑になるのを避けるために，図5.2に記載した垂直抗力 N と重力 mg は，省略した。

その次に，座標軸を設定して，運動方程式を立てる。

▮再度，確認！▮

「主人公」→「外力」→「運動方程式」

29.3 符合に注意!! ───────────────●

5.2 節で示したように，「小球」が**バネから受ける力**は，x の正負によらず，$-kx$ であった。

では，「小球」が受ける**抵抗力**はどう書けるか。

「小球」が受ける抵抗力は，速度 $\dot{x}$ の正負によらず，$-b\dot{x}$

実際，速度が右向き $\dot{x} > 0$ のときは，抵抗力は $-b\dot{x} < 0$ で左向きとなり，速度が左向き $\dot{x} < 0$ のときは，抵抗力は $-b\dot{x} > 0$ で右向きとなる。

このように，抵抗力 $-b\dot{x}$ のマイナス符号は，速度 $\dot{x}$ と常に逆向きであることを表している。

▮運動方程式▮　これでお膳立てが整ったので，いよいよ運動方程式を書き下すと，

$$m\ddot{x} = -kx - b\dot{x} \tag{29.1}$$

となる。抵抗がない $b = 0$ の場合の式 (5.1) もそうであったように，

式 (29.1) は，このままでは積分できない。

第 5 章と同様に，このまま両辺を t で積分しても，解は得られない[注4]。そこで，見通しをよくするために，すべての項を左辺に移項して，m で割ると，

$$\ddot{x} + 2\gamma\dot{x} + \omega_0^2 x = 0 \tag{29.2}$$

を得る[注5]。ここで，

$$\omega_0^2 = \frac{k}{m}, \quad \gamma = \frac{b}{2m} \tag{29.3}$$

とおいた。振動数 ω は後で使いたいので，式 (5.9) で定義した振動数 ω を，ここでは ω_0 と書いた。また，後で式が綺麗になるので，γ の定義に $\frac{1}{2}$ を付けた。

式 (29.2) をみたす関数 $x(t)$ は，

1 階微分と 2 階微分がともに，もとの関数の定数倍

でなければならない。そういう関数は，読者もよく知っているであろう，**指数関数**である[注6]。そこで，

[注4]　$\ddot{x}$ と $\dot{x}$ は，t で積分すると，それぞれ，$\dot{x}$ と x になるが，右辺第 1 項の x は，t のどのような関数であるか未知であるので，積分できない。

[注5]　式 (29.2) は x の 2 回微分までを含み，各項が x の 1 次（線形）であるので，2 階線形同次微分方程式と呼ばれる。

[注6]　2 回微分して初めてもとの関数の定数倍になるのは，三角関数であった。

$$x(t) = e^{\lambda t} \qquad (29.4)$$

が解であると仮定して，式 (29.2) に代入し，式 (29.2) をみたすように λ を決めることにする。

式 (29.4) を時間 t で 1 回および 2 回微分すると，

$$\dot{x}(t) = \lambda e^{\lambda t}, \quad \ddot{x}(t) = \lambda^2 e^{\lambda t} \qquad (29.5)$$

となる。これらを，式 (29.2) に代入して整理すると，

$$(\lambda^2 + 2\gamma\lambda + \omega_0^2)e^{\lambda t} = 0 \qquad (29.6)$$

となり，括弧の中がゼロ，すなわち

$$\lambda^2 + 2\gamma\lambda + \omega_0^2 = 0 \qquad (29.7)$$

となるとき [注 7]，式 (29.4) が式 (29.2) の解となることが分かった。2 次方程式の解の公式より，式 (29.7) をみたす λ は

$$\lambda_\pm = -\gamma \pm \sqrt{\gamma^2 - \omega_0^2} \qquad (29.8)$$

と求まる。ここで，$\lambda_\pm$ の添字 "$\pm$" は，λ_+ が右辺の "$+$" をとり，λ_- が右辺の "$-$" をとることを表している。

この結果，$e^{\lambda_+ t}$ と $e^{\lambda_- t}$ が運動方程式 (29.1) の解であることが分かった。ここで，運動方程式は 2 階の微分方程式で，その一般解は任意定数を 2 つ含むことを思い出そう [注 8]。そこで，$e^{\lambda_+ t}$ と $e^{\lambda_- t}$ にそれぞれ任意定数 C_1 と C_2 を掛けて足してみる。すなわち，

$$x(t) = C_1 e^{\lambda_+ t} + C_2 e^{\lambda_+ t} \qquad (29.9)$$

を考える。これを式 (29.2) に代入すると，確かにみたしていることが分かる。したがって，式 (29.9) は任意定数を 2 つ含む運動方程式 (29.1) の一般解である。

「特別で自明な場合で成り立つか」を確認する。

式 (29.9) は指数関数のみを含んでいるので，減衰振動を表しているのか不安になるかもしれない。そこで，これまで何度も行ってきたように，まずは特別な場合で成り立つか確認してみる。

第 5 章で，抵抗がない場合，すなわち，$\gamma = 0$ の解をすでに求めたので，これと一致するかを確認する。式 (29.8) に $\gamma = 0$ を代入すると，

$$\lambda_\pm = \pm\sqrt{-\omega_0^2} = \pm i\omega_0 \qquad (29.10)$$

となるので，これを式 (29.9) に代入すると，

$$x(t) = C_1 e^{i\omega_0 t} + C_2 e^{-i\omega_0 t} \qquad (29.11)$$

を得る。さらに，オイラーの公式 (2.3) を用いると，

$$x(t) = (C_1 + C_2)\cos\omega_0 t + i(C_1 - C_2)\sin\omega_0 t \qquad (29.12)$$

となり，確かに振動する解が得られた。しかし，式 (29.12) の第 2 項の係数に，虚数単位 i が入っていることが気になるかもしれない。確かに，純粋に数学的な解としては，複素数であってもよいのだが，**物理的に意味のある解としては $x(t)$ は実数でなければならない**。このことは，物理的な初期条件を適用することで保証される。

実際，式 (29.12) に初期条件 $x(0) = 0$ と $\dot{x}(0) = v_0$ を適用すると，

$$C_1 + C_2 = 0, \quad i\omega_0(C_1 - C_2) = v_0 \qquad (29.13)$$

が得られ，C_1 と C_2 について解くと

$$C_1 = -i\frac{v_0}{2\omega_0}, \quad C_2 = i\frac{v_0}{2\omega_0} \qquad (29.14)$$

と求まる。これを式 (29.12) に代入すると，

$$x(t) = \frac{v_0}{\omega_0}\sin\omega_0 t \qquad (29.15)$$

となり，式 (29.14) と一致することが確かめられた[注9]。

注9　抵抗がない例題 5.1 でも，今回と同様に式 (29.4) を仮定して，問題を解くことはできる。ただし，計算の途中に複素数が出てきて，複雑になる。

29.4　γ と ω_0 の大小によって異なる運動を表す ———●

いよいよ，抵抗が働く場合，すなわち $\gamma \neq 0$ の場合の運動を見てみよう。賢明な読者は，特別な場合を確認した際に，γ と ω_0 の大小によって，式 (29.8) のルートの中の正負が変わるので，異なる運動を表すことに気付いたかもしれない。

実際に，場合分けをして考えてみよう。まず

抵抗の効果が小さい $\gamma < \omega_0$ の場合

を考える。これは，式 (29.3) に戻って考えると，$b^2 < 4mk$ の場合に相当する。式 (29.8) のルートの中が正になるように，

$$\lambda_\pm = -\gamma \pm i\omega \qquad (29.16)$$

と書き換える。ここで，

$$\omega = \sqrt{\omega_0^2 - \gamma^2} \qquad (29.17)$$

とおいた。式 (29.16) を一般解の式 (29.9) に代入して, $e^{-\gamma t}$ でくくると,

$$x(t) = e^{-\gamma t}\{C_1 e^{i\omega t} + C_2 e^{-i\omega t}\} \tag{29.18}$$

を得る。さらに, オイラーの公式を用いると,

$$x(t) = e^{-\gamma t}\{(C_1 + C_2)\cos\omega t + i(C_1 - C_2)\sin\omega t\} \tag{29.19}$$

となり, 振幅が $e^{-\gamma t}$ に比例して「減衰」しながら, 振動数 ω で「振動」する**減衰振動**の解が得られた。

次に, 式 (29.8) のルートの中が最初から正となる

抵抗の効果が大きい $\gamma > \omega_0$ の場合

を考える。これは, 式 (29.3) に戻って考えると, $b^2 > 4mk$ の場合に相当する。この場合は, 式 (29.8) の右辺第 1 項の γ よりも右辺第 2 項の $\sqrt{\gamma^2 - \omega_0^2}$ の方が小さいことに注意すると, $\lambda_{\pm} < 0$ であることが分かる。このとき, 式 (29.9) は「振動」することなく指数関数的に減衰する**過減衰**と呼ばれる運動を表す。

29.5 初期条件で解を確定する

特別な場合である $\gamma = 0$ で行ったのと同様に, 今度は一般の $\gamma \neq 0$ の場合に, 式 (29.9) に初期条件 $x(0) = 0$ と $\dot{x}(0) = v_0$ を適用すると [注 10],

$$C_1 + C_2 = 0, \quad \lambda_+ C_1 + \lambda_- C_2 = v_0 \tag{29.20}$$

が得られ, C_1 と C_2 について解くと

$$C_1 = \frac{v_0}{2\sqrt{\gamma^2 - \omega_0^2}}, \quad C_2 = -\frac{v_0}{2\sqrt{\gamma^2 - \omega_0^2}} \tag{29.21}$$

と求まる。

抵抗の効果が小さい $\gamma < \omega_0$ の場合は, 式 (29.21) のルートの中が負になることに注意して,

$$C_1 = -i\frac{v_0}{2\omega}, \quad C_2 = i\frac{v_0}{2\omega} \tag{29.22}$$

と書き換え、これを式 (29.19) に代入すると [注 11],

$$x(t) = e^{-\gamma t}\frac{v_0}{\omega}\sin\omega t \tag{29.23}$$

となり, 図 29.2 のように, 振幅が $e^{-\gamma t}$ に比例して「減衰」しながら振動数 ω で「振動」する**減衰振動**を表す [注 12]。もちろん, 特別な

注 10 初期条件として, より一般的な, $x(0) = x_0, \dot{x}(0) = v_0$ を適用すると, $C_1 = \frac{x_0}{2} - \frac{\gamma x_0 + v_0}{2\sqrt{\gamma^2 - \omega_0^2}}$, $C_2 = \frac{x_0}{2} + \frac{\gamma x_0 + v_0}{2\sqrt{\gamma^2 - \omega_0^2}}$ となる。

注11 注 10 の, より一般的な初期条件を適用すると, $x(t) = e^{-\gamma t}\{x_0\cos\omega t + \frac{\gamma x_0 + v_0}{\omega}\sin\omega t\}$ となる。

注12 図 29.2 には, 振幅の減衰を分かりやすく見るために, 式 (29.23) において $\sin\omega t = \pm 1$ を代入した, $x(t) = \pm e^{-\gamma t}\frac{v_0}{\omega}$ のグラフも, 細い実線であわせて示した。

場合 $\gamma = 0$ を代入すると，式 (29.14) と一致する。

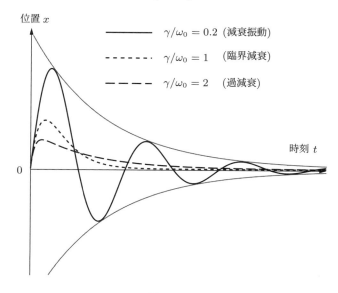

図29.2

　一方，抵抗の効果が大きい $\gamma > \omega_0$ の場合は，式 (29.21) のルート
の中は正であるので，そのまま式 (29.9) に代入すると，

$$x(t) = e^{-\gamma t}\frac{v_0}{2\sqrt{\gamma^2 - \omega_0^2}}(e^{\sqrt{\gamma^2-\omega_0^2}t} - e^{-\sqrt{\gamma^2-\omega_0^2}t}) \qquad (29.24)$$

となり [注13]，図 29.2 のように，指数関数的に減衰する**過減衰**を表す。

減衰振動と過減衰の境界である $\gamma = \omega_0$ の場合

　式 (29.24) で，γ を徐々に小さくしていき，$\gamma = \omega_0$ に達すると，
式 (29.24) の分母と括弧の中がともに 0 になる。この場合，括弧の
中の指数関数を式 (29.20) の級数を用いて表すと，

$$e^{\sqrt{\gamma^2-\omega_0^2}t} - e^{-\sqrt{\gamma^2-\omega_0^2}t} = 2\Big\{\sqrt{\gamma^2 - \omega_0^2}t + \frac{(\sqrt{\gamma^2-\omega_0^2}t)^3}{3!} + \cdots\Big\}$$
$$(29.25)$$

となるので，これを式 (29.24) に代入して，$\gamma \to \omega_0$ の極限をとると，

$$x(t) = v_0 t e^{-\omega_0 t} \qquad (29.26)$$

を得る [注14]。係数に t がかかっているが，指数関数 $e^{-\omega_0 t}$ の方が速
く 0 になるので，図 29.2 のように，やはり指数関数的に減衰する運
動を表す。$\gamma = \omega_0$ よりも少しでも γ が小さくなると，減衰振動に変
わるので，ぎりぎりで振動せずに減衰するという意味で，この場合
の運動は**臨界減衰**と呼ばれる。

　ここで，図 29.2 をよく見ると，$\gamma = \omega_0$ の臨界減衰の場合に，最

注13　**注10** の，より一般的な初期条
件を適用すると，**注10** の C_1, C_2 を
用いて，$x(t) = e^{-\gamma t}(C_1 e^{\sqrt{\gamma^2-\omega_0^2}t} + C_2 e^{-\sqrt{\gamma^2-\omega_0^2}t})$ となる。

注14　**注10** の，より一般的な初期条件を適
用すると，$x(t) = e^{-\omega_0 t}\{x_0 + (\omega_0 x_0 + v_0)t\}$ となる。

も速く原点 O に減衰していることが分かる。$\gamma > \omega_0$ の過減衰では，t が大きいときは，式 (29.24) の右辺で，括弧内の第 2 項は先に 0 になるので，括弧内の第 1 項は，$e^{-(\gamma - \sqrt{\gamma^2 - \omega_0^2})t}$ に比例して 0 に近づき，$\gamma - \sqrt{\gamma^2 - \omega_0^2}$ が大きいほど，すなわち，γ が小さいほど，速く減衰する。一方，$\gamma < \omega_0$ の減衰振動では，振幅が $e^{-\gamma t}$ に比例して 0 に近づき，過減衰とは逆に，γ が大きいほど，速く減衰する。その結果、両者の境界の，$\gamma = \omega_0$ の臨界減衰のとき，$e^{-\omega_0 t}$ に比例して，最も速く減衰することになる[注15]。

29.6 強制振動 ●

速度に比例する抵抗力が働く場合，γ と ω_0 の大小によって減衰振動、過減衰、臨界減衰と異なる運動をするものの，時間が十分に経過すれば，いずれの場合も減衰して最後は止まってしまう。このような抵抗力が働く場合でも，外から振動を加え続ければ，それによって振動し続けることになる。このように，外から「強制」的に振動が加えらたときに起こる「振動」を，**強制振動**という。

> **例題 29.2** 例題 29.1 では固定していたバネの左端を，今度は図 29.3 のように，その固定していた位置を中心として，$a \sin \Omega t$ で振動させる。この後の小球の運動を述べよ。

解答 29.2 次節以降で順を追って解説する。

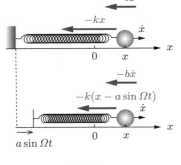

図 29.3

29.7 外から振動を加えるとバネの正味ののびが変わる ●

バネの左端が固定されていたとき，バネを自然長に戻そうとする力は $-kx$ であったが，バネの左端をその固定されていた位置から $a \sin \Omega t$ だけ動かすと[注16]，バネの自然長からの正味ののびは，

$$x \quad \rightarrow \quad x - a \sin \Omega t \tag{29.27}$$

のように変わる。実際，バネの左端を右に動かすと（$a \sin \Omega t > 0$），その分だけバネの正味ののびは小さくなり，バネの左端を左に動かすと（$a \sin \Omega t < 0$），その分だけバネの正味ののびは大きくなる。その結果，バネを自然長に戻そうとする力も，

$$-kx \quad \rightarrow \quad -k(x - a\sin\Omega t) \qquad (29.28)$$

のように変わることになる。

■**運動方程式**■　運動方程式 (29.1) に対して，式 (29.28) の変換を行うと，バネの左端を振動させたときの小球の運動方程式が

$$m\ddot{x} = -k(x - a\sin\Omega t) - b\dot{x} \qquad (29.29)$$

のように得られる。この運動方程式を，

$$m\ddot{x} = -kx - b\dot{x} + ka\sin\Omega t \qquad (29.30)$$

のように書き換えると，バネの左端を振動させた効果は，バネの左端を固定した場合に，小球に対して $ka\sin\Omega t$ のような振動する外力を加えたことと同等であることが分かる。

式 (29.30) の右辺の第 1 項と第 2 項を左辺に移項して，両辺を m で割ると，

$$\ddot{x} + 2\gamma\dot{x} + \omega_0^2 x = \omega_0^2 a\sin\Omega t \qquad (29.31)$$

となる[注17]。ここで，式 (29.3) と同じ置き換えをした。

さて，式 (29.31) をみたす関数 $x(t)$ をどのように探せばよいだろうか。まず最初に，バネの左端を振動数 Ω で振動させ続ければ，バネの右端に付けた小球も同じ振動数 Ω で振動することは予想できる。しかし，右辺と同じ関数の $x(t) = C\sin\Omega t$ と仮定すると，左辺の第 2 項が $\dot{x}(t) = -C\Omega\cos\Omega t$ となって，C をどのように選んでも式 (29.31) はみたされない。そこで，

$$x(t) = C\sin\Omega t + D\cos\Omega t \qquad (29.32)$$

と仮定してみる。もし，式 (29.31) に代入して，それをみたすような C と D が見つかれば，式 (29.32) は確かに式 (29.31) の解となる。

式 (29.32) を時間 t で 1 回および 2 回微分すると，

$$\dot{x}(t) = C\Omega\cos\Omega t - D\Omega\sin\Omega t \qquad (29.33)$$

$$\ddot{x}(t) = -C\Omega^2\sin\Omega t - D\Omega^2\cos\Omega t \qquad (29.34)$$

となる。これらを，式 (29.31) に代入して整理すると，

$$(-C\Omega^2 - 2\gamma C\Omega + \omega_0^2 C - \omega_0^2 a)\sin\Omega t$$
$$+(-D\Omega^2 + 2\gamma D\Omega + \omega_0^2 D)\cos\Omega t = 0 \qquad (29.35)$$

ここで，$\sin\Omega t$ と $\cos\Omega t$ の係数がともに 0，すなわち

$$(\omega_0^2 - \Omega^2)C - 2\gamma\Omega D = \omega_0^2 a \qquad (29.36)$$

注17　式 (29.31) の左辺は，式 (29.2) の 2 階線形同次微分方程式と同じであるが，右辺に x の 1 次以外の項を含むので，2 階線形非同次微分方程式と呼ばれる。

$$2\gamma\Omega C - (\omega_0^2 - \Omega^2)D = 0 \qquad (29.37)$$

となれば，式 (29.35) は成り立つ。これを，C と D について解くと，

$$C = \frac{\omega_0^2 - \Omega^2}{(\omega_0^2 - \Omega^2)^2 + (2\gamma\Omega)^2}\omega_0^2 a \qquad (29.38)$$

$$D = -\frac{2\gamma\Omega}{(\omega_0^2 - \Omega^2)^2 + (2\gamma\Omega)^2}\omega_0^2 a \qquad (29.39)$$

を得る。この C と D を，式 (29.32) に代入し，さらに三角関数の加法定理[注18] $a\sin\alpha + b\cos\alpha = \sqrt{a^2 + b^2}\sin(\alpha + \beta)$，ただし，$\tan\beta = \dfrac{b}{a}$ を用いると，

$$x(t) = A\sin(\Omega t - \delta) \qquad (29.40)$$

と書き換えられる。式 (29.40) で，A と δ は，

$$A = \sqrt{C^2 + D^2} = \frac{\omega_0^2}{\sqrt{(\omega_0^2 - \Omega^2)^2 + (2\gamma\Omega)^2}}a \qquad (29.41)$$

$$\tan\delta = -\frac{D}{C} = \frac{2\gamma\Omega}{\omega_0^2 - \Omega^2} \qquad (29.42)$$

によって与えられ，外から加えた振動 $a\sin\Omega t$ に比べて，小球の振動は，振幅が A/a 倍に変化し，位相が δ だけ遅れることになる[注19]。

ここで，式 (29.40) は確かに運動方程式 (29.29)，あるいは式 (29.31) の解であるが，この解には任意定数が 1 つも含まれないことに注意する。このような解を特殊解と呼び[注20]，任意定数を 2 つ含む一般解と異なり，様々な初期条件のもとでの運動を記述することができない。

では，式 (29.31) の一般解をどのように求めればよいだろうか。じつは，特殊解の式 (29.40) に，外から振動を加えないときの一般解の式 (29.9) を加えたもの，すなわち

$$x(t) = A\sin(\Omega t - \delta) + C_1 e^{\lambda_+ t} + C_2 e^{\lambda_+ t} \qquad (29.43)$$

が式 (29.31) の一般解となることがすぐに分かる。実際，式 (29.43) を式 (29.31) に代入すると，右辺の第 1 項の特殊解はもちろん式 (29.31) をみたし，一方，右辺の第 2 項と第 3 項を式 (29.31) の左辺に代入すると 0 となる。したがって，式 (29.43) は確かに式 (29.31) をみたし，かつ，任意定数を 2 つ含む一般解であることが示された。

式 (29.43) で，任意定数の C_1 と C_2 は初期条件によって決まるが，いずれにしても，時間が十分に経過すると，式 (29.42) の右辺の第 2 項と第 3 項は 0 となるので，小球の運動は右辺の第 1 項，すなわち，式 (29.40) で表されることになる。

注18 $\cos\beta = \dfrac{a}{\sqrt{a^2 + b^2}}$，$\sin\beta = \dfrac{b}{\sqrt{a^2 + b^2}}$，すなわち，$\tan\beta = \dfrac{b}{a}$ とおくと，$a\sin\alpha + b\cos\alpha = \sqrt{a^2 + b^2}(\sin\alpha\cos\beta + \cos\alpha\sin\beta) = \sqrt{a^2 + b^2}\sin(\alpha + \beta)$ が示される。

注19 このため，δ は**位相の遅れ**と呼ばれる。

注20 特殊解については，第 5 章の，注 8 でも説明した。

29.8 振幅や位相の遅れは外力の振動数 Ω に依存する ●

　ここで，式 (29.41) で与えられる強制振動の振幅 A は，外から加えた振動の振幅 a だけではなく，図 29.4(a) に示すように，その振動数 Ω に依存することに注意する。抵抗の効果が大きい $\gamma > \omega_0/\sqrt{2}$ の場合は，振幅は Ω の増大とともに単調に減少する。一方，抵抗の

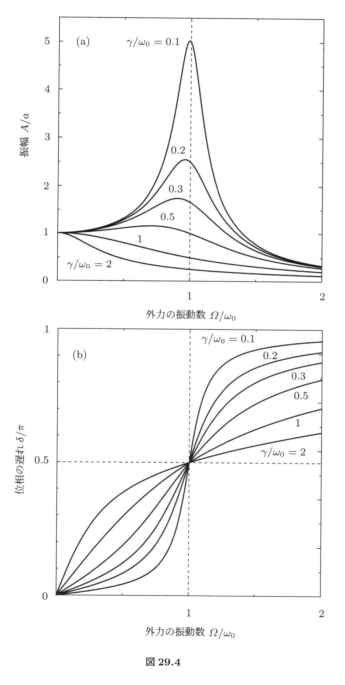

図 29.4

効果が小さい $\gamma < \omega_0/\sqrt{2}$ の場合は，振幅は $\Omega = \sqrt{\omega_0^2 - 2\gamma^2}$ で最大値をとる。これは，**共振**と呼ばれ，その振幅は γ が小さいほど大きくなり，特に γ が非常に小さい場合，外から加えた振動数 Ω が，系の固有振動数 ω_0 とほぼ一致する場合に，振幅が著しく大きくなることが分かる [注21]。また，式 (29.42) で与えられる位相の遅れ δ は，図 29.4(b) に示すように，Ω の増大とともに，0 から π まで単調に増大し，$\Omega = \omega_0$ のときにちょうど $\pi/2$ となる。

　ここで，具体的に図 29.3 のバネの左端を振動させることをイメージしてみよう。まずは，非常にゆっくりと，すなわち，非常に小さな Ω で振動させてみる。バネはほとんどのび縮みせずに，小球は左端の振動とほぼ一緒に振動し，振幅は a，位相の遅れは $\delta = 0$ となる。次に，徐々に速く振動させてみる。すなわち，Ω を徐々に大きくしていく。すると，小球の振幅は a よりも徐々に大きくなっていき，位相も少しずつ遅れだす。そして，Ω がバネの固有振動数のあたりで小球が大きく振れ，位相が 4 分の 1 周期程度遅れているのが分かる。最後に，非常に速く，すなわち，非常に大きな Ω で振動させてみる。すると，小球は外からの振動に全くついていけなくなり，小刻みに振動するだけ，すなわち，振幅はほぼ 0 となる。このとき，よく見てみると，小球は外からの振動と逆向きに振動している，すなわち，位相の遅れが $\delta = \pi$ となっていることが見てとれる。以上のことは，特別な実験装置がなくても，例えば，輪ゴムの端に何かおもりになるものをぶら下げて，その輪ゴムの他端を手で振動させてみると，簡単に確認することができるので，是非やってみて欲しい。

　地震は様々な振動数（周期）の振動からなるが，その主要な（振幅の大きな）成分は，読者がこれまで経験・体感してきたように，周期が 1 ～ 2 秒以下の短周期である。地震の主要な振動数を Ω，建物の固有振動数を ω_0 とすると，中低層の建物では $\Omega \sim \omega_0$ となり，共振して非常に激しく揺れることもある。一般に，建物の固有振動数 ω_0 は，建物の高さに反比例するため [注22]，高層ビルでは，$\Omega \gg \omega_0$ となり，建物の揺れ幅 A は地震の振幅 a に比べて十分に小さく（$A \ll a$），地震の影響を受けにくい。ただし，特に巨大地震で生じる周期の長い，すなわち，Ω の小さい振動成分（長周期地震動）は，減衰しにくいため震源地から遠方まで到達し，この長周期地震動と共振する高層ビルにのみ被害を与えることもある [注23]。なお，自然界で最も多い物理現象

注21　抵抗がない $\gamma = 0$ のとき，$\Omega = \omega_0$ で，振幅は無限大に発散する。なお，$\Omega \ll \omega_0$ で $A \sim a$ となることや，$\Omega \gg \omega_0$ で $A \ll a$ となることは，抵抗の有無によらず，常に成り立つ。

注22　弦楽器は，弦が長いほど，音が低い，すなわち，波長が長く，振動数が小さいことと，対応している。

注23　長周期地震動による高層ビルの被害の程度が，主に短周期の振動の大きさを表している震度では測れないことを考慮して，気象庁では，震度とは別に，長周期地震動に関する観測情報を，2013 年から発表するようになった。

地震の対策として，建物そのものの強度を高める耐震構造の他に，建物と基礎・地盤との間にゴムやバネをはさむことにより，建物の固有振動数 ω_0 を小さくして，高層ビルと同様に地震の影響を受けにくくする免震構造がある[注24]。

29.9 パラメータ励振－ブランコの物理

ブランコに乗った人が，体を上下させたり，足を上下させたりすることで，ブランコを漕ぐ，すなわち，ブランコの振れを大きくすることができる。体を上下させたり，足を上下させたりすると，それにあわせて，人の重心の位置は，図 29.5 のように上下に変化する。これは，例題 14.1 の振り子において，人の重心の位置に，人と同じ質量 m の小球があるとして、小球と原点 O をつなぐ糸の長さ r を，時刻 t の関数として周期的に変化させたと考えることができる。通常は固定された「パラメータ」（この場合は糸の長さ）を，周期的に変化させることによって，振れが大きくなる，すなわち，「振動」が「励起」されるので，**パラメータ励振**と呼ばれる。

> **例題 29.3** 例題 14.1 の振り子では固定されていた小球と原点 O をつなぐ糸の長さ r を，図 29.6 のように，時刻 t の関数として，長さ l を中心として，振幅 $\epsilon > 0$，振動数 Ω で，$r(t) = l(1 - \epsilon \sin \Omega t)$ のように振動させる。ただし，振り子の振動，および，糸の長さの振動はともに小さい，すなわち，$|\theta| \ll 1$，および，$\epsilon \ll 1$ とする。このとき、振動数 Ω をどのようにすれば，小球の振れは最大になるか。

■考え方■ 基本はいつでも「主人公」「外力」「運動方程式」である。糸の長さが変化しても，「主人公」は，質量をもつ「小球」であるから，「小球」に働く「外力」を考える。例題 14.1 と同様に，小球に働く力は，糸の張力 S と，重力 mg のみで，図 29.6 のようになる[注25]。

解答 29.3 次節で詳しく解説する。

注24 免震構造の説明として，地震の力学的なエネルギーが，ゴムやバネの熱エネルギーに変換されて，建物に伝わらなかったためであるという説明が，よく見受けられる。確かに，**注1**で説明したように，ゴムやバネの内部摩擦の効果で，力学的なエネルギーの一部は，熱エネルギーに変わる。しかし，**注21**でも説明したように，$\Omega \gg \omega_0$ のとき $A \ll a$ となることは，抵抗の有無にかかわらず成り立ち，抵抗の効果で力学的エネルギーが熱エネルギーに変換されるかどうかは，免震構造の本質ではない。

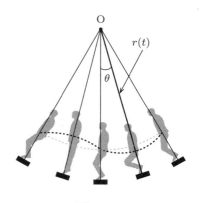

図 29.5

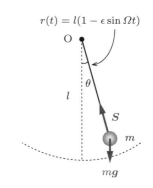

$r(t) = l(1 - \epsilon \sin \Omega t)$

図 29.6

注25 図 29.5 において，人の重心が上がるとき，$\sin \Omega t > 0$ ととり，そのとき糸が短くなることに対応して，$\epsilon \sin \Omega t$ の前にマイナスを付けた。

29.10 r が t に依存すると加速度の表式が変わる ──●

これでお膳立てが整ったので，いよいよ運動方程式を書き下す。ここで，例題 14.1 で用いた接線方向の加速度は，r が t に依存しない一定の場合の表式である。これに対し，r が t に依存する例題 29.3 では，加速度の表式が変わる，すなわち，運動方程式 (14.3) や (14.4) は使えないことに注意する [注 26]。一方，角運動量とトルクを用いて運動方程式を書き直した式 (19.5) は，r が t に依存する場合も含めて一般的に成り立つので，今回はこちらを用いることにする。

■**運動方程式**■　角運動量とトルクを用いた運動方程式 (19.5) の左辺で，r が t に依存することに注意して，$\dfrac{d}{dt}[r^2\dot{\theta}] = r^2\ddot{\theta} + 2r\dot{r}\dot{\theta}$ を用いると [注 27]，r が t に依存する場合の運動方程式

$$mr^2\ddot{\theta} + 2mr\dot{r}\dot{\theta} = -mgr\sin\theta \qquad (29.44)$$

を得る。式 (29.44) の右辺で，例題 14.1 と同様に，$|\theta| \ll 1$ より $\sin\theta \simeq \theta$ と近似し，さらに，両辺を mr^2 で割ると，

$$\ddot{\theta} + 2\frac{\dot{r}}{r}\dot{\theta} + \frac{g}{r}\theta = 0 \qquad (29.45)$$

となる。ここで，$\epsilon \ll 1$ より ϵ の 2 次以上を無視して，

$$\frac{1}{r} = \frac{1}{l(1 - \epsilon\sin\Omega t)} \simeq \frac{1}{l}(1 + \epsilon\sin\Omega t) \qquad (29.46)$$

と近似し，さらに，$\dot{r} = -l\epsilon\Omega\cos\Omega t$ を代入すると，

$$\ddot{\theta} + \frac{g}{l}\theta = \epsilon\left(2\Omega\cos\Omega t\,\dot{\theta} - \frac{g}{l}\sin\Omega t\,\theta\right) \qquad (29.47)$$

を得る。ただし，式 (29.46) と同様に，ϵ の 2 次以上は無視した。

式 (29.47) は，$\theta(t)$ に関する複雑な 2 階微分方程式で，解析的には解けない。そこで，式 (29.47) が，ϵ に関して級数展開して 2 次以上を無視して得られた式であることを考慮して，式 (29.47) の解 $\theta(t)$ も，ϵ に関して級数展開して，2 次以上を無視し，

$$\theta(t) = \theta^{(0)}(t) + \epsilon\theta^{(1)}(t) \qquad (29.48)$$

と書くことにする。式 (29.48) を式 (29.47) に代入し，ϵ に関する 0 次の項と 1 次の項に分けて書くと，

$$\ddot{\theta}^{(0)} + \frac{g}{l}\theta^{(0)} = 0 \qquad (29.49)$$

$$\ddot{\theta}^{(1)} + \frac{g}{l}\theta^{(1)} = 2\Omega\cos\Omega t\,\dot{\theta}^{(0)} - \frac{g}{l}\sin\Omega t\,\theta^{(0)} \qquad (29.50)$$

を得る。

注 26　r が t に依存する一般的な場合は，接線方向の加速度 $= r\ddot{\theta} + 2\dot{r}\dot{\theta}$ となることが知られている。もちろん，この加速度を，接線方向の運動方程式 (14.3) の左辺に用いても，式 (29.44) は得られる。

注 27　円運動の場合には，半径 r が時間変化しないので，第 2 項がゼロとなる。

ここで，ϵ に関する 0 次の式 (29.49) は，糸の長さが l に固定された場合の式 (14.8) と同じであり，その一般解は式 (14.9) と同様に，

$$\theta^{(0)}(t) = \theta_0 \sin(\omega_0 t + \phi) \tag{29.51}$$

と求まる。ここで，振り子の固有振動数 ω_0 は，式 (14.12) と同様に，$\omega_0^2 = \dfrac{g}{l}$ であり，θ_0 と ϕ は，初期条件によって決まる定数である。

次に，式 (29.51) を，ϵ に関する 1 次の式 (29.50) の右辺に代入し，さらに，三角関数の加法定理 $\cos(\alpha + \beta) = \cos\alpha\cos\beta - \sin\alpha\sin\beta$ を用いて整理すると，

$$\ddot{\theta}^{(1)} + \omega_0^2 \theta^{(1)} = \left(\Omega + \frac{\omega_0}{2}\right)\omega_0\theta_0 \sin\left[(\Omega + \omega_0)t + \phi + \frac{\pi}{2}\right]$$
$$+ \left(\Omega - \frac{\omega_0}{2}\right)\omega_0\theta_0 \sin\left[(\Omega - \omega_0)t - \phi + \frac{\pi}{2}\right] \tag{29.52}$$

を得る。

式 (29.52) は，強制振動の運動方程式 (29.31) において，$x(t) \to \theta^{(1)}(t)$ と置き換えると，同じ形をしていることが分かる。ただし，今回は簡単のために空気抵抗などの抵抗力を無視したため，式 (29.52) の左辺には，式 (29.31) の左辺第 2 項に対応する，$\dot{\theta}^{(1)}$ の項がない。また，強制振動では，外から加えた振動数 Ω が，そのまま式 (29.31) の右辺，すなわち，外力の振動数となっていたのに対し，式 (29.52) の右辺は，糸の長さを変化させる振動数 Ω ではなく，振動数が $\Omega + \omega_0$ と $\Omega - \omega_0$ の 2 つの振動する外力の重ねあわせになっている。

したがって，強制振動における共振の条件と同様に，$\Omega + \omega_0$，または，$\Omega - \omega_0$ が，固有振動数 ω_0 に一致する，すなわち，$\Omega = 0$，または，$\Omega = 2\omega_0$ のとき，$\theta^{(1)}$ の振幅が最大になると考えられる。しかし，前者の $\Omega = 0$ を式 (29.52) の右辺に代入すると，t によらず 0 となる，すなわち，外力がなくなるので意味がない[注28]。その結果，糸の長さの振動数が

> $\Omega = 2\omega_0$ のとき，振れが最大になる

ことが分かった。

さらに，強制振動において共振がおこるとき，図 29.4 で示したように，位相の遅れが $\dfrac{\pi}{2}$ となる。したがって，$\Omega = 2\omega_0$ のときの $\theta^{(1)}(t)$ は，式 (29.52) の右辺第 2 項の外力の振動から位相が $\dfrac{\pi}{2}$ 遅れた

注 28 $\Omega = 0$ のとき，$r(t) = l(1 - \epsilon\sin\Omega t) = l$ となり，糸の長さが変わらないことからも，明らかである。

$$\theta^{(1)}(t) \propto \sin(\omega_0 t - \phi) \qquad (29.53)$$

となる。これは，式 (29.51) の $\theta^{(0)}(t)$ とは，振動数は同じであるが，初期位相が $\phi \to -\phi$ と異なっている。そのため，$\phi = 0$ ととれば，$\theta^{(0)}(t)$ と $\epsilon\theta^{(1)}(t)$ がともに $\sin\omega_0 t$ で振動して強めあい，式 (29.48) の小球の振動 $\theta(t)$ が最大となることが分かる。ここで，例題 1.3 では，糸の長さの振動 $r(t)$ は，初期位相を 0 としていたことに注意すると，$\phi = 0$ ととることは，

> 小球の振動と，周期的に変わる糸の長さの振動との間で，
> 初期位相を一致させる

ことに他ならない。

　したがって，小球の振れを最大にするには，図 29.7 に示すように，周期的に変わる糸の長さの振動数を，小球の固有振動数の 2 倍，すなわち，糸の長さの振動周期を，小球の固有周期の半分にすることに加えて，糸の長さの振動の初期位相を，小球の振動の初期位相にあわせる必要がある。図 29.7 の黒丸は，図 29.5 のブランコに乗った人の重心の位置と，ブランコの位置に対応している[注29]。ブランコが最高点にあるときしゃがみ始め，最下点に行く途中で最も低い

注 29　図 29.5 では，最も低い姿勢をとる位置，および，最も高い姿勢をとる位置を，簡単のために，最高点と最下点のほぼ真ん中に描いているが，実際には，図 29.7 の下図から分かるように，どちらも最高点により近い位置である。

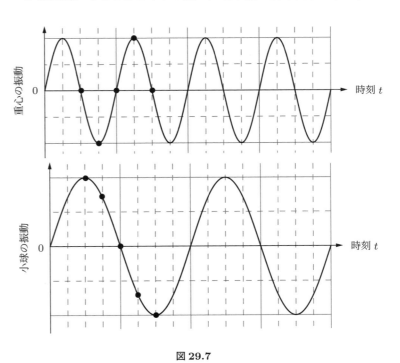

図 29.7

姿勢をとり，そこから立ち上がって，最下点から反対側の最高点に行く途中で最も高い姿勢をとり，そこから最高点に向けて再びしゃがみ始める。ブランコの漕ぎ方を思い出せない人は，ぜひ公園のブランコで確かめてみて欲しい。ブランコが上手く漕げない人は，体を上下する周期をブランコの固有周期の半分にあわせられないか，あるいは，体を上下するタイミング（位相）をブランコの振動にあわせられない。**ブランコが上手く漕げるかどうかも，ニュートンの運動方程式に従っているのである。**

30

経験則だったケプラーの法則
ニュートン力学が見事に証明

30.1 ケプラーの法則は経験則である ────────●

ケプラーは，その師ブラーエが残した膨大な天体観測のデータを分析し，惑星の運動に関する以下の3つの法則[注1]を見出した（1609年，1619年）。

> 第1法則：惑星の軌道は，太陽を1つの焦点とする楕円
> 第2法則：惑星と太陽を結ぶ線分が単位時間に掃く面積は一定
> 第3法則：惑星の公転周期の2乗は軌道の長半径の3乗に比例

ニュートンは，運動の法則と万有引力の法則を用いて，ケプラーの3法則を証明し（1687年），古典力学の枠組みを完成させた[注2]。

30.2 最初に，円軌道の人工衛星を考える ──────●

太陽系の惑星の軌道は，ケプラーの第1法則の通り，すべて楕円軌道であるが，地球を周回する人工衛星の軌道は，例題4.3の静止衛星のように，実際に円軌道のもの[注3]もある。円軌道の場合は，地球の中心から人工衛星までの距離 r が一定のため，運動方程式が容易に解ける。もちろん，円軌道の場合でも，ケプラーの第2法則や第3法則は成り立つ。そこで，まずは，円軌道の場合を考えてみよう。

> **例題30.1** 地球からの万有引力のみを受けて，地球を周回する人工衛星がある。地球の中心から人工衛星までの距離 r が一定の円軌道の場合に，以下を求めよ。ただし，万有引力定数を G，地球の質量を M，人工衛星の質量を m とする。
> (1) 人工衛星の速さ v。

注1　事実に基づく経験的な規則を一般に「経験則」と呼ぶ。他方，惑星の運動を引き起こしている力が万有引力であるならば，第2章で明記した通り，運動方程式によって，ケプラーの経験則は証明できるはずである。この章では，この証明が実際に可能であることを示す。ケプラーの経験則を，万有引力の法則と運動方程式のみを仮定して数学的な変形で証明できたことは，「ニュートン力学の体系が，本質的で普遍的であること」を示しているのである。

注2　ケプラーの経験則をニュートン力学で証明した"舞台"が惑星の運動であったが，ニュートン力学では説明しきれないズレを一般相対性理論によって説明した"舞台"もまた，（太陽の重力レンズ効果や水星の近日点移動のような）天体の運動であったことは，大変興味深い。

注3　ただし，例題4.3で問題にしているように，**図4.3の軌道は間違った円軌道である**ことに注意。

(2) 面積速度 $\dfrac{dS}{dt}$, すなわち, 地球の中心と人工衛星を結ぶ線分が単位時間に掃く面積。

(3) 軌道を 1 周する公転周期 T。

(4) 地表すれすれを周回する人工衛星の速さ v_1（第 1 宇宙速度と呼ばれる）。ただし, 地球の半径を R とする。

(5) 静止衛星の高度 h。ただし, 地球の自転周期を T_0 とする。

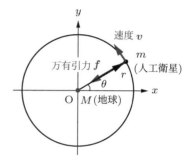

図 30.1

解答 30.1 例題 4.1 で示したように, 地球から人工衛星が受ける万有引力は, 地球の中心に全質量が集中したものと等価と考えてよい。そこで, 図 30.1 のように地球の中心を原点 O とすると, 原点 O から距離 r にある人工衛星が地球から受ける万有引力は, 原点 O の向きに, 大きさ $G\dfrac{Mm}{r^2}$ である。

運動方程式を, 振り子の運動の例題 14.1 と同様に, 接線方向と半径方向に分けて書くと,

$$m[r\ddot{\theta}] = 0 \qquad \text{(接線方向)} \tag{30.1}$$

$$m[r(\dot{\theta})^2] = G\frac{Mm}{r^2} \quad \text{(半径方向)} \tag{30.2}$$

となる。万有引力は常に原点 O を向いているので, 接線方向の力は 0 である。そのため, 接線方向の運動方程式 (30.1) より, 角速度 $\dot{\theta}$ が一定となり, 接線方向の速度 $v = r\dot{\theta}$ も一定となる。そこで, $\dot{\theta} = \dfrac{v}{r}$ を, 半径方向の運動方程式 (30.2) に代入すると,

$$m\frac{v^2}{r} = G\frac{Mm}{r^2} \tag{30.3}$$

を得る。

(1) 式 (30.3) より,

$$v = \sqrt{\frac{GM}{r}} \tag{30.4}$$

(2) 時間 Δt の間に, 角度 $\Delta\theta$ 変化すると, その間に半径 r が掃く面積, すなわち, 半径 r で中心角 $\Delta\theta$ の扇形の面積 ΔS は $\dfrac{1}{2}r^2\Delta\theta$ より, 面積速度は

$$\frac{dS}{dt} = \lim_{\Delta t \to 0} \frac{\Delta S}{\Delta t} = \frac{1}{2}r^2\dot{\theta} = \frac{rv}{2} = \frac{\sqrt{GMr}}{2} \tag{30.5}$$

となる。もちろん, 面積速度は一定で, **ケプラーの第 2 法則を**

満たしている。

注 4　円周の長さ $2\pi r$ を，接線方向の速度の式 (30.4) で割っても，同じ結果を得る。

(3)　円の面積 πr^2 を，面積速度の式 (30.5) で割ると，公転周期 T が得られるので[注4]，

$$T = \frac{\pi r^2}{\sqrt{GMr/2}} = \frac{2\pi}{\sqrt{GM}} r^{\frac{3}{2}} \qquad (30.6)$$

となる。T の 2 乗が，r の 3 乗に比例し，確かに，**ケプラーの第 3 法則を満たしている。**

(4)　式 (30.4) で，$r = R$ を代入し，さらに，式 (4.3) を用いると，

$$v_1 = \sqrt{\frac{GM}{R}} = \sqrt{gR} \qquad (30.7)$$

となる。式 (30.7) に，実際の数値を代入すると，第 1 宇宙速度 v_1 は約 7.9km/s で，音速 340m/s の約 23 倍である。

(5)　**静止衛星は，例題 4.3 で示したように，赤道上空の半径 $R+h$ の円軌道を，地球の自転周期 $T_0 = 1$ 日と同じ周期で公転する。** したがって，式 (30.6) に，$T = T_0$，および，$r = R+h$ を代入し，h について解くと，

$$h = \left(\frac{GMT_0^2}{4\pi^2} \right)^{\frac{1}{3}} - R \qquad (30.8)$$

を得る。式 (30.8) に実際の数値を代入すると，静止衛星の高度 h は約 36 万 km となり，地球の半径 R（約 6,400km）の約 5 倍半である。なお，式 (30.6) から分かるように，人工衛星の公転周期は，高度が低いほど短い。例えば，例題 4.4 の国際宇宙ステーションは，平均の高度が約 400km と低く，公転周期も約 90 分と短い[注5]。

注 5　つまり，国際宇宙ステーションに乗っていると，90 分が 1 日なのである。

30.3 「主人公」は惑星

> **例題 30.2**　ニュートンの運動の法則と万有引力の法則を用いて，ケプラーの惑星の運動に関する 3 法則を証明せよ。ただし，万有引力定数を G，太陽の質量を M，惑星の質量を m として，$M \gg m$ であることを考慮せよ。

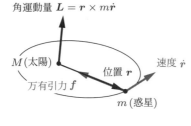

図 30.2

■考え方■　太陽と惑星の間に働く万有引力は，作用・反作用の関係にあり，太陽から受けた万有引力による惑星の運動と，惑星から受けた万有引力による太陽の運動は，同時に考える必要がある。し

かし，惑星の中で最大の木星でも，その質量は太陽の約1000分の1で，地球の質量はさらにその約300分の1であるので[注6]，万有引力による太陽の加速度は，対する惑星と比較して1000分の1以下と小さい[注7]。そこで，簡単のために，図30.2のように太陽を原点Oに固定し，そこから位置 r にある惑星の運動のみに注目する[注8]。

その次に，惑星に働く力を考え，惑星の運動方程式を立てる。

「主人公」→「外力」→「運動方程式」

解答 30.2 以降の30.4節〜30.6節で，詳しく解説する。

30.4 万有引力は中心力

運動方程式を立てる前に，「中心力」のもとでの運動に関して，一般的に成り立つ法則を示しておく。ここで，

「中心力」とは，質点に働く力が常に質点と原点Oを結ぶ方向

にある力のことをいう。図30.2のように，太陽を原点Oに固定したとき，惑星に働く万有引力は，常に原点Oを向いているので，確かに「中心力」になっている。

質点に働く力 f が「中心力」のとき，質点の位置 r と f は常に平行になるので，両者の外積はゼロ，すなわち，質点に働くトルクは $r \times f = 0$ となる。これを，式 (18.4) の右辺に代入すると，

$$\frac{d}{dt}(r \times p) = r \times f = 0 \tag{30.9}$$

より，角運動量 $L = r \times p$ は時刻 t によらず一定となる。すなわち

「中心力」を受けて運動する質点の「角運動量」は保存する

ここで，角運動量と面積速度の関係について示そう。図30.3のように，時刻 Δt の間に，位置 r が Δr だけ変位すると，惑星と太陽を結ぶ線分が掃く面積 ΔS は，r と Δr が作る三角形の面積より，

$$\Delta S = \frac{1}{2}|r||\Delta r|\sin\theta = \frac{1}{2}|r \times \Delta r| \tag{30.10}$$

となる。ここで，外積 $A \times B$ の大きさが，A と B が作る平行四辺形の面積であること（例題17.2）を用いた。したがって，面積速度は

$$\frac{dS}{dt} = \lim_{\Delta t \to 0}\frac{\Delta S}{\Delta t} = \frac{1}{2}\left|r \times \lim_{\Delta t \to 0}\frac{\Delta r}{\Delta t}\right|$$

$$= \frac{1}{2}|r \times \dot{r}| = \frac{L}{2m} \tag{30.11}$$

注6 人工衛星の質量は，地球の質量に比べると，遥かに小さいので，例題30.1では，最初から人工衛星の運動のみを考えた。

注7 万有引力によって生じる太陽と惑星の加速度をそれぞれ A，a とすると，作用・反作用の関係より，$MA = -ma$ が成り立つので，$|A|/|a| = m/M \ll 1$ となる。

注8 太陽と惑星の両方の運動を考える場合（2体問題）は，太陽から惑星への相対位置を考えると，太陽を原点Oに固定した場合と，事実上同じ議論ができる（**注9**を参照）。

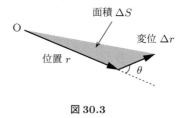

図 30.3

すなわち，角運動量の大きさ $L = |\boldsymbol{L}| = |\boldsymbol{r} \times m\dot{\boldsymbol{r}}|$ を $2m$ で割ると，面積速度になる。したがって，角運動量の保存と同様に，

「中心力」を受けて運動する質点の「面積速度」は一定となる

ことが示された。これは，**ケプラーの第2法則**に他ならない。このように，面積速度一定の法則は，万有引力に特有なことではなく，中心力であれば一般的に成り立つ法則であることに注意する。

30.5 運動方程式から軌道の式を導く ────●

ケプラーの第2法則（面積速度一定）は万有引力が中心力であることのみを使って証明されたが，第1法則（楕円軌道）を証明するには，万有引力の大きさが，式 (4.1) で与えられるように，太陽と惑星の間の距離 $r = |\boldsymbol{r}|$ の逆2乗に比例することが必須となる。

惑星が太陽から受ける万有引力 $\boldsymbol{f}$ は，常に太陽（原点 O）の向き，すなわち，惑星の位置 $\boldsymbol{r}$ と逆向きであるので，万有引力 $\boldsymbol{f}$ は，その大きさに，惑星から太陽に向かう単位ベクトル $-\boldsymbol{r}/r$ を掛けて，

$$\boldsymbol{f} = G\frac{Mm}{r^2}\left(-\frac{\boldsymbol{r}}{r}\right) = -GMm\frac{\boldsymbol{r}}{r^3} \tag{30.12}$$

と表される[注9]。

■運動方程式■ これでお膳立てが整ったので，いよいよ運動方程式を書き下す。

$$m\ddot{\boldsymbol{r}} = -GMm\frac{\boldsymbol{r}}{r^3} \tag{30.13}$$

式 (30.13) は，このままでは積分できない。

もちろん，式 (30.13) の左辺は t で積分できるが，右辺の $\boldsymbol{r}$ と r は，t のどのような関数であるか未知であるため，直接積分できない。

そこで，右辺も積分できる形にするために，**式 (30.13) の両辺に，右から $(\boldsymbol{r} \times \dot{\boldsymbol{r}})$ を外積してみる**。

$$m\ddot{\boldsymbol{r}} \times (\boldsymbol{r} \times \dot{\boldsymbol{r}}) = -GMm\frac{\boldsymbol{r} \times (\boldsymbol{r} \times \dot{\boldsymbol{r}})}{r^3} \tag{30.14}$$

そうすると，右辺は，一般に成り立つ以下の恒等式[注10]

$$\frac{\boldsymbol{r} \times (\boldsymbol{r} \times \dot{\boldsymbol{r}})}{r^3} = -\frac{d}{dt}\left(\frac{\boldsymbol{r}}{r}\right) \tag{30.15}$$

を用いて，積分できる形に変形できる。一方，式 (30.14) の左辺は，角運動量 $\boldsymbol{L} = \boldsymbol{r} \times m\dot{\boldsymbol{r}}$ が t に依存性しないことを考慮すると，

$$m\ddot{\boldsymbol{r}} \times (\boldsymbol{r} \times \dot{\boldsymbol{r}}) = \ddot{\boldsymbol{r}} \times \boldsymbol{L} = \frac{d}{dt}(\dot{\boldsymbol{r}} \times \boldsymbol{L}) \tag{30.16}$$

注9 太陽と惑星の両方の運動を考える2体問題では，惑星の位置を $\boldsymbol{r}_1$，太陽の位置を $\boldsymbol{r}_2$ として，それぞれの運動方程式が，作用・反作用の法則より，$m\ddot{\boldsymbol{r}}_1 = \boldsymbol{f}$，$M\ddot{\boldsymbol{r}}_2 = -\boldsymbol{f}$ となり，相対位置 $\boldsymbol{r} \equiv \boldsymbol{r}_1 - \boldsymbol{r}_2$ を t で2回微分すると，$\ddot{\boldsymbol{r}} = \ddot{\boldsymbol{r}}_1 - \ddot{\boldsymbol{r}}_2 = \dfrac{\boldsymbol{f}}{m} - \dfrac{\boldsymbol{f}}{M}$ となる。ここで，換算質量 $\mu \equiv \left(\dfrac{1}{m} - \dfrac{1}{M}\right)^{-1} = \dfrac{mM}{m+M}$ を定義すると，$\mu\ddot{\boldsymbol{r}} = \boldsymbol{f}$ を得る。したがって，式 (30.13) の左辺の m を μ に置き換えれば，これ以降の議論はそのまま成り立つ。

注10 ベクトル三重積に対するよく知られた恒等式 $\boldsymbol{a} \times (\boldsymbol{b} \times \boldsymbol{c}) = \boldsymbol{b}(\boldsymbol{a} \cdot \boldsymbol{c}) - \boldsymbol{c}(\boldsymbol{a} \cdot \boldsymbol{b})$ を用いると，式 (30.15) の左辺は，$\dfrac{\boldsymbol{r}(\boldsymbol{r} \cdot \dot{\boldsymbol{r}})}{r^3} - \dfrac{\dot{\boldsymbol{r}}(\boldsymbol{r} \cdot \boldsymbol{r})}{r^3}$ となり，第1項で，$\boldsymbol{r} \cdot \dot{\boldsymbol{r}} = \dfrac{1}{2}\dfrac{d(\boldsymbol{r} \cdot \boldsymbol{r})}{dt} = \dfrac{1}{2}\dfrac{dr^2}{dt} = r\dot{r}$，第2項で，$\boldsymbol{r} \cdot \boldsymbol{r} = r^2$ を用いると，式 (30.15) の左辺は，$\dfrac{\dot{r}}{r^2}\boldsymbol{r} - \dfrac{\dot{\boldsymbol{r}}}{r}$ となり，確かに式 (30.15) の右辺に一致する。

となる。式 (30.15) と式 (30.16) を式 (30.14) に代入し，さらに，右辺を左辺に移項して微分をまとめると，

$$\frac{d}{dt}\left(\dot{\boldsymbol{r}} \times \boldsymbol{L} - GMm\frac{\boldsymbol{r}}{r}\right) = 0 \tag{30.17}$$

となり，括弧内は時間 t によらない定ベクトルとなる．すなわち

$$\dot{\boldsymbol{r}} \times \boldsymbol{L} - GMm\frac{\boldsymbol{r}}{r} = \boldsymbol{C} \tag{30.18}$$

と書ける。ここで，定ベクトル $\boldsymbol{C}$ は積分定数に相当し，初期条件から決められるものである。これで，確かに時間 t で 1 回積分できた。

式 (30.18) の左辺の第 1 項 $\dot{\boldsymbol{r}} \times \boldsymbol{L}$ には，まだ時間微分 $\dot{\boldsymbol{r}}$ が残っているが，**左から $\boldsymbol{r}$ との内積をとり，スカラー三重積に対するよく知られた恒等式** $\boldsymbol{a}\cdot(\boldsymbol{b}\times\boldsymbol{c}) = \boldsymbol{c}\cdot(\boldsymbol{a}\times\boldsymbol{b})$ を用いて

$$\boldsymbol{r}\cdot(\dot{\boldsymbol{r}}\times\boldsymbol{L}) = \boldsymbol{L}\cdot(\boldsymbol{r}\times\dot{\boldsymbol{r}}) = \frac{\boldsymbol{L}\cdot\boldsymbol{L}}{m} = \frac{L^2}{m} \tag{30.19}$$

のように変形すると，時間微分が消去される。そこで，**式 (30.18) の両辺に，左から $\boldsymbol{r}$ を内積して**，左辺の第 1 項には式 (30.19)，第 2 項には $\boldsymbol{r}\cdot\boldsymbol{r} = r^2$ を代入し，さらに両辺を GMm で割ると，

$$\frac{L^2}{GMm^2} - r = \boldsymbol{r}\cdot\frac{\boldsymbol{C}}{GMm} \tag{30.20}$$

を得る。これは，**変数として，位置 $\boldsymbol{r}$（および $r = |\boldsymbol{r}|$）のみを含むので，惑星の軌道を表す式となっている。**

式 (30.20) が，どのような軌道を表すかを分かりやすく見るために，**座標軸を設定**する。まず，**角運動量 $\boldsymbol{L}$ は一定であるから，$\boldsymbol{L}$ の向きを z 軸に選ぼう。**そうすると，$\boldsymbol{L}$ の定義より，位置 $\boldsymbol{r}$ と速度 $\dot{\boldsymbol{r}}$ はともに $\boldsymbol{L}$ と直交するので，xy 平面内の運動を考えればよい。このとき，式 (30.18) より，$\boldsymbol{C}$ も xy 平面内のベクトルとなるので，$\boldsymbol{C}$ の向きに x 軸の正の向きを選ぶことにすると，$\dfrac{\boldsymbol{C}}{GMm} = (\varepsilon, 0)$ と書ける。ここで，$\varepsilon \geq 0$ は，初期条件から決められる定数である。

したがって，xy 平面内の位置 $\boldsymbol{r} = (x, y)$ を用いて，式 (30.20) は

$$l - \sqrt{x^2 + y^2} = x\varepsilon \tag{30.21}$$

と表される$^{\text{注}11}$。ここで，

$$l = \frac{L^2}{GMm^2} \tag{30.22}$$

とおいた。$l \geq 0$ は，一定である角運動量の大きさ L を含んでおり，$\varepsilon \geq 0$ と同様に初期条件から決められる定数である。式 (30.21) を，$\sqrt{x^2 + y^2} = l - x\varepsilon$ と移項して，両辺の 2 乗をとり，整理すると，

$$(1 - \varepsilon^2)x^2 + 2l\varepsilon x + y^2 = l^2 \tag{30.23}$$

注 11 式 (30.21) を，式 (19.1) の極座標表示，すなわち，原点 O からの距離 r と，x 軸からの角度 θ を用いて表すと，$l - r = (r\cos\theta)\varepsilon$，となり，これを r について解くと，$r = \dfrac{l}{1 + \varepsilon\cos\theta}$ を得る。これは，**円錐曲線**と呼ばれ，円錐を平面で切断したときの断面として得られる曲線，すなわち，楕円（円を含む），放物線，双曲線を表す。また，ε は**離心率**，l は**半直弦**と呼ばれる。

を得る。これが，座標 x, y で表した軌道の式である。

30.6 ε の値によって異なる軌道を表す ━━━━━━●

軌道の式 (30.23) は，初期条件によって決まる 2 つの定数 $\varepsilon \geq 0$ と $l \geq 0$ を含んでいるが，特に ε の値によって，異なる軌道を表す。実際に，場合分けをして，見ていこう。

$$0 \leq \varepsilon < 1 \text{ のとき，（楕）円}$$

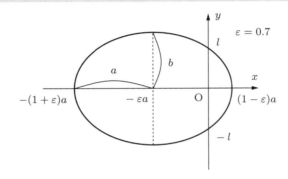

図 30.4

式 (30.23) の左辺を，x に関して平方完成して，整理すると，

$$(1 - \varepsilon^2)\left(x + \frac{l\varepsilon}{1 - \varepsilon^2}\right)^2 + y^2 = \frac{l^2}{1 - \varepsilon^2} \tag{30.24}$$

となる。さらに，両辺を $\dfrac{l^2}{1 - \varepsilon^2}$ で割って，$1 - \varepsilon^2 > 0$ に注意すると，

$$\frac{(x + \varepsilon a)^2}{a^2} + \frac{y^2}{b^2} = 1 \tag{30.25}$$

を得る。ここで，

$$a = \frac{l}{1 - \varepsilon^2}, \quad b = \frac{l}{\sqrt{1 - \varepsilon^2}} \tag{30.26}$$

とおいた。

図 30.4 に示すように，式 (30.25) は，確かに原点 O，すなわち，**太陽を 1 つの焦点とする楕円**を表し，**ケプラーの第 1 法則**が証明された。ここで，a は楕円の長半径，b は短半径である。また，注 7 の円錐曲線における離心率 ε は，楕円の中心から焦点が離れている度合いを表し，半直弦 l は，楕円の大きさを表すことが分かる。特に，$\varepsilon = 0$ のときは，式 (30.25) は，半径 $a = b = l$ の円を表す。

ここで，惑星の公転周期 T を求めよう。楕円の面積 πab を，一定である面積速度で割れば，公転周期が得られる。式 (30.11)，および，式 (30.22) を用いると，面積速度は

$$\frac{dS}{dt} = \frac{L}{2m} = \frac{\sqrt{GMl}}{2} \tag{30.27}$$

となる。また，式 (30.26) より，$b = \sqrt{al}$ であるので，

$$T = \frac{\pi ab}{\sqrt{GMl}/2} = \frac{2\pi}{\sqrt{GM}} a^{\frac{3}{2}} \tag{30.28}$$

を得る。これは，公転周期の 2 乗が，長半径の 3 乗に比例することを表しており，**ケプラーの第 3 法則**が証明された。

$\varepsilon > 1$ のとき，双曲線

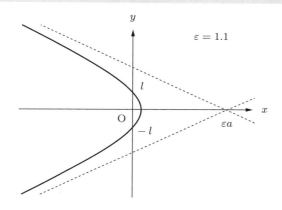

図 30.5

式 (30.24) の両辺を $\dfrac{l^2}{1 - \varepsilon^2}$ で割って，今度は，$1 - \varepsilon^2 < 0$ に注意すると，

$$\frac{(x - \varepsilon a)^2}{a^2} - \frac{y^2}{b^2} = 1 \tag{30.29}$$

を得る。ここで，

$$a = \frac{l}{\varepsilon^2 - 1}, \quad b = \frac{l}{\sqrt{\varepsilon^2 - 1}} \tag{30.30}$$

とおいた。

図 30.5 に示すように，式 (30.29) は，$\dfrac{x - \varepsilon a}{a} = \pm\dfrac{y}{b}$ を漸近線とする，双曲線を表す。これは，太陽に 1 度だけ近づいて，2 度と戻ってこない，非周期彗星の軌道を表している[注12]。

$\varepsilon = 1$ のとき，放物線

式 (30.23) で，$\varepsilon = 1$ を代入して，整理すると，

$$x = -\frac{y^2}{2l} + \frac{l}{2} \tag{30.31}$$

注 12 式 (30.29) で表される双曲線のグラフは，$x = \varepsilon a$ の軸で反転した，$x > \varepsilon a$ の領域（図 30.5 には描かれていない）にも存在するが，これは，もとの軌道の式 (30.21) を満たしていない。式 (30.21) から式 (30.23) を導く際に，両辺の 2 乗をとったことによって生じた，非物理的な軌道である。

を得る。これは，図 30.6 に示すように，$y = 0$ を主軸とする，放物

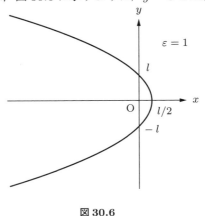

図 30.6

線を表し，$\varepsilon > 1$ のときの双曲線と同様に，太陽に 1 度だけ近づいて，2 度と戻ってこない，非周期彗星の軌道を表している。

　なお，**周期が約 76 年のハレー彗星**は，非周期彗星とは異なり，その軌道は式 (30.25) の楕円で表される周期彗星である。しかし，太陽系における惑星の離心率が，例えば，地球の $\varepsilon = 0.0167$ や，木星の $\varepsilon = 0.0485$ のように 0 に近い，すなわち，円軌道に近いのに対し[注13]，**ハレー彗星は，離心率が $\varepsilon = 0.967$ と 1 にかなり近く**，ぎりぎりで $\varepsilon \geq 1$ の非周期彗星にならなかったことが分かる。

30.7　再び，人工衛星を考える

　例題 30.1 では，**円軌道の人工衛星**を考えたが，ここでは，一般的な場合[注14]について考える。

> **例題 30.3**　地表から，水平方向に，速さ v_0 で人工衛星を打ち出した。この後，人工衛星の軌道は，どのようになるか。ただし，万有引力定数を G，地球の質量を M，人工衛星の質量を m，地球の半径を R とし，人工衛星には，地球からの万有引力のみ働くとする。

■**考え方**■　軌道の式 (30.23) は，パラメータとして，半直弦 l と離心率 ε のみを含んでいる。初期条件から，l と ε が決まれば，特に ε の値によって，どのような軌道になるかが決まる。

初期条件により，半直弦 l と離心率 ε が決まる

解答 30.3 図 30.7 のように，地球の中心を原点 O にとり，人工衛星を打ち出す位置を，$\boldsymbol{r} = (R, 0)$ とする。そこから，水平方向に打ち出すと，速度は y 方向となるので，$\boldsymbol{v}_0 = (0, v_0)$ と書ける。このとき，角運動量の大きさは，$L = |\boldsymbol{r} \times m\boldsymbol{v}_0| = mRv_0$ となり，半直弦 l は，式 (30.22) より，

$$l = \frac{(mRv_0)^2}{GMm^2} = \frac{R^2 v_0^2}{GM} = \frac{v_0^2}{g} \qquad (30.32)$$

となる。ここで，式 (4.3) を用いた。また，離心率 ε は，式 (30.21) に，式 (30.32) と $\boldsymbol{r} = (R, 0)$ を代入すると，

$$\varepsilon = \frac{v_0^2/g - \sqrt{R^2 + 0^2}}{R} = \frac{v_0^2}{gR} - 1 \qquad (30.33)$$

となる。

したがって，v_0 の値によって，式 (30.33) の ε は異なる値をとる。30.6 節の結果を用いると，以下の (a)〜(e) のようになる。

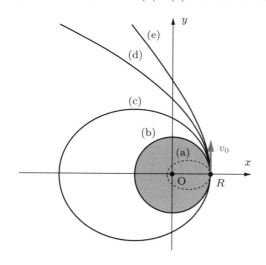

図 30.7

(a) $0 < v_0 < \sqrt{gR}$ のとき，$-1 < \varepsilon < 0$ となる。30.6 節では，簡単のために，$\varepsilon \geq 0$ の場合のみ考えたが，もとの軌道の式 (30.21) は，$\varepsilon < 0$ の場合にも成り立つので，$-1 < \varepsilon < 0$ のときは，式 (30.25) と同じ楕円軌道となる。ただし，$\varepsilon < 0$ のため，楕円の中心の位置は $x = -\varepsilon a > 0$ となり，図 30.7 の点線のように，地球の内部をまわる楕円軌道となる。もちろん，この楕円軌道は，地球の全質量が，本当に地球の中心の原点 O に集中して，地表が存在しなかった場合の仮想的なものであり，実際には，人工衛星は地表に衝突する。

(b) $v_0 = \sqrt{gR}$ のとき，$\varepsilon = 0$ より，半径 R の円軌道となり，人工衛星は地表すれすれを周回する。もちろん，この v_0 は，例題 30.1(4) の第 1 宇宙速度 v_1 に一致する。

(c) $\sqrt{gR} < v_0 < \sqrt{2gR}$ のとき，$0 < \varepsilon < 1$ より，地球の中心を 1 つの焦点とする楕円軌道となる。この場合は，人工衛星は，打ち出した地点に戻ってくる。

(d) $v_0 = \sqrt{2gR}$ のとき，$\varepsilon = 1$ より，放物線軌道となる。この速度になると，人工衛星は，地球から無限に遠くまで離れることができ，第 2 宇宙速度と呼ばれる[注 15]。

(e) $v_0 > \sqrt{2gR}$ のとき，$\varepsilon > 1$ より，双曲線軌道となる。この場合も，人工衛星は，地球から無限に遠くまで離れることができる。

地表より，少し高いところから物体を投げると，どうなるか？

例題 30.3 では，地表すれすれからの水平投射を考えたが，地表より少し高いところから，第 1 宇宙速度 $v_1 = \sqrt{gR}$ よりも十分に小さい初速度 v_0 で，物体を水平投射したらどうなるだろうか。この場合も，物体の軌道は，地表に衝突するまでの間は，例題 30.3 の (a) の場合と同様に，楕円軌道となる。これは，一様な重力のもとで[注 16]，水平投射された物体の軌道が，放物線となることと矛盾していると思うかもしれない。しかし，楕円軌道の式 (30.25)[注 17]において，$x \to R + y$，$y \to x$ と置きかえて，さらに，式 (30.32) と式 (30.33) を代入すると，

$$x^2 + \frac{2v_0^2}{g}y + \left\{2\left(\frac{v_0}{v_1}\right)^2 - \left(\frac{v_0}{v_1}\right)^4\right\}y^2 = 0 \qquad (30.34)$$

となる[注 18]。ここで，$v_0 \ll v_1$，および，地表の近くである条件 $|y| \ll R$ を考慮して，左辺の第 3 項を無視すると，

$$y \simeq -\frac{g}{2v_0^2}x^2 \qquad (30.35)$$

を得る。これは，物体を初速度 v_0 で，位置 $x = 0$，$y = 0$ から水平投射したときの，放物線軌道の式に他ならない[注 19]。つまり，**地表の近くにいる我々は，非常に細長い楕円軌道の端っこを，放物線軌道として見ているのだ。**

索　　引

著　　者

佐々木進　新潟大学工学部

大野義章　新潟大学理学部

根底からわかる力学

2024 年 3 月 10 日　第 1 版　第 1 刷　印刷
2024 年 3 月 20 日　第 1 版　第 1 刷　発行

著　　者　　佐 々 木 進
　　　　　　大 野 義 章
発 行 者　　発 田 和 子
発 行 所　　株式会社 学術図書出版社

〒113−0033　東京都文京区本郷 5 丁目 4−6
TEL 03−3811−0889　振替 00110−4−28454
印刷　三松堂（株）

定価はカバーに表示してあります.

本書の一部または全部を無断で複写（コピー）・複製・転載することは，著作権法でみとめられた場合を除き，著作者および出版社の権利の侵害となります. あらかじめ, 小社に許諾を求めて下さい.

© S. SASAKI, Y. ŌNO 2024
Printed in Japan
ISBN978−4−7806−1270−7　C3042